做真我，你可以

BE YOURSELF

周伯荣 著

SPM 南方传媒　花城出版社

中国·广州

图书在版编目（ＣＩＰ）数据

做真我，你可以 ／ 周伯荣著． -- 广州 ： 花城出版
社，2024.7
ISBN 978-7-5749-0166-7

Ⅰ．①做… Ⅱ．①周… Ⅲ．①人生哲学－通俗读物
Ⅳ．①B821-49

中国国家版本馆CIP数据核字(2024)第090139号

出 版 人：张　懿
策划编辑：林宋瑜
责任编辑：林　菁　杨柳青
责任校对：卢凯婷
技术编辑：凌春梅
封面设计：DarkSlayer

书　　　名	做真我，你可以
	ZUO ZHENWO, NI KEYI
出版发行	花城出版社
	（广州市环市东路水荫路 11 号）
经　　销	全国新华书店
印　　刷	广东鹏腾宇文化创新有限公司
	（广东省珠海市高新区唐家湾镇科技九路 88 号 10 栋）
开　　本	880 毫米 ×1230 毫米　32 开
印　　张	10.75　5 插页
字　　数	250，000 字
版　　次	2024 年 7 月第 1 版　2024 年 7 月第 1 次印刷
定　　价	58.80 元

如发现印装质量问题，请直接与印刷厂联系调换。
购书热线：020-37604658　37602954
花城出版社网站：http://www.fcph.com.cn

不争而自在地活在当下

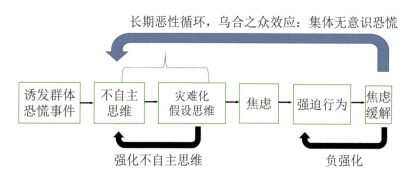

图1 群体（个体）强迫障碍示意图

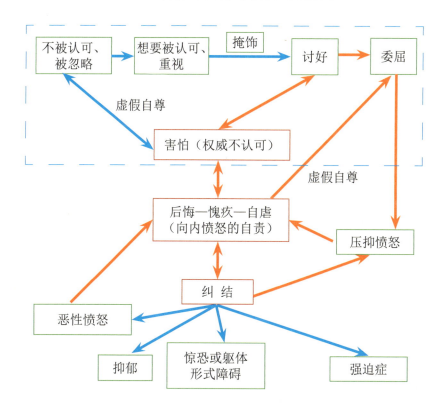

图2 后悔和愤怒的恶性循环

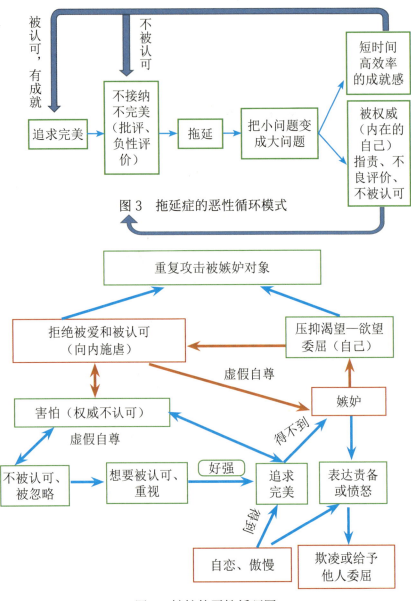

图 3　拖延症的恶性循环模式

图 4　嫉妒的恶性循环图

图 5　空心的个我与小我、大我结构图

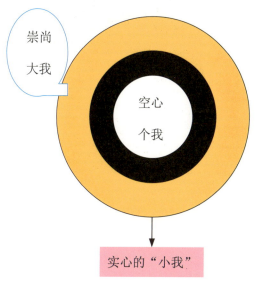

图 5-1　东方人的特征

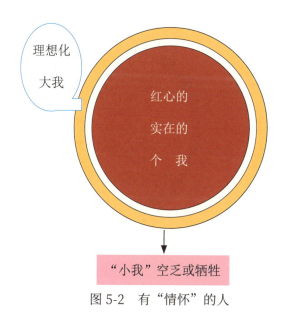

图 5-2　有"情怀"的人

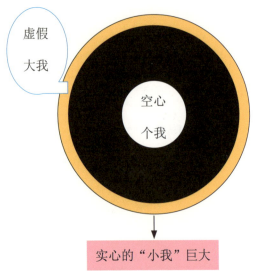

图 5-3　"目标化"的人

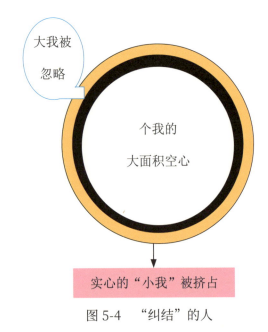

图 5-4　"纠结"的人

序　言

⊙ 顾作义

　　读周伯荣医生的书稿《做真我，你可以》，首先吸引我的是书名。既然有"真我"，必然存在一个"假我"。"假作真时真亦假"，只有去伪存真，从真我、走向大我、无我，进入人生的最高境界。

　　翻开书页，颇有"随风潜入夜，润物细无声"之感。书中以理性和严谨为指导依据，穿插了一个个生动的案例，包含不同年龄段、各种社会角色、触及灵魂间的对话，讲述人生百态，唤起共鸣，竟现共情。一般来说，很多人是知道要爱自己、做好自己的道理，但却不时迷失灵魂、陷入自我的困境。那么，到底那个"自己"是什么样的"自己"？什么才是"做自己"呢？周伯荣医生的书，理论联系实践，针对此问题进行深入且生动的阐释。简要来说，"做自己"涵盖了"做真我"和"做假我"两种。两者的根本区别在于"做真我"拥有真性自由的钥匙，表现为接纳、勇敢、坚韧，拥抱真实的自我，是一种自爱、自信、自强；而"做假我"则被假性自由的枷锁所束缚，表现为逃避、短视、依存，维护虚假的自我，是一种自卑、自大、自傲。

　　无论带着何种心情翻阅这本书，作者犹如心灵导师在书中早已等候多时，不厌其烦地鼓励和引领读者走向真我。心中盘根错杂的思绪和杂念，得以摧枯拉朽，涤荡污垢。书的前半部分，侧重于鉴古通今，从心理学的角度分析西方古典文化与国学传统文化，过滤其历史局限，吸取传统国学的精华。将西方心理学本土化，顺应时代背景，融入东方文化内涵，揭开个体无意识与集体潜意识的密切关系，展示了心理学领域具有古老东方文化智慧的世界观与历史观，这是这本书最具特色和价值的地方。周医生心怀仁慈，深度解读当代人的功利与躺平的心灵困顿，点出症结所在，对症下药。

20世纪80年代以来随着中国的改革开放，社会急速变迁与发展，东西方文化交汇，正不断冲击着年轻人的"三观"，全社会同样面临这场考验与挑战。学校与家庭的教育面临滞后性，无法提供相应的配套教育及保障，社会文化包容度仍待提高。当代年轻人缺少精神探索的土壤，不合时宜的教育甚至起到阻碍进步和压制人格的反作用。社会重心侧重于经济建设，无法提供有力的心理支持。这个转变的过程，人的心理也变得很"纠结"。"纠结心理"是心理问题和疾病的根源之一，是否有更多的人看见真正的自己，做回真正的自己，是社会能否健康可持续发展的关键因素之一。

但要做回真正的自己需要以内心的安全感作保障。周伯荣医生以此切入，在书中详细讲述了如何面对接纳和转化自身的不安全感。每个人在做自己的探索和实践中，不可避免地会陷入纠结，与周围的人事物发生摩擦和矛盾，这是个"破而后立"的阶段，利大于弊，终生受用。书中第三章指出并论证了"做自己在先"区别于极端个人主义和极端自由主义。先做好自己是为了真正地做人，倘若失去做自己的体验，埋葬了真实的自己，又谈何做人？做真我，是社会精神文明健康发展的必要途径。与此相反，"做假我"就如同一颗定时炸弹，过度的自尊心、虚荣心等构成了这颗炸弹的元素。

周伯荣医生在书中还结合传统国学进行分析、论证。传统国学蕴含着值得挖掘和运用的宝藏，诸如"仁义礼智信，温良恭俭让"，这些都能培养人们的美好品德。然而，随着时代变化，必须赋予新的时代内涵，在集体与个体、在同一与独立等找到一个平衡点。把做人与做己统一起来，只有先学会真正地爱自己，才能够顺理成章地把正向的爱和能量传导给周围的人事物。对一般个体而言，社会由个体组成，个体做假我的越多，社会和谐就越失真，越经不起考验。在社会管理层面，做假我的现象催生出因小失大、推卸责任、弄虚作假的潜在风险，表面工程和形式主义耗费大量资源，甚至可能导致安全事故，造成生命财产损失。所以，放下假我，做回真我，是社会走向长治久安和幸福的必由之路。

60后、70后、80后早期大多经历了从无到有，享受改革开放的红利。因早年感受到贫困，本能追求可视化、可量化的目标，即"目标化"的一代，无暇顾及内在成长。即便自己与身边人都没有多少内在成长，也大多能够超越原生家庭，较容易得到外在认可带来的社会安全感。这种社会安全感如同自己的外壳，这种外壳能够让人"安心"地忽略内在成长和自我体验，使得他们对自我的认知，更多地依赖于外部评价，无意间表现出对假我的追求和执着。每代人都有不同的课题，但这一代人的观念潜移默化地影响了年轻一代，在教育上也倾向于目标化与成功学，部分年轻一代有的传承了自我与现实，向外索求，难以发现内在的真我。有的想回避，承受了迷茫的困苦和心理纠结。获取世俗意义上的成功，努力是重要因素，但不是决定因素。普通人问心无愧，回归真我，平凡而不是平庸的假我，也能过上幸福的生活，其本身也具有人格魅力，给后代和身边人做榜样。作为假我换来的成功却基本经不起时间的考验。个体的力量终究是有限的，依靠假我的外壳，遭遇低谷和变故的时候，这个外壳就显得不堪一击，我们也难以在新时代中获取幸福感。如今社会经济面临转型的难题，就业困难，内卷加剧的局面打破了许多家长"望子成龙，望女成凤"的愿望，因而许多年轻人无法获得原生家庭的认可，在社会中体验不到价值感，自我不认同感等的多重包围下，催生出逃避、躺平、麻木、扭曲等心理问题，自卑自责，焦虑恐惧，自我厌恶和羞耻感被激发。

中国人口基数庞大，资源有限。如果不推动让更多的人做真我，依然放任本我和精致利己的一面，则会衍生出更多的对立和冲突，加剧资源紧张，激发社会矛盾。若缺少做真我的人，缺少从心底里谋求大我和无我的人，社会发展将是不可持续的。

若迎面走向的是光明，回首便能注意到身后的影子。因此，看到"阴影"，接纳和转化是做真我，也是在这个时代走向幸福的第一步。周伯荣医生在书中依据他的大量临床案例，理论结合实际，剖析并论证生命"存在"的意义与中国古代哲学智慧；提供了如何重新拾起做自己做真我的勇气、如何在新旧时代交替，各种文化思想的冲击下做真我、如何接纳并转化不安全感等等的途径与具体策略。

"以天下之至柔，驰骋天下之至坚。"内在的柔韧和谐可以被转化成以柔克刚的力量。

祝愿读者通过此书拾起做真我的钥匙，迈向幸福大门。做真我，你可以！

（作者系中共广东省委宣传部原副部长，现任广东省志愿者联合会会长）

目　录

前　言

千百年来，由于东方文化传承的多样性和封建统治阶级的取舍，生产力低下导致物资匮乏，为了基本生存，东方社会文明在发展过程中形成牺牲小我以成全大我、简称"做人为先"的价值体系，并延续至今。但在近代社会，中国利用几十年的奋斗完成西方社会几百年的现代化进程后，经历工业革命和西方文化的冲击，在物质逐渐充沛与精神文明多样化的今天，强大的生产力允许出现社会中的个体选择多样化的生存方式。

传统做人为先的价值观，在人性的私欲和不安全感的作用下，加之西方丛林法则、海盗文化的冲击，演变成既被要求实现目标化人生的"奋斗"，又无法实现"躺平"的状况，使大众，尤其青少年群体感受到巨大的"纠结"。2021 年，中国睡眠指数达到 64.78 分[1]，中国离结比超过 40%[2]。2022 年，中国科学院院士陆林团队的流调数据显示 3 年疫情，全球心理疾病发病率增加 70%，国

　[1]　王俊秀，张衍，刘洋洋，喜临门睡眠研究院 . 中国睡眠研究报告［M］，北京：社会科学文献出版社，2022.

　[2]　杨菊华，孙超 . 我国离婚率变动趋势及离婚态人群特征分析［J］. 北京行政学院学报，2021，132（2）：63-72.

内焦虑抑郁患者增加近 7000 万[1]。作为心理脆弱的个体，尤其是青少年，在如此环境中，心理问题和心理疾病的发作愈发频繁且严重。

身为精神医学科医生和临床心理治疗师，我感触颇深，太多的青少年迷茫、纠结、空虚；太多成人过度背负着家庭、社会的重担；太多民众恐慌、焦虑着疾病和死亡；太多家庭氛围冰冷，存在撕裂、破碎、争吵。孩子们成了"空心人"或"毁灭式做自己"，是心理病了，父母们目标化的人生成功了，幸福却破碎了，整个社会的心理似乎病了。

现代心理学来自西方哲学、神话故事。东西方文化的差异对人群的心理结构产生巨大的不同。经典的心理学理论在中国的国情和人文背景下接受度并不高。既往应对不安全感或心理障碍，都是从西方心理学科学（Psychology）的角度出发，制定一系列的框架式、结构化、概念化的可操作模式，像认知心理治疗（Cognitive Behavior Therapy，简称 CBT）等就是如此[2]。目前，中国应用于大众的临床心理学，多数是照搬西方心理学各个学派的理论和技术，在长期的临床心理学治疗工作中，针对个体、团体、小群体进行西方教科书式的干预，存在不易被来访者接受、忽略了中国文化心理的价值、临床疗效不够满意的现象。

例如，在 CBT 治疗中，训练来访者建立积极思维时，常常只能

---

［1］　Yuan K，Zheng Y B，Wang Y J.et al. A systematic review and meta-analysis on prevalence of and risk factors associated with depression，anxiety and insomnia in infectious diseases，including COVID-19：a call to action［J］.Molecular Psychiaty，2022，27：3214-3222.

［2］　Hinton D E，Jalal B. 文化敏感性 CBT 的维度：在东南亚人群中的应用［J］. 美国精神病学杂志，2019，89（4）：493-50.

维持较短的疗效[1]。面对新的压力或者挫折时，不良的自动思维或潜意识的情结一旦触发，抑郁焦虑就会复发。究其心理学原因在于：个体内心存在内疚—后悔情结与无法做自己的纠结，中国文化的潜意识心理疗愈价值未被激发，来访者始终没有接纳和应对不安全感的策略。究其社会根源，即民众拥有被错误认知的中国文化精髓和缺乏认知中国文化背景导致的心理结构特征。

随着中国经济的发展和物质生活的富裕，国内本土心理学研究进入高速发展阶段。以杨国枢等港台学者探索中国式心理学为代表，《我们为什么要建立中国人的本土心理学》主张并详述"中国人的本土心理学"研究纲领及步骤[2]；以燕国材、杨鑫辉为代表，主张挖掘传统文化的心理学思想并对传统文化中的心理学思想进行诠释和转换；以葛鲁嘉为代表，主张中国文化中自有独特系统的心理学体系，以此为依据创立了"新心性心理学"理论体系[3]；以汪凤炎、申荷永为代表，主张综合东西方文化的研究取向，系统地提出了中国文化心理学的理论体系，并倡导以大心理学的角度去研究中国文化[4]；以申荷永为代表，主张中西兼容合璧，在荣格心理学派基础上，自创的"核心心理学"已经大放异彩[5]。以上研究和人文思想虽然推动了中国文化心理学在心理专

［1］　Chen H, He Q, Wang M, Wang X, Pu C, Li S, Li M. Effectiveness of CBT and its modifications for prevention of relapse/recurrence in depression: A systematic review and meta-analysis of randomized controlled trials［J］. J Affect Disorders, 2022, 319: 469-481.

［2］　杨国枢.中国人的心理与行为：本土化研究［M］.北京：中国人民大学出版社，2004.

［3］　葛鲁嘉.新心性心理学宣言——中国本土心理学原创性理论建构［M］.北京：人民出版社，2008.

［4］　汪凤炎，郑红.中国文化心理学［M］.广州：暨南大学出版社，2015.

［5］　申荷永.核心心理学：申荷永斐恩讲座［M］.北京：中国人民大学出版社，2020.

业人员方面的教育，但是尚未能普及性解决大众"纠结和不安全感"的心理和青少年缺乏自我的现象。国人的心理健康素质似乎没有明显提高，心理疾病的发生率仍然在逐年大幅攀升。

现代心理学是西方文化的产物，不完全适合中国国情和人文背景。存在主义心理学的出现，开启了存在主义哲学直接应用于心理治疗的先河。中国几千年都没有心理学这门西方科学，中国老百姓的心理健康靠什么支撑到现代？其实，靠的就是中国哲学和中国哲学转化的文化心理。中国文化思想蕴含着高深的心理学价值，如何提取中国文化心理的精髓，并且融合西方心理学的精华，形成适用于当今中国人应对不安全感的生存理念，提高大众的幸福生活指数，是本书创作的主要动力来源。

每个人内心都有不安全感，这种不安全感已经成为大众心理障碍、亚健康的根源。如果个体持续压抑内在的不安全感，它就会在内心不断发酵，在潜意识下积蓄到一定临界值，就会突然爆发，导致个体产生各种心理疾病，给自己、家庭和社会带来灾难。正如阴阳相生相灭，安全感与不安全感是个体固有的矛盾体，人类潜意识中不安全感无法被消除，只有通过接纳与整合，转化为内在的安全感，才能实现自性[1][2]。中国人不安全感的特征和症结是什么？中国文化心理如何起到化解不安全感的作用？如何能够帮助充满不安全感的社会大众，尤其是帮助更多青少年走出心理的阴霾，成为他们自己想要成为的样子？

人存在的本性是不断满足各种需求和欲望，一方面，个体本

---

[1] 埃利希·诺依曼.深度心理学与新道德[M].高宪田，黄水乞，译.北京：东方出版社，1998.

[2] 安莉娟，丛中.安全感研究述评[J].中国行为医学科学，2003，12（6）：698-699.

能和西方文化带来"做自己"的需求越来越强烈；另一方面，传统社会要求"先做人，后做事"。人的理性要求一定要做有能力、有道德、有社会价值，被家庭和社会认可的人。同时，中国文化的大母神情结的集体无意识，不同于西方的父神—强权文化，东西方文化影响着如何"做自己"，如何"做人"，是"做人为先，还是做自己为先"。三者不断交织着，产生个体、家庭、社会的矛盾和冲突。

当今时代，中国人不安全感的"纠结"特征明显，纠结包括纠结思维、纠结情感、纠结行为，纠结原本就是心理疾病产生的主要情结。在此"纠结"的心理作用下，个体的不安全感被激发，叠加集体不安全感，人们表现出失眠、紧张、害怕、厌世、自虐、人性的扭曲、暴躁、冲动、自我封闭、孤独等现象，进而激发身体产生各种躯体疾病，如慢性疼痛、慢性胃肠炎、三高类血管疾病、免疫功能失调、不明原因的病毒感染、癌症肿瘤疾病等的高发。《黄帝内经》[1]开篇指出"百病始生于气"。人的心态、心境、心理素质决定了身心的健康和人生的幸福。

在2021年，本人根据依恋心理理论和原创个体情感不安全感的六种类型，将马斯洛的需求理论、目标化人生的生存理念，修正为"积极体验在先，目标化在后"的生存理念，提出幸福力最重要的基石应该是来自情感、人格独立后的情感安全感体验[2]。《重建幸福力》中的提出理论，得到了社会大众一定的认可，帮助了一些轻中度心理障碍的群体，他们主动改变自己的性格和生存理念，生活态度逐渐积极乐观。但是，在与来访者和读者互动时，发现大家

［1］ 黄帝内经［M］.姚春鹏，译注.北京：中华书局，2022.
［2］ 周伯荣.重建幸福力［M］.广州：花城出版社，2021.

感兴趣的和能够得到启发的是书中描写的中国文化心理。

在两千六百多年前，中国文化就清晰论述了道的"存在"精神、"人的存在"、"生命意义"等思想。中国哲学思想的精髓是"悖论思维""道法自然""中庸""大道至简""斋心""中道""心物一体"……这些思想虽然各有不同，但都强调了一个人应当从心出发，尊重自然、尊重人性，做宇宙、社会、人类物种的金牌配角，做"本真"的自己，这样"人生的无意义"才能自然有意义。中国土壤埋藏的集体无意识被现代人深深地拒绝在意识之外，这是现代国人，尤其是随着生活节奏加快，工作及生存压力增大，更容易出现集体性焦虑、害怕、恐惧、纠结的重要原因之一。如果能够诱导大众接纳思维不安全模式和情感不安全感，化解"纠结"和不良情结，实现有良知的"做自己为先，做人在后"，生命的意义将被重塑。

在中华五千年农耕文明的集体无意识文化中存在大母神情结特征，即有仁爱、慈爱、呵护、谦让、和平、节俭等积极面，又有过度善良、过度奉献、过度呵护、过于完美、过于强调秩序的负性面。中国文化同时蕴含着大量存在主义思想、解构主义哲学等现代哲学的内容，具有个体认识论、人本心理、存在心理、幸福心理学等思想和智慧。本书尝试从个体—存在心理学和中国文化心理角度论述当下被动"做人为先"的危害及"做自己为先"的必然性，解读和释义《道德经》[1]的核心思想，阐述"德""良知""善"已经深藏在中国人的集体潜意识中，同时分析庄子生命哲学、六祖坛经、阳明心学中蕴含的"存在"和"超存在"精神。从心理学解构不安全感的角度，从"纠结"情结化解的角度，论述当代敢于拥

---

[1] 老子.道德经［M］.张景，张松辉，译注.北京：中华书局，2021.

有民族文化自信、敢于做"中国式的做自己为先"的重要性。倡导先做有良知的"实心"的自我，做爱自己为先的人，自然在做人时，就会实现真善美的"大我"，最终实现"做真我"。

Chapter 1

第一章

东方大母神情结和不安全感特征

第一节
不安全感分类及东西方心理不安全感的差异

一、不安全感的分类

安全感（safety feeling），指人在受到保护或摆脱危险情境时体验的情感，是维持个人与社会生存所不可缺少的心理需求。安全感是一种对于"安全"的较为持久的情感体验。人本主义心理学家马斯洛视安全需要（安全感与稳定性）为人类第二层次的基本需要。主要影响因素有自然环境、他人是否在场、个体认识水平、应付危险情境的经验及技能等。主要表现在国家安全感、人际关系安全感、职业安全感、生命安全感、财产安全感等方面，属于意识可感知的状态。反之，不安全感是一种对于"不安全"的情感的持久体验，通常处于无意识状态下，不自主地表现在自己的个性中，在危机激发下，或在焦虑性疾病状态下，才能被意识感知。

人类作为高级哺乳动物，无论是造物主创造出来的，还是达尔文进化论所认为的从猿猴演变过来的，天生就像动物一样，需要被母亲哺育方可生存，具有本能地被满足衣食住行性的生存需求，天生具有短暂的生命周期，具有天生的生存欲望和死亡恐惧，天生就拥有内在的不安全感。情感丰富是哺乳动物区别于其他生物的一大特征，家庭的良性情感互动是避免不安全感的基础。

在目前可探知的空间里，人是地球上 870 万生物物种中，唯一拥有自我意识再认知和再加工的智慧生物，具有思维能力。因为拥有特殊智慧，一方面，人具有不断追求自身自由、创新生存环境和改造世界的能力，用来满足自身本能的生存需求和再创造的需求；另一方面，人对于本能欲望和生存需求，常常出现不断增加和扩大的现象。拥有了财富，就想拥有更多的财富；拥有了情爱，就想拥有更多的情感；拥有了名誉和权利，就想唯我独尊和永垂不朽；拥有了健康和美貌，就想要永远健康和容颜不老。在人的一生中，可能会不断地激发和制造出自身的各种生存矛盾、内心冲突等不安全感。

人类区别于动物的属性还有一个就是社会性。其他哺乳动物也存在小群体和小团体，但是，它们一直固守于血缘关系的群居模式，或者基于生存安全的群体防御模式，目的是有利于生存和繁殖。如猴群中父女、兄妹近亲乱伦组成群居团体，是为了种族繁衍；羚羊群居迁徙生活，是为了相互帮助和警惕危险，抵御外敌的侵扰；而生存能力较强的森林之王——老虎就极少群居，形成独居或者家庭短期生存模式和不需要形成较多群居的小社会模式，被抚养成年的老虎，作为儿女，必须离开父母的地盘，独自开拓疆土而生存，否则原有的地盘资源养不活太多的老虎。人类原始社会早期如同其他哺乳动物的群居模式，即家族血缘式的部落社会，他们群居在一起抵御野兽的侵袭。但由于人类具有自我意识再加工和创造性天赋，生存欲望的不断膨胀和新奇性体验的吸引导致社会模式不断进化。由血缘关系形成的群居生活模式逐步走向非血缘关系群居模式、村落农耕互助模式、分工合作的城邦社会模式、城邦联合体模式、国家的社会模式和国际互联网社会模式等。

人类发展形成的社会属性有利于人类物种的生存、繁衍和竞争，抵御自身的不安全感，现在人类早已成为地球的"霸主"。人的社会属性同样存在激发和制造个体或者群体不安全感的特征。有江湖的地方就有恩怨情仇，有社会就会有阶层、阶级、名利的竞争和斗争。尽管人类在社会发展中不断创造和制定道德文化标准、文明礼仪规范、法律规章，但是，为了满足个体自身的欲望或者生存安全感，仍然在目标化的人生中、在竞争的挫折和痛苦的经历中，存在加工和放大自身不安全感的体验，表现出自我过度保护、攻击周围弱势个体、自责或自虐自我身心、回避内心的困惑、茫然自身的欲望等脆弱性行为。

荣格心理学分类论证了个体除了意识还包括无意识，不安全感的阴影通常就存在于无意识中。每个个体都存在自我意识无法清晰感知或者无法在现实生活体验到的"无意识"，无意识常常通过各种情结表现出来。每个群体在共同的生活和文化传承中，形成集体无意识。集体无意识来自集体的自然环境、生活劳动方式、风俗习惯等，集体的特色文化成为集体无意识的主要表现形式和影响因素。中国文化作为中国人集体无意识的表现和根源，它无时无刻不影响着个体。集体无意识的恐慌或不安全感常常来自个体，也会不断激发和放大个体的恐慌和不安全感。人存在的自我意识和个人无意识、集体无意识的冲突，自然激发或表现出内在的不安全感。

由此，从人的个体和集体的角度出发，一个人的不安全感可以划分为个体不安全感和集体无意识不安全感。个体不安全感按照心理结构的角度分为情感不安全感（基础不安全感）、思维不安全感、社会不安全感和个人无意识情结。东西方文化存在极大的差异性，这导致集体无意识和个体无意识情结的差异及东西方个体心理结构的差异。

二、东西方心理不安全感的差异

荣格集体无意识心理学揭示出每个人都有自身的阴影，就像在阳光下，每个人都会被投射出影子，不安全感是个体阴影中的主要组成部分，甚至就是全部。如果个体阳光性安全感越少，温暖自己的能量越低，自我持续压抑的内在不安全感就越黑暗、越密集。在潜意识积蓄到一定临界值，就会突然爆发出来，给社会带来巨大的损失。正如阴阳相生相灭，安全感和不安全感是个体固有的矛盾体，人类潜意识中不安全感无法被消除，只有通过接纳与整合，转化为内在的安全感，或者激发内在的安全感，才能实现自性。不安全感不仅表现在情感方面，同时，在无意识作用下的各种不安全感情因思维不安全感被放大，也会产生社会环境中的社会不安全感。

安全感是指可能出现的对身心危险的预感及个体在应对处置时的有力或无力感，主要外显为"确定控制感"（基础安全感）和"人际安全感"（社会安全感）[1]。从心理构成角度看，个体不安全感包括情感、思维、社会行为、潜意识情结四个方面，同时受到集体不安全感和外界的影响。

西方基督教文化提出，"人生来就是来赎罪的""无论什么样的灾难都只能接纳和承受"。同时，还蕴含了海盗文化的排他、统领的法则。"一切都是上帝主宰，上帝是无上的神、唯一的神，是神圣不可侵犯的。"把"上帝"的概念投射到自己身上，无意识拥有"自恋情结""英雄情结"等，就成为"我是主宰自己一切的，

[1] 埃利希·诺伊曼.意识的起源［M］.杨慧，译.北京：世界图书出版有限公司，2021.

个人的身体、财富、权利和自由是神圣不可侵犯的"。西方文明的特征促进了文明社会中所独有的个人主义意识、个人权利传统和自由传统的出现。人们认为只要努力，甚至"手段"到位，任何梦想似乎都有可能实现。西方文化基督教提出的"有神论"较为深入民心，普通民众的信仰度高，强调人的精神世界与神灵之间的联结。生活在西方社会的人们，一方面，有了赎罪的机会和心理，比较认可和接纳现实生活中森林法则和弱肉强食的残酷性；另一方面，相信在残酷的现实世界，能够通过赎罪，在死后到极乐世界，希望在现实世界之外寻找个体幸福。西方人母爱的不充分，"个我"寻求"存在"体验过度，导致个体通过自身的物质依赖等过度满足本能私欲，保护内在的"基础不安全感"；并且，通过英雄情结带来的争强好胜、排他性和独立性解决社会不安全感。总体而言，西方人的情感安全感较弱，平衡心理导致的思维不安全感较弱，而社会安全感较高。

在宗教信仰方面，中国仅少数人信奉佛教、道教或基督教等各种教派。多数人是不相信宗教信仰的，表面上可以什么教都会相信一点，实质上只是相信自己，求神拜佛多数是为了保佑自己，保佑自己和家人"小我"的健康，保佑自己"小我"升官发财，而不是信仰宗教。中国文化强调充分的母爱和"大母神精神"，个体内在基础安全感较好。传统父爱的掩蔽或者缺乏陪伴，导致社会不安全感较为强烈。近年来，父爱的重要性逐步被家庭重视，但是多数父亲却是像"大母神"一样呵护孩子，孩子的社会安全感并没有获得明显提升。社会不安全感是个体在思维、情感、无意识的不安全感作用下，在社会关系中"纠结"行为的体现。

在中国，少数人能在满足"个我"的同时，在遇到人生挫折和做人的过程中，逐步过渡到追求社会价值的"大我"。中国人多数活在"小我"家庭的意义中，同时，一直受到"立人为先，再做事"的文化理念影响，本能的"个我"被"小我"和"大我"两股"做人"的力量牵扯。由此，中国人的纠结情结突出，"真我"难以得到满足，"空心病"现象泛滥。中国大众的心理表现出"爱面子""讲情面""人情""谨慎为人""虚伪自我""虚假自尊"等社会相互评价，导致社会不安全感的纠结加剧。因此，东方人情感基础的安全感较高，纠结心理导致思维不安全感较突出，社会安全感较低。

纠结原本就是心理疾病产生的主要情结或综合征，每一代人的内心都会纠结，在当今时代，显得尤为突出。

东西方文化导致心理结构和情结的差异性

"情结（complex）"，指的是一群重要的无意识组合，或是一种藏在一个人神秘的心理状态中，强烈而无意识的冲动，是有关观念、情感、意象的综合体的固化表现。弗洛伊德认为，"俄狄浦斯情结"是普遍共通的，也就是所有儿童都会面对俄狄浦斯情结带来的发展挑战。《重建幸福力》一书中提出，个体必须通过不断地叛逆，直至成功叛逆，才能战胜俄狄浦斯情结。《荣格智慧集》一书中写道：个人无意识的内容，主要是由具体情绪色彩的情结构成，他们构成了心理生活的个体的、自私的方面。通过对个人无意识的研究，荣格发现了它的一个重要特点，即个体一组一组的心理内容可以聚集在一起，形成一簇簇的心理丛，荣格将之称为"情结"。

情结包括"集体普适性情结"和"个体不安全感情结"。心理学较为公认的普适性情结为依恋情结、人格面具、自卑情结、自恋情结、弃婴情结、约拿情结（纠结情结）、救世主情结、雏鸟情结等。依恋情结、自卑情结等是每个人都有的，属于无害又无利的情结。超越这些情结有利于我们成长和发展，如果处理得当就能形成安全感人格。

每个民族的文化差异会对这些普适情结产生不一样的影响和整合，自然形成不太一样的集体不良情结。西方文化认可俄狄浦斯情结[1]，进而崇尚"英雄情结"，东方文化蕴含着集体无意识的大母神情结[2]、阿阇世王情结，这些情结影响着生活在文化中的每一个个体。同时，无意识情结深深地影响着情感、思维和社会三个方面的不安全感。

约拿情结

约拿是《圣经》里的一个人物，来自其中的典故。约拿得到了上帝的赏识却想方设法逃避上帝交给他的任务，反映出他对成功的心理冲突。其代表的是一种在机遇面前自我逃避、退后畏缩的心理，是不仅害怕失败，也害怕成功的纠结心理，约拿情结简单说就是害怕成长和担当。约拿情结的基本特征分为两个方面，一个表现在对自己，一个表现在对他人。对自己，约拿情结的特点是，逃避成长、执迷不悟、拒绝承担伟大的使命。对他人，约拿情结的特点是，如果别人表现出优秀之处，他会嫉妒；如果别人受到了祝福，他会心里难受；如果别人倒了霉，他会幸灾乐祸。纠结是最好的代名词。

大母神情结

大母神是原始宗教信仰中的一个重要概念，指的是母神或大女神，是父系社会出现之前人类崇拜的主要神灵。大母神通常象征着母亲、创造力和生育力，在原始文化和宗教中，大母神常常被视为宇宙和生命的核心力量，代表着慈爱、关怀和

---

［1］ 索福克勒斯.俄狄浦斯王［M］.罗念生，译.北京：人民文学出版社，1983.

［2］ 埃利希·诺伊曼.大母神——原型分析［M］.李以洪，译.北京：东方出版社，1998.

一切生命之源。在原型批评理论中，大母神也指代那些在神话中具有创造与毁灭双重特质的女性形象。

阿阇世王情结[1]

印度著名的阿阇世王，为争夺王位杀害了自己的父亲和哥哥。他当上国王后，又听信恶友提婆达多之言幽禁母后。一次佛陀讲杀死父亲的罪业时，他很不开心，甚至想杀害佛陀。他犯了几种重罪，杀父、杀亲人甚至杀佛的心都有。因为过于狠毒和暴怒，患上了严重的疥疮，全身皮肤溃烂，恶臭无比，没有人愿意靠近并伺候奄奄一息的他，只有他的母亲不计前嫌，每天给他清洗恶臭的毒疮，为此，他感受到母爱的共生共处共情，不断忏悔。在他为人之父时，抱起了自己的儿子，无形中感受到父亲曾经抱自己、爱自己的样子，感受到父母共生的爱，灵魂再次受到拷问。最后，他受佛陀教化，不断忏悔，真心信仰佛教，平生修行，成为佛教的大护法和大功德主。意指具有叛逆情结的孩子，最终体验到父母的爱，能够共情父母和内在权威，忏悔自己的过失，与父母和解，与自我和解，最终升华为自在、自性的真我。

一、西方神话故事影响心理学特征

西方文明来自古希腊航海文明，形成了丛林法则和海盗文化。希腊神话的创世神是地母盖亚（希腊语为 Γαία，英语为 Gaia），

---

[1] 徐钧.当弗洛伊德遇见佛陀：心理治疗师对话佛学智慧［M］.上海：上海社会科学院出版社，2018.

即众神之母。盖亚与混沌（卡俄斯）同时诞生，两者耦合产生宇宙蛋，自身化为大地、河流和树木，创造了地球的光明和黑暗，秩序和混乱。盖亚作为创世神在希腊文化中却是属于次要地位和被忽略的神。人们崇拜的是主宰神灵和人类命运的雷神宙斯。宙斯为男性，作为大父神的化身，他性格霸道、残暴，推翻了自己父亲的统治并取而代之，体现出他彰显权威和性欲（心性）乱伦的自由行为。西方大父神文化主张个体独立自由和强者生存的理念。宙斯背后虽然有个女性母神赫拉制衡，但是存在感不强，主要表现的是嫉妒和恶毒。

由此神话故事引申出西方人心理个性容易产生独立自主、敢作敢为、爱自己、坦然直白的正能量英雄情结。同时，俄狄浦斯情结容易产生自以为英雄式的傲慢、暴躁、自恋、嫉妒、冲动、自我中心（自私）、懒散等不良情结。西方的大父神不是保护地球人类和弱势群体，而是不断给予惩罚，责令其不断赎罪。希腊神话中有着英雄情结、爱心和善良之心的普罗米修斯和西西弗斯，甚至上帝之子耶稣，他们给人类带来火种、关爱和智慧，宙斯却要给予残酷的惩罚。普罗米修斯被老鹰不断啃食内脏，西西弗斯被惩罚不断推巨石，饱受折磨，甚至耶稣被钉在十字架上，代替人类接受惩罚和赎罪。希腊神话同时展示了宁可牺牲自己，也要不断反抗权威，反抗父神宙斯的精神，崇尚个人英雄主义。

西方文化崇尚和认可男性特征，包括个我、力量、理性、独立、冒险、创新、反抗、暴力等，女性的特征被弱化，包括温柔、温暖、温情、退让、包容、平和、善良等心理特质。

现代西方电影、音乐等艺术作品，始终在展示和倡导个人英雄主义精神，因此，形成西方人英雄情结和自恋情结特征。按照中国《易经》卦象分析，其文化的"乾卦"上九卦象，亢龙有悔的特征突出。《易经》说，"亢龙有悔"，过度自满，不会长久。西方文化蕴含张扬过度、不知收敛的特征，会容易给自己招来灾祸。但是，当今西方文化为世界范围和网络媒体的主流文化，已经深深影响着全世界，尤其是互联网兴起后的数代成人和青少年。

《圣经》描述西方人类的始祖是亚当和夏娃，在蛇的诱惑下，偷吃了禁果，被撤下遮羞的树叶，同时被逐出伊甸园，来到自然环境恶劣的地球做人，接受繁衍后代和艰苦劳作的惩罚。禁果是性欲、私欲的代名词，西方基督教讲的赎罪，就是赎品尝私欲的罪。私欲是无法禁止的，只能接受当下的不堪。由此形成西方人的基督教文化，即现世就是来劳作赎罪的，赎罪结束了就可以升天堂，通过来世求得幸福的人生，从而接纳当下的一切苦难。

西方文化信奉"人之初，性本恶"，强调动物本能的生存能力。同时在情感上杀伐果断，家庭亲密关系较早分离和相互独立，面对强权和父母的权威敢于反叛，人与人之间相互团结较少，人人想做团队带头人。

弗洛伊德创立的精神分析"俄狄浦斯情结"灵感，就来自希腊神话《俄狄浦斯王》杀父娶母的故事。"恋母情结＋叛逆情结"又称作俄狄浦斯情结。神话描述了俄狄浦斯王子命中注定他必然杀死自己的父亲，娶自己的母亲为妻，他虽然终生小心，极力避免，但仍在不知不觉中犯下杀父、娶母两桩大罪。弗洛伊德认为，这个情结反映了男孩恋母憎父的本能愿望，并将其称为俄狄浦斯情结，而女孩则有恋父情结。即孩子都与异性别的父母存在依恋关系，与同性别的父母存在竞争和对抗关系。

这种理论在发展中得到修正，现代心理学的恋母情结意指男孩亲母反父的复合情绪，是幼儿对异性别父母的依恋、亲近，而对同性别父母的嫉妒和敌对等复合情绪。

二、东方"大母神"情结影响心理学特征

"大母神"来自荣格精神分析的情结术语，又称大女神，是指父系社会出现以前人类所供奉的最大神灵，在荣格原型意象中指兼具创造性与毁灭性双重特质的女性人物。大母神是从原型女性发展而来的，她就是每个人内在固有的女性样式。

埃利希·诺伊曼撰写的《意识的起源》[1]中"大母神"部分[2]提出，人类心理的原始状态可以用衔尾蛇——乌洛波罗斯（uroboros）来代表，它是一个大圆形，是混沌、潜意识和心理未分化的象征，是雌雄一体的，同时，表达自我是不稳定的两可状态。西方神话的原型女性从乌罗伯洛斯里分化后，逐渐凝聚成三种不同形式的大母神：善良女神、邪恶女神、亦正亦邪的女神。西方大母神原型戈尔共（也就是蛇发女妖美杜莎）是邪恶女神，索菲亚（犹太教－基督教的智慧女神雅典娜）是善良女神，伊西斯（埃及女神）则兼而有之。美杜莎天生具有杀伐性，她的眼睛可以石化被凝视的一切生命，显示了大母神绝对负面的控制性和阴毒。希腊神话故事里邪恶阴毒的美杜莎在与人类英雄珀耳修斯的争斗中被砍下了头颅，并且被安置在智慧女神雅典娜的盾牌之上。

此传说意味着西方文化把大母神积极的神性和邪恶的神性融为

［1］ 埃利希·诺伊曼.意识的起源［M］.杨慧，译.北京：世界图书出版有限公司，2021.

［2］ 埃利希·诺伊曼.大母神——原型分析［M］.李以洪，译.北京：东方出版社，1998.

一体，由战斗中的雅典娜集中表现。雅典娜是西方大母神积极性的代表，被全世界热爱和平、智慧、生命的人们所敬仰。但是，在西方父权和大父神的文化背景下，雅典娜作为大母神积极面的精神，并非西方主流文化。这也许因为雅典娜是父神宙斯的女儿，是被父神吞噬后破颅而出的女神，是不婚不育的圣女之神，而非西方文化愿意接受的反叛父权的男神英雄，不是经历龙战战胜乌洛波罗斯或父权的英雄。

大母神与母亲原型相关联，许多能唤起献身、爱或敬畏情感的东西，也可以成为比喻意义上的大母神原型，比如土地、山川和水。大母神的积极面主要体现为母性的关怀和怜悯，是女性神奇的权威，是超越理性的智慧和精神升华，具有呵护、维护及有助于成长和繁衍的事物。大母神的消极面始终与黑暗、毁灭、危险、恐怖、死亡联系在一起，具有吞噬、诱惑、毒害的特征。原始模型的这种对立统一性和二重矛盾性符合中国文化特质。中国文化崇尚的"水"，正代表了大母神的两面性，其品性归纳为"静、厚、简"，滋润万物，同时可以吞没一切。对应西方的乾卦特征，在《易经》中，地母的形象即大母神由坤卦的上六卦象为代表，《易经》书"龙战于野，泣血玄黄"，即群龙战于荒野，血洒天地之间，意指敢于牺牲自己、无私奉献和呵护的精神。

中国神话中创世神为开天辟地的盘古。盘古像西方神话的盖亚一样，作为东方文化的父神，通过牺牲自己生命的一切——肌肉化为大地，骨骼化为高山，血液化为江河，把一个混沌的世界化为生生不息的自然世界。

东西方神话故事的差异在于，东方的创世神是男神，是决然地奉献和默默地牺牲，没有控制欲、混乱和黑暗，无本能性欲和私欲的父神，其中蕴含着大母神精神积极的一面。东方文明来自农耕和村落文明，其扎根于土地，敬畏的是土地，崇拜的是创造人类和救灾救难的母神。这与西方崇拜的宙斯形象和原型完全相反。东方的母神都是不结婚、不生育的理想化女性，如中国的女娲娘娘，日本的天照大神[1]。

表1　大母神情结正性特征和产生的良性结果

正性特征	良性结果
大善	仁爱
强调奉献	敢于牺牲，勇敢
大我为先	有情怀和爱心
呵护心	保护弱者
完美要求	认真，兢兢业业
热情—慈爱	温暖
控制私欲	减少欲望
反对争斗	谦让、和平
包容（错误、叛逆）	尊老爱幼，宽容
强调秩序	管理有序，团队有凝聚力
享乐孕育和劳动	勤劳—节约，利于种族繁衍，重视家庭亲情
珍惜生命	爱护一切

[1]　宋媛.中国人"阿阇世情结"的神话学分析［J］.长安学刊，2015，6（5）：29.

女娲看到这个世界，觉得太无生机，开始捏泥造人、造物。当火神祝融和水神共工打起来时，女娲娘娘及时控制争战，并且，采集五彩石，煅石补天。她不仅捏泥造人，把人类看成自己的孩子，给予不断的呵护和爱，而且，制定人类婚姻制度，开创了东方人类的元年[1]。其后人燧人氏送去火种，伏羲送来智慧，是典型大母神的积极面的原型。大母神积极面特征（见表1）包含以下几点：大善、强调奉献、大我为先、呵护心、完美要求、热情慈爱、控制私欲、反对争斗、包容（错误和叛逆）、强调秩序、享乐孕育和劳动、珍惜生命等特征。东方大母神负面精神的代表是"王母娘娘"，具有控制欲、阴毒、惩罚、压抑的特征，但是，较少被文化提及。考古发现，中国的三皇五帝及之前的杰出人物如女娲等，常常被神仙化。

中国至今为止历史发展大约如下：女娲氏，目前可认定的中华民族最早的祖先；有巢氏，女娲氏后裔；燧人氏，有巢氏后裔；华胥氏，燧人氏后裔，伏羲之母；伏羲氏，发明八卦和龙图腾；少典氏，伏羲之子，第16世少典娶女娲氏之女生公孙（黄帝远祖）和神农氏炎帝，后创建有熊国，都在今日新郑；神农氏炎帝；黄帝。中国文化的古神不像西方神话是完全凭空想象的，距离人类很远，而是在历史现实生活中提炼和发展出来的。中国文化主张追求现实和现世的幸福生活。《黄帝内经》和《道德经》都蕴含着探索现世幸福的智慧，个体生存自在、自性的智慧。

盘古作为虚拟化的父神，和女娲出现在不同时代。造人时盘古已经化为大地山川，作为孩子的人类感受不到父爱。如果把盘古看成父亲，女娲看成母亲；神话故事寓意暗合中国的家庭情感模式，

---

[1] 袁珂. 中国神话故事 [M] 北京：中国少年儿童出版社，2017.

即父亲是默默地贡献一切，甚至好像不存在；母亲是慈爱、背负，不断地为孩子们操心一切、忙碌一切，是典型大母神的积极特征。中国人的情感中，母爱代表了一切，父爱是默默奉献型或被忽略，甚至是缺乏。中国传统文化里，父亲和母亲之间的夫妻情感在家庭的框架下也是次要的，在亲子关系面前是可以被忽略的。中国的父母因此极少在孩子面前表达亲昵的语言和肢体动作。东方男孩的原始恋母情结特征是"母子一体"，主要为恋母情结，甚至母亲过度的恋子情结，较少有西方文化的憎父或杀父的俄狄浦斯情结。东方青少年成长中更多地表现为阿阇世王情结，男孩忽略父亲的情感和害怕、抵触父亲的权威或存在，厌烦母亲的大母神爱或者控制过度的行为。男孩子像阿阇世王一样，在危难之时，在被所有人嫌弃之时，在成为父亲之时，才能接纳父母，共情体验父母的爱，开始解开纠结的情感之结，共情父母大母神积极面的爱。

男权社会结构延续了几千年，父亲已经是权威的代名词，服从、顺从、害怕、不反抗权威成为东方文化的特色。既往现实生活中，父亲是存在的，但是为了挣钱养家，陪伴孩子较少，男孩恋母怕（缺）父，依恋母亲，本能想保护母亲，形成性格刚中带柔，母子情感难以分离的状况。直到婚配，甚至母亲去世才逐步显现情感完全独立的状态。

当今社会，中国男孩惧怕父亲，害怕（不喜欢）社交的情况居多，年少时敢于叛逆父亲和权威的行为较少，常常延迟到成家立业之时，才体验和化解阿阇世王情结。东方女孩子同样恋母怕父，不同于西方的恋父情结。缺乏父爱或者父亲缺位，导致男孩子柔弱，反而女孩子争强好胜，勇于填补家庭中爸爸的社会角色。有父爱陪伴和呵护的孩子，男孩子善于效仿父亲，成为有担当和责任的男子汉；女孩子较少叛逆母亲，成为温柔坚强的东方女性。在改革开放后的几十年，社会和学校的道德规范加强，相当于父权的压迫，促使中国孩子阴盛阳衰的心理特征明显，"女汉子""女强人"比比皆是，"阳刚粗犷男"少见，阴柔、中性的男性流行。近年来，父亲回归家庭，陪伴孩子的时间越来越多，中国的孩子恋父情结开始出现，过度恋母情结或恋子情结得到一定的改善。

东方"大母神"文化有利于形成仁爱、勇敢、有情怀、认真、温暖、减少欲望、谦让、和平、尊老爱幼、宽容、有凝聚力、勤劳、节约、爱护生命的正能量精神和积极心理。同时，过度表达大母神情结形成讨好型人格，易被欺凌，易产生无谓牺牲、"空心人"、控制欲强、情感捆绑、要面子、强迫、偏执、怯懦、自虐、愚孝、怕死和死亡焦虑等负能量心理（见表2）。中国儒家文化的代表孟子提出为人的四端——恻隐之心、羞恶之心、辞让之心、是否之心就是东方"大母神"文化的转化形式，这些影响了中国人的普适性情结的演变。在儒家四端的不断规范和过度影响下，个体自由和创造性无形中被限制，就形成东方文化八种特色，包括：人之初性本善：大母神情结的积极面；一元论和悖论思维；伦理道德：礼义仁智信，"做人为先"的圣人文化；双重性格：大我—小我的矛盾，有才智、怕创新、怕批评、怕出头、表里不一；崇尚权威文化：不敢共存或抗争权威（父母或社会）；爱面子和人情心理：不尊重事实、追求表面完美、虚情假意；实用主义信仰：生存理念是现世报，相信自己，怀疑神灵的信仰；"和"的文化：不出格，和平、和气、和谐精神，缺少"乾卦"精神。这些文化特色的积极面促进"大儒"文化的形成。其消极面助长"愚儒"文化的形成，同时，在西方文化的冲击下，极易产生"纠结"和"空心病"心理。

表2 大母神情结负性面的特征和产生的不良结果

负面特征	不良结果
善良过度	讨好人格，易被欺凌
过度奉献	无谓牺牲
舍弃个我	空心人
过度呵护和过度热心	控制欲，强制捆绑
背负心过度	委屈—后悔
过于完美	要面子、强迫、偏执、纠结
谦让过度	退让和压抑，导致自虐或自残
过于反对争斗	回避—怯懦
禁止叛逆	恋子情结，依赖个性
恋母情结	过度孝顺
过于强调秩序	限制创新和自由
过于节俭和压抑本能	为他人和小我活
过于珍惜生命	怕死和死亡焦虑

　　在这些文化特色影响下，东方人表现出较为突出的不良情结：纠结、恐慌、讨好、委屈、隐忍、退让、谦卑、愧疚、背负、后悔、完美、拖延等。以上这些不良情结在无意识中不断影响着我们的情绪、情感、思维和社会行为，造成不安全感不断重复出现，极大地阻碍了我们的心理成长，影响了幸福体验，导致心理疾病的产生。

西方母子之间是平等关系和依恋短暂关系。中国父母和孩子是上下关系和长期依恋关系，就像女娲看护她造出的人那样，是不对等关系和长期呵护关系。中国神话故事的母性神女娲成为中国母亲的榜样。现代中国家庭的母亲存在过度奉献精神，为了家庭操持一切，既认真工作又做家务，还包揽孩子的学习辅导等，事无巨细，老了还负责孙子的上学接送和生活照料，当属全世界最勤劳、最体贴、最奉献的母亲。有利的是，孩子们在恋母的情结中成长，基础安全感较好，道德、良知和德性较好，不学无术者较少，有自己的社会技能。不利的是，当今部分中国母亲错误放大了"大母神"的负性精神（见表2），在培养孩子的过程中不敢让孩子吃点苦、受挫折，不敢让孩子冒险，但恰恰是这些过度付出和背负心造成青少年被压制、被控制、被情感绑架，孩子们感受到的是矛盾情感，失去自由和没有自我。青少年长期接受父母和集体无意识大母神情结，大母神情结就会内化到孩子的个人无意识之中，导致青少年容易形成不良个性，如多疑、怯懦、善良过度、自虐、自傲、社恐、逃避等，同时缺乏英雄气概，不敢主动叛逆权威，不敢做自己为先，成为独立的自己。即使结婚生子了，依恋母亲的情感还会长期存在，愚孝成为恋母情感的延续，不断重复上一代的不良亲子模式。

中国神话故事《宝莲灯》"沉香斧劈华山救母"的故事，讲述了妈妈舍身救人的情节，孩子虽然没有在母亲身边成长，但是只要在幼小时期（1～3岁前）充分体验了大母神积极面的爱，长大后就勇于抗击恶性的社会权威。沉香劈山救母，母子短暂相互认可，母亲却化无形于世界，母子分离，孩子叛逆成功，成为独立的自己。这一神话故事表明中国文化中的母爱、良知和性本善已经存在于我们的潜意识中。母子早期一体，是爱的体现，是安全感获得的源泉，同时，敢于分离的母亲才是伟大的母神。在《重建幸福力》一书中强调长期母子一体，是失去了真实的自我，只有战胜大母神情结，才能成功叛逆，在恋母情结中成长，摆脱恋母情结，体验和升华阿阇世王情结，成为我们自己。

　　从以上东西方文化心理的起源故事及其演变过程可以看出，个人不安全感受到集体无意识的影响极大。在中国文化的影响下，中国人产生个体不安全感特征明显异于西方人，并以不同的情结表现出来，对原生家庭关系和自我心理结构的形成产生极大的差异化特征。

三、东西方对"自我"理解的不同导致心理结构的差异

　　"自己"在汉语中称"己""我"。《广雅·释言》："己，纪也。""己"是"纪"的本字，意思是"在绳子上系圈、打结、记事"，标明物品的归属。"自己"就是"属于我"。汪凤炎在《中国文化心理学》[1]中谈到"我"古汉语意指"手拿兵器与人拼杀以自卫或以兵器服人（即'杀'）以自保"。后期引申出"我"的一个重要含义为"施身自谓也"，即指个体自身或自己。"我"的这层重要含义一产生，就逐渐成为人们视域的焦点，"我"最原始的含义就慢慢淡出历史舞台，乃至今天很多中国人在使用"我"这个代词时，一般都不知道"我"的最原始的含义——杀伐或隔离不属于我的，才能成为自己。用心理学的术语讲，当"我"指"施身自谓"时，"我"本指"个我""本我"。中国先

　　[1]　汪凤炎，郑红.中国文化心理学［M］.广州：暨南大学出版社，2015.

民在造"我"字时已表明自我本是独立自主的，但是，后来随着专制思想的加强，以及"天理""五常"观念的深入人心，自明朝至清代为止，大母神情结负性精神不断泛滥，绝大多数中国人的自我又变成依附性自我了。

在儒家文化为主，崇尚礼仪孝道为先，新儒家朱熹客观唯心主义的"尊天理""灭人性"等思想的宣扬下，人们错误地解读或断章取义了儒家文化的思想，如"首善为孝""以德报怨""三思而后行"等。这使中国人的自我逐步失去了独立性，"个我"的概念消失。因为儒家对"我"和周围关系的强调，以及必须尊天理，"小我""大我"的概念出现，中国人会把自己和外界的边界模糊化、统一化。"小我"指代表少数人利益如家庭中的"我"；"大我"指代表多数人利益如社会的"我"。东方文化接纳和推崇个人的谦让人格，较为排斥个体骄傲的特质，善于营造和搭建集体的荣誉和骄傲。东方文化把"个我""小我""大我"关联在一起，"小我"不仅仅意指"个我"，还包含了自己与家人和周围的关系。每个人从出生就强调需要尊重自然和社会规则，做知书达理的、对社会有价值的人，需要实现利他利民的"大我"。

中国文化过于强调"做人在先，利己在后"，在西方文化和经济发展过快的影响下，当代很多青少年被动接受社会、父母给予的"目标化""期待"的压迫，缺乏"个我"的存在体验和意义（见图5-1）。即使获得社会成功，因为缺乏"个我"这个实在的心，很多人没有真正为自己活，仍然感受不到成就、快乐、自信和自性。北大心理学教授徐凯文提出青少年"空心病"概念，就根源于此文化心理问题。

西方人在心理学层面上过于强调"自我（ego）"，忽略了人

"自性（SELF）"整体性，忽视了人的情感体验，忽略了"天人合一"的自然大道。人应该是独立的个体，随着成年化，人的情感联结是相对独立、相对孤独的。在西方文明中，"我"就是"个我"，极端的个人自由主义较为盛行，我行我素、唯我独尊的风气弥漫。个体与个体之间本身缺乏情感，容易在矛盾摩擦中产生过度保护自身利益的冲突，"先下手为强""能者为大"的父神或攻击性特征突出。西方文明强调从小要"随性教育"，强调孩子天性展露的重要性，过度赞赏孩子，过度夸奖孩子，实际情感交际较少，主张彰显自己、标新立异、崇尚独立、自由生存的意义。孩子们在学校容易相互冲突，各自为了敏感的尊严常常相互争斗、不辞不让。人与人之间争斗不断，温和、承让、和谐的社会风尚较少，经常擦枪走火。

西方教育的好处在于个体的独立性强，具有积极的创造性和生存目标；不足之处在于少了谦让、涵养、包容，多了自我中心、自恋、自大和攻击。西方文明催生了人为了满足私欲与大自然之间的资源争夺战。石油能源的开发和革命启动了工业革命，激发了人们享受各种商业产品和占有无穷无尽财富的欲望，也启动了毁灭地球自然的开关。西方文明的盛行和强势崛起，使得全球人类崇尚求名逐利的生存理念，遵守胜者为王的社会规则。现代西方人接纳或者崇尚个人的骄傲人格，个体自信度较高，同样，较多强化和鼓动集体的骄傲，容易造成各个种族相互对立或种族歧视。西方哲学家贺拉斯说"你应该拥有你应得的骄傲"，当然，很多骄傲在东方人眼里就是"自大"。

东西方文化和历史发展轨迹的不同，造成个体"自我"理解的不同和心理结构的差异。西方过于强调"个我"的独立性和自由性，过于割裂人的关系体验，"个我""小我""大我"属于分离状态。儒家文化由于断章取义而提出的"小不忍则乱大谋""三思而后行""以德报怨"等较为偏颇的思想，导致东方大母神文化特征突出。东方人过于优柔寡断，隐藏或压抑"个我"的本能，不断修正动物性，不断提升人性的理想化，降低个体自由和创造性体验，甚至压抑"本我"，失去"个我""真实的我"，过度强调"小我""大我"。没有实心的"本我"，没有真实的"我"，"我"自然成为空心的、虚假的"我"（见图5-1）。做人和做君子，自然成为戴面具的人和伪君子，难以成为幸福的、理想化的人。

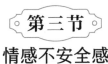

第三节
情感不安全感

一、情感不安全感的三种基本特征

　　情感是在感知信息加工后的一种持续的、稳定的情绪体验。植物不存在感知及其反馈，没有情感。动物的大脑在接收身体的感觉及各个器官收集的内在和外来的信息，进行加工、整合、存储，与合成的信息和情绪管理系统的既往信息进行对照，产生反馈，常常以情绪来表达。《动物世界》栏目跟踪观察一个狼妈妈如何艰辛哺育自己的幼崽，幼崽在母爱的呵护下发育成长，它接受亲情和被爱的体验，通过可爱的表情、不同的情绪和亲昵的动作表达自己的情感。人们饲养幼小的宠物狗，小狗会把抚养的主人当作妈妈对待，产生情感互动。

　　人类的情感特征同样具有动物属性，一个婴幼儿看到温柔的妈妈就会开心，会表达出被爱的体验，会产生安全感。当与妈妈分离，情感的"依赖"体验不能得到满足，就会产生不安全感，表现如痛哭、害怕、舍不得、不开心等。当孩子想要获取玩具，妈妈不能满足欲望时，就出现"好强"对抗的情绪，包括哭闹、不讲理、生气等。当孩子被爸爸或老师批评或者惩罚后，可能出现害怕爸爸或老师、逃避社交、胆小怕事的"回避"情感。

　　"好强、依赖、回避"是情感不安全感的三种基本特征，是依恋心理学的理论基石，也称为基础不安全感。其他不安全感的分类和表现都是由其派生出来的。在现实生活中，人类情感的不安全感从幼小时就存在，到了成年依然会存在。每个人内心都有一个脆弱的小孩，所谓脆弱的本源就是人类自身生来就有的不安全感。这种不安全感既包括后天被哺育和抚养期间获得的，也包括先天自我遗传基因携带的，内含个体无意识和集体无意识的不安全感。不安全感因人而异，不同个性、年龄、经历都会极大影响不安全感的呈现，具体表现非常多样。人类有不同于动物的自我意识加工，可以对本能反应的情感进行反复加工，使得情感的不安全感的表达形式特征复杂化和个体化。

在《重建幸福力》书中，用三种基色——红、黄、蓝分别代表"好强、依赖、回避"三种情感不安全感特征。红黄蓝的三种特征表现突出程度的差异组合，构成六种情感不安全感类型，如红（主）黄（次）蓝（弱）的热情—控制型、红（主）蓝（次）黄（弱）的自恋—责他型。人类最突出的特征是掩饰或者伪装，也有过度夸张或扩大化不安全感的情感。如一个人被上司嘲讽，内心的"好强（红）"不安全感情感被激发，会感到十分愤怒，但是通过掩饰，可以表现得宽容大度甚至自嘲一番。回到家中，这个人可能会无故责骂孩子或者家人，转移愤怒，宣泄自己的不良情绪，展示不安全感情感。在心理门诊临床中，常见这类转移自身不安全感情感的表达对象、时间、范围的事件。

案例 1

　　李红，女，42 岁，从小自己母亲作为"大母神"，给予典型矛盾性的爱——严厉要求加物质溺爱，父亲给予较少陪伴和呵护。李红有来自母亲的矛盾情感投射，存在亲密关系中习得了情感矛盾性爱的特征；缺乏父爱，导致存在"好强"的控制欲。李红经过自由恋爱，婚后被更加强势的家婆无端指责和吹毛求疵，为此隐忍愤怒，并将愤怒转移到老公身上，经常指责和谩骂老公。老公早期是忍气吞声、唯唯诺诺的被动"依赖"懦弱特征，后期出现情感不忠，主动提出离婚。作为妻子的李红遇到情感分离，又把怨气转移给自己的女儿，孩子受到极大伤害，感到无辜、无助、委屈。

女儿在初中开始出现早恋、频繁换男朋友的现象，内心深处就是不断寻求"依赖"的不安全感情感特征。因为内心的不安全感，总是担心男朋友的专一性、担当性、情感真实性等，内心需求"完美的依赖对象"，现实却感到总是存在不完美，难以接纳男朋友的不完美，常常在交往数月就不欢而散或主动分离。亲密关系的体验反复受到挫折，内在的不安全感再度被激发出"回避"特征，逐渐表现拒绝交新的亲密关系朋友，独处或者自我封闭，感到痛苦就酗酒麻痹自我，兼有用美工刀自虐大腿和手臂的情况。

在此案例中，从李红身上我们看到了家庭代际相传的不安全感，每个人都存在情感不安全感，却未予以认识和接纳。母亲"大母神"过度严厉，李红自己的好强、老公的依赖、女儿"依赖＋回避"的不安全感特征在原生家庭的不良情感互动模式下，相互摩擦，产生伤害。作为家庭的弱势者，女儿表现出被动依赖和懦弱的不安全感情感特征，导致难以形成温暖和谐的新的亲密关系，同时，迷失在情感的追求中，成为灵魂封闭和孤独的自我，极其容易走向自我毁灭。

二、原生家庭对情感不安全感的影响

家庭作为情感体验和表达的原发地，承载着培养我们的情感安全感能力，降低我们情感不安全感的本能。俗称"温暖美好的原生家庭，可以享用一辈子"，意味着在人生中经历挫折，原生家庭给予的基础安全感会促进我们不断战胜困难，体验美好的人生。"原生家庭的创伤，需要一辈子疗愈"，意味着原生家庭激发了我们内在的情感不安全感，甚至固化了我们情感不安全感的特征，在人生的长河中不断地显现和爆发，需要我们花大量的时间和精力去对抗或者消除创伤，甚至悲观地认为无法消除创伤和情感不安全感。

在我三十多年的心理治疗工作和体验中，感受到事实未必都是如此。原生家庭给予了情感安全感，但没有经受反复挫折训练的个体在遇到挫折时，同样会激发本能的情感不安全感，出现好朋友误解后的伤心欲绝、失恋后的郁郁寡欢、创业失败后的颓废等现象。

📎 案例 2

王强，男，49岁，原国企工程师，在十年前下海创业。从小父母关系和谐，自己在父母的呵护下成长。王强从小学习优秀，没有家人给予学习压力，顺利考上名牌大学，自由恋爱后顺利结婚，有了自己的孩子，成为国企工程师，掌握了一些核心技术，拥有一定的自我成就感。后下海经商做起外贸金属配件生意，自我实现感更加明显，孩子同样学习优秀，爸爸妈妈时常来往，一家人和谐平安。但是，自从2019年企业竞争压力增大，后来又因新冠疫情暴发，国际贸易不断摩擦，自己的企业业务量从减产到亏损，再到资不抵债。面对如此结局，这位已经有了自我成就感的董事长，先后出现失眠、焦虑不安、好强、不忿气、后悔、纠结，再到愤怒、拒绝关爱、颓废、回避任何问题和情感等表现。最终来就诊时，已经是重度抑郁症。

在急性期药物治疗干预下，倾听了王强的抑郁路径，他从自以为是，到责备疫情，再到恨贸易对手，最后反转为责备自己、恨自己、全盘否定自己。通过分析得知，他内心原本存在的不安全感特征，点醒他遭遇此次挫折不仅有外在的不可预测性，而且自身过于顺利的成长路径没有给他暴露和修正自身"好强—自恋""自以为是"等不安全感的机会，有此结局自身应该承担一部分责任，而不是全部责任或者没有自身责任。同时，调动家庭温暖和关爱的资源，全家人给予他适当呵护，接纳和认可当下的他，给予他操持力所能及的家务。请他自己接受现实、申请破产，重新觉察自身存在的不安全感特征，接受它、化解它为安全感情感，多多表达自己对家人的爱和关怀，敢于成为家庭事务的主要担当者，转换自己的"好强（事业成就）"为"勇敢（担当家务）"，"依赖（父母妻子）"为"温暖、关爱（家人）"。此案例反映出，认识、接纳、修正自己潜在的情感不安全感是人生的必修课。原生家庭有爱的基础，不能保证一生的心理健康，但是，在对心理受伤的孩子进行疗愈的过程中，原生家庭的爱具有极大的再滋养价值。

在原生家庭中体验了不断被忽略、被抛弃、被虐待、被否定的孩子，陌生人和社会只要给予其少许阳光和认可，同样可以通过自身积极的乐观心态和坚强的生存意念展现自我情感安全感，从而更早感悟到人生的真谛，改变原有强烈的情感不安全感，成为安全感的"我自己"。

案例3

　　小宁，女，26岁，公务员。从小生活在近乎孤儿的家庭环境里。爸爸赌博和吸毒，先后多次入狱。每次出狱期间，全家人更加噩梦缠身。小宁经常被追债的人上门恐吓，被酗酒后的爸爸辱骂和殴打，自己上学的钱时常被爸爸偷用，导致她无法按时缴纳学费，上学时被老师和同学嘲笑。妈妈特别重男轻女，自私自利，有点好东西都是母子分享，小宁常常被忽略。即使长大了，小宁通过勤工俭学辛苦赚的学费，也会被妈妈偷偷拿走，用在弟弟身上。上天几乎没有给予她父母的爱，但是爷爷奶奶在她4岁前，给予了较多温暖的关心和关爱，初中后期在姑姑家里寄宿1年，姑姑家里虽然贫穷，但是家庭氛围和谐舒适，再次让小宁感受到家的温馨和被呵护。就是这一点点阳光和温暖的体验，让小宁感受到，在这个世界上，除了委屈、悲伤、疼痛、黑暗的遭遇，还有另外一片温馨、快乐、舒适、阳光的蓝天。

　　她抓住每一个机会，努力学习，弥补自己缺失的大量课程，居然考上了中专。在中专学习期间，小宁不仅学习优异，而且积极勤工俭学，所有学费都是靠自己打双份工获得，虽然常感疲劳，但她感受到自我的坚强和好强。中专毕业后，她边工作边继续学习，获得成人高考的本科学历，报考公务员后又以优异的成绩胜出，成为一名收入稳定的公务员。

　　近十年，小宁长期忍受着妈妈对物质的索取，勤工俭学的钱、节衣缩食的钱、辛苦工作的钱，常常被妈妈情感绑架或者偷偷转账给了弟弟，买房买车，养孩子，为此感到委屈、纠结、愤怒、痛苦，间断出现自虐、情绪失控、语言攻击、生存无意义、自杀的念头，被诊断为"双相情感障碍"，必须使用大剂量药物才能相对控制失眠、稳定情绪、麻木地活着。

小宁很像塔拉·韦斯特弗自传《你当像鸟飞往你的山》描述的那样，在原生家庭情感不安全感的折磨下，顽强努力地生长。这样的原生家庭形成的创伤，自然使她自身情感不安全感不断展现，即"好强"的社会追求、"依赖"他人（亲人）的认可、"回避"亲密关系。在近3年的心理治疗过程中，小宁学会了爱自己、敢于隔离、敢于拒绝、不讨好，不过度好强、不隐忍情感、不太在意评价、不回避情感，开始看清自己内在的不安全感、肯定自己的成长路径、肯定自己的一切存在、宽恕曾经伤害自己的父母、接纳自己的原生家庭，认可家庭至少给了自己生命的基因、生存的机缘和做人的机会。近年来，小宁已经停用了药物，能够平和她看待自己的人生，接受"没有一个原生家庭是完美的"，小宁目前已经拥有了新的亲密关系，步入了婚姻的殿堂，体验当下的一切，拥有新的目标，看到生命的希望。

原生家庭给予的情感模式，当然不是仅仅分为"温水型"和"伤害型"两种极端类型。按照依恋理论，《重建幸福力》书中解构出16种原生家庭情感模式。对个体的成长来说，没有绝对完美的原生家庭，没有绝对无价值的原生家庭。每个人可以尝试像塔拉·韦斯特弗和案例3的来访者那样，敢于在成长中自察、自省、自悟，敢于激发自身的英雄气概，战胜内在的大母神情结和阿阇世王情结，不断救赎自我，成为独一无二的自己。

三、从心理的角度看婚恋

每个人都有自身的情感不安全感特征，内在潜意识会不自主地投射出来，容易喜欢没有此类不安全感特征的人。婚恋的缘分，除了外在的美貌、身材、钱财等，内在相互潜意识的情感不安全感的投射，常常是异性（不一样的个性）相互吸引的关键。

因为欣赏对方的某个安全感特征呈现的个性如直率（勇敢类安全感），其恰恰是自己不安全感的"回避类不安全感"的投射；对方欣赏自己的温柔（平和类安全感），其正好是对方不安全感"好强类不安全感"的投射，因此，相互欣赏，进入婚恋。在组成家庭后，双方在生活中感受对方的人格魅力，不断修正自己内在的"好强""回避"型不安全感人格，学习对方情感安全感的"勇敢""平和"特征。这样的家庭，就常常和和美美，爱情常驻，体验情感安全感不断发展和情感不安全感不断降低。这样的美满婚姻，其实相当少。

70%以上的婚恋关系，在组成家庭后，尤其是在抚养孩子的过程中，加之原生家庭情感的介入，双方常常不断爆发自身的情感不安全感特征，甚至发现对方原来吸引自己的优点"直率"或者"温柔"都消失了，变成了"固执"或者"懦弱"的特征，作为优点的安全感特征原来是"好强"或者"回避"不安全感特征伪装的。在相互情感冲突和伤害下，固执的人不断"好强"，懦弱的人不断"回避"，同时，双方原来没有展现出不良个性，如对方的"回避、依赖"或者自己的"好强、依赖"被激发。于是，双方的相互不认可、互怼、隐瞒、隐忍、委屈、愤怒、猜忌、冷漠都容易被诱导出来，情感的不安全感得到极大的激发，最终导致家庭破裂，第三者、分居、假夫妻、离异现象的发生。近几十年，离婚率存在逐年增高的趋势，国内离婚率高达 39.6%（2020 年网络统计数据）。

如果把家庭比作港湾，每个人比作船，成人为大船，孩子为小船，家庭的情感比作海水。父母情感不安全感的冲突，就像风平浪静的大海变成波涛汹涌的海浪，不仅婚恋双方感受不到爱情"平和、舒适、激情、愉悦"的情感，生活在家庭这个港湾中的每一条船都会受到冲击。在厌烦这种生活后，父母中的一方大船就会向往外面的蓝天大海或者平静湖泊，放弃家庭，驾驶船离开港湾，永不回头。孩子作为其中的小船，因为抗压能力较弱，在不断被摇晃、被挤压、被忽略、被否认中，很容易被破坏、被抛弃、被掀翻，孩子本能的不安全感就会被放大，出现厌学、焦虑、抑郁、孤僻、癫狂、怯懦、自残、自毁的表现。当孩子间断离开港湾，驶向大海历练之时，情感不安全感同样不断显现，同时产生不同形式的不安全感。在大海的风浪中如果能保持平稳，能够形成安全感人格，修正情感不安全感人格，就会变成一艘坚固的大船。

婚恋与为人父母都是形成情感不安全感成长的重要机遇。因为每个人都存在不安全感，组成的家庭就像港湾，没有绝对安全、完美的海港。生在不安全感冲突较少的家庭，孩子们不要长期沉浸在安全的港湾或者平静的湖泊中，需要不断敢于离开父母给予的温暖舒适的环境，驶向大海，接受各种挑战和磨炼。同时，也需要父母敢于主动分离，放手让孩子经历适当的挫折，激发出不安全感，学习觉察体验，这样才能接纳和修正自身的不安全感，安全感的情感人格才可能在困难中培养并显现。生在不安全感较多的家庭，不必整天怨天尤人，责备原生家庭，孩子要敢于早点驶出原有的港湾，面向大海而不莽撞，自我寻找和搭建新的港湾，可以通过友谊、师生情、社会群体、技能爱好群体实现自我成长，直到成为可以远航的大船，在大风大浪中搏击。不安全感人格即使时有展露，也不必恐慌、对抗，只有不断展示自己、磨炼自己，保持人性的真善美，安全感的人格才能逐渐成熟，替代自我的不安全感。

四、情感不安全感的性别差异性

在抚养孩子的过程中，母亲天生细腻的情感、母乳喂养和母爱本性，给予孩子较多的情感体验。从哺乳动物的抚养方式看，当孩子出生后，多数熊、虎、猫、狗等动物都是母亲独自抚养。如果母亲给予的不良情感体验较多，无论男孩还是女孩，形成情感不安全感的特征就较为突出。母爱为什么常被形容为伟大的？就在于母爱决定了每个孩子的基础安全感，也就是情感安全感。父爱是否存在情感属性？在母系时代，如中国至今存在的摩梭人，父亲基本不陪伴孩子成长，没有给予多少爱的情感机会，那么孩子就不会从父亲那里获得情感安全感体验。从母系时代到男权的一夫多妻制，父亲的家庭情感属性开始显现。现代社会已经从一夫多妻转变为一夫一妻制，父亲的家庭情感角色越来越重要，孩子都需要父亲的情感体验。另外，人类的繁衍模式必须有异性的情感和性行为维持，个体本能更加需求异性的良好情感互动。异性别父母的爱，对于孩子的情感体验尤其重要。

异性别母亲如果给予男孩子过度强势、虐待、责罚、被否定的体验，儿子的基础安全感就会受到破坏，同时，形成异性别情感不安全感体验，就会呈现"依赖（黄主）—回避（蓝次）"的情感特征，表现为被动依赖—懦弱（黄主蓝次）或者外表高冷—内心自卑（蓝主黄次）的个性。异性别父亲如果给予女孩子过度伤害或忽略，女儿在获得充分母爱的基础上，就会呈现"好强（红主）—回避（蓝次）"的自恋—责他型。如果女儿也没有获得母爱的基础安全感，会呈现"回避（蓝主）"的外表高冷—内心自卑（蓝主黄次）或者讨好朋友—冷漠亲人（蓝主红次）的个性，出现孤僻、早恋或社交恐惧等问题。被情感严重伤害的孩子，会完全否定异性别父母，容易表现"过度自我保护"的孤僻、独处、独身主义和不婚的信念，或者"否认异性别的亲密情感"，发展为同性恋、性别角色改变等。目前，同性恋发生率明显增高，其中，生物遗传因素的同性恋发生率仅仅占总数的 5%～10%。90% 以上的同性恋都是因为原生家庭情感模式不良，包括父母的过度争吵，以及缺乏异性别父母高质量的情感陪伴。

同性别父母给予孩子的不良情感体验，常常导致孩子的过度（持续性）叛逆或延迟叛逆。孩子会产生和父母的对抗情感与行为，甚至恨自己的同性别父母，自己在无意识的作用下，慢慢形成了同性别父母同样不良的情感不安全感。在人生的长河中，作为孩子或者父母如果始终不修正自己的个性，双方的对抗就会持续下去，形成持续叛逆的孩子。孩子长大成为新的父母，继续和自己的孩子、父母产生不良的情感模式，维持自己终身的叛逆，就像父母一直固化着他们的不安全感特征。长大的孩子如果青少年期没有表达叛逆，在婚恋和成为父母的阶段，一定会对自己的孩子补偿性表达自身被压抑的叛逆情感和行为，如责骂、忽略、偏执、自大等。这些过度叛逆的特征给孩子又制造了新的同样特征的不安全感，这样一代又一代传递着原生家庭的情感不安全感。

在东方集体无意识的文化背景下，作为表现出大母神负性面的父母们，常常在成为爷爷奶奶时开始感悟到自己对儿女不良情感的伤害或者忽略，会不自主地转向溺爱或者过度宠爱孙子辈。这样的情感表达常常是因为老人想改变自己的不良情感模式，同时掩饰不安全感。作为成年的儿女，如果不能理解老人的情感，就会继续和父母争斗叛逆，造成家庭鸡犬不宁，孩子的情感不安全感再次加强。日本导演奥田瑛二执导的电影《长途漫步》，讲述一个老人安田在妻子去世后女儿对他态度冷漠，这才开始感悟到自己的不安全感情感。在迷茫人生、情感失落的旅途中，他识别了被原生家庭父母折磨、忽略、虐待的小女孩纱织。纱织的不幸，激发了安田曾经愧疚的情感。他像亲爷爷一样，给予纱织无限的关爱、包容和耐心，给予她编织追求"蔚蓝的天空下的朵朵棉花糖样的白云"和有"展翅飞翔的白色翅膀的大鸟"这样的梦想。在共同的追梦旅途中，老人安田的不安全感情感得到修补，缺失爱的女孩纱织体验到了人生难得的短暂真情，获得了基础安全感。

因为东方文化强调宽容、谦让、孝顺，很多青少年在自身力量不足同时被父母大母神情感控制的情况下，情感不断地在"回避—好强"和"回避—依赖"之间反转、纠结，产生极大的痛苦和无奈，最终情感演变成伪装、空虚、麻木的模式，因为只有这些情感模式，才能让自己暂时得以喘息，获得片刻的宁静。

无论是父母还是孩子，只有重新承接自己的集体无意识的大母神文化，体验自身不良的情结和意识层面的冲突，才能敢于觉察、直面和修正情感不安全感，打破原生家庭不安全感的代际传递魔咒。即使曾经被原生家庭忽视或抛弃，只要敢于吸收爱和阳光，就会顽强生长。

第四节
思维不安全感

一、不良思维方式导致不安全感

　　思维是人脑对自身和外界人、事、物等客观事物间接概括地反映及再加工的精神产物，是人类认识活动的最高形式。其价值是揭露事物内在的、本质的特征，包括分析、综合、比较、抽象、概括、判断、推理等基本过程。人具有思维能力，可以不断创造新的思维概念、思维内容、思维形式、思维逻辑。人同时具有强烈的社会属性，出于社交的需求、情感的不安全感、虚荣的本性、竞争的环境、道德的规范，叠加不自主地出现掩饰、伪装、表演的行为，使得思维的表达形式更加复杂化和个性化。

　　人的思维原本就是和情感对立的，似乎思维中不存在情感。但是，随着人类不断进化认知功能并社会化，高度发达的思维开始深刻地影响着情感，并且被情感影响。

　　人除去思维，几乎什么都不能控制，思维是个体唯一可能控制的。我们不能控制外界的一切人和事物，不能控制自己的情绪、情感和行动，不能控制疾病和生命。当我们控制自己的思维想象美好的情感体验，就会产生自在、舒适的感觉；反之，想象糟糕的事情、悲伤的过去，就会激发本身存在的情感不安全感，表现出情感低落、沮丧。思维不安全感不是思维中的不安全感，不是名词，是动名词，它使思维激发出的原有情感不安全感加工放大或掩饰了不安全感。没有人类思维复杂性的存在，就不会有个体情感不安全感、社会不安全感、无意识不安全感的多样性和复杂性。

思维方式带有悲观主义特征，属于典型的思维不安全感。

东方文化的精髓之一是悖论思维，这是解决问题和困难的积极思维和超越问题本身的思维。但是，近数百年东方文化和民族的遭遇，导致灾难性思维较为盛行。在大母神文化的呵护下，个体独立性较晚出现，恋母情结和依恋人格突出，害怕未知的不良结果，负性思维较多。个体总是假设明天会有灾难，如会出错、丢失、被欺负、倒霉，然后再假设出现了灾难后，又会出现更大的灾难。如此不断推理，不安全感的情绪会不断泛化和扩大。

研究危机应激反应的专家发现，当一只猛兽突然出现在羚羊面前，羚羊会表现出惊恐后刹那的僵化现象，但是，很快羚羊就会激发本能的求生反应，快速向相反方向奔跑逃命。当人遇到同样的危急事件，很多人就会持续身体僵化现象，不能启动逃命行动，或者瘫软在地，无法正常奔跑。出现此种现象差异的主要原因在于，在遭遇危机时，动物直觉意识匹配行动，而人体思维反应远远快于行动。当存在思维不安全感时，就会快速假想到"没有希望""死亡"，激发基本不安全感过度，导致双腿僵化或者瘫痪，严重者直接被恐吓昏迷或者死亡。当存在思维安全感模式时，就会压制情感不安全感，快速搜索周围的有利资源，比如，爬上大树避过锋芒，拿起有力的武器勇敢战斗等。

临床常见的焦虑症和强迫症，都存在典型的思维不安全感。

高扬，男，大专生。原生家庭爸爸对他从小过度严厉，妈妈陪伴少，寄养在温暖的亲戚家数年，但是，长期存在被父母忽视和不认可的感受。高扬在高中学习不认真，导致高考失利。在大专学习期间，表弟、堂弟都上了本科，高扬感到自己不被亲戚和父母认可，为此开始嫉妒并努力学习。学习成绩在大专较为优异，可是他不满足，想拿到全校前5名，保送本科。

每天过度熬夜、勤奋学习，高扬出现视力较快下降的情况，就诊眼科医生，嘱咐看书时保护眼睛，多休息看看阳台的远处。自己为此开始担心眼睛的健康状况，百度搜索发现健康科普要求看书1小时就应该眺望远处或者看绿色植物5分钟。于是，高扬开始认真执行此项眺望远处的健康护眼行动。很快，他感到眼睛总是干涩、模糊，复查视力还是有点下降，为此他开始恐慌，思维不安全感开始启动。他想：肯定是我眺望的时间不够准确，导致眼睛没有休息保护好，于是戴着手表计算看书的时间和眺望的时间。当眺望时间太少，哪怕少了几秒钟，他就害怕眼睛被伤害了；当眺望时间较多，哪怕多了几分钟，他又担心书少看了，耽误他升本科。

高扬总是假设各种灾难，想象如果眼睛重度近视或者瞎了，学校是否还保送他上本科。因为强迫症耽误了那么多学习时间，升不了本科，亲戚们会更加嘲笑自己。高扬总是想通过补偿眺望的时间或者看的时间，解决思维假想的双重灾难以及灾难后的灾难。

来访者高扬的原生家庭抚养模式导致他形成"好强—回避"的情感不安全感特征，表现出争强好胜、完美、怕错、怕不被认可、回避学习问题的思维不安全感。思维不安全感又通过各种不良思维加工情感体验（无意识部分）、现实体验和假想体验，最终使得不安全感的思维—情感相互负性循环，导致高扬在思维不安全感的模式下，既强迫地重复眺望远处，又强迫地补偿学习时间，形成了典型的双重强迫症。

上述提及的不良思维包括：

绝对化思维：眼睛绝对要保护好、升学必须保证；

对立思维：眺望的时间与学习的时间是对立的，保护眼睛和学习是对立的；

完美思维：眼睛完美、学习完美；

回避思维：逃避升学的初心，掩饰自卑；

假设灾难思维：假设眼睛坏了的灾难、假设不能升学的灾难、灾难化被人鄙视；

反事实思维：知道视力没有下降，但会高度怀疑事实，经常检查视力；

否定思维：否定自己的眺望时间，否定自己努力学习；

矛盾思维：学习时间和保护眼睛的矛盾，眺望时间和升学的矛盾；

纠结思维：将以上思维反复思考，层层缠结，产生强迫性纠结行为；

黑洞思维：思考、内耗过度，大脑能量像被黑洞吸入，空洞又恐慌，黑暗又沉沦。

思维不安全感像情感不安全感一样，同样被无意识影响，在不断重复思维不安全感的模式下，这些不安全感体验随着时间的延迟，慢慢转化到内在无意识之中，形成新的潜意识。案例4来访者高扬，在患有双重强迫症一段时间后，不自主地害怕睁开眼睛看文字，甚至包括害怕看到带有文字的家具、墙上挂着的挂历等。因为上面有他不自主想要看清楚的文字，阅读文字代表认真学习，但是，只要看文字就会激发他潜意识中伤害眼睛的不安全感。

可见，思维不安全感常常是被内在的潜意识影响，思维不安全感的反复运转就会转为潜意识内容，影响或者增加了潜意识的不安全感。

很多人会认为，那是强迫症的病态不安全感，正常人群不会这样。的确，强迫症就是放大版、极端化的各种不安全感的综合体表现，其实，我们每个人都存在类似的不安全感形成模式。

在生活中，焦虑体验出现时，就是思维不安全感的产物。例如，疫情防控期间，听说小区附近有阳性病例，很多人就会产生焦虑。焦虑为何产生？如何持续发作焦虑？

可疑的危险信息——激发潜意识的情感不安全感（回避）——思维不安全感——不安全感思维模式（假设灾难—绝对化—对立—再假设灾难—放大—回避—否定自己—矛盾）产生焦虑——潜意识的"怕"逐步沉淀——加深情感不安全感的回避——其他危险信号（孩子停课）立即激发新的思维不安全感——再激发焦虑，使得焦虑持续化。

当焦虑反复发作，我们就会过度担心疫情、过度消毒、抢购食品，不安全感的强化就导致在其他非疫情方面，同样表现出焦虑。原本不担心的高血压病、孩子的学习、老公的工作等都会成为产生焦虑的事情。

二、过度理性导致他人不安全感

思维是理性的代表，却受到感性情感的深刻影响，纯粹的理性思维常常带来极大的危害。现实中，的确存在过度理性的思维者，当然也存在不断按照感性出牌的人。台湾小说家三毛说：过度理性让生活丧失美感，过分感性是在慢性地杀死自己。

案例 5

小琪，女，大学生，父母均为北京高级教授和博士生导师，事业型专家。母亲脾气急，做事雷厉风行。父亲情绪非常平淡，过度理性。小琪在外公外婆陪伴为主的宠爱抚养模式下，原本各科成绩优异。在初中阶段，外公外婆返回故乡，爸爸开始关注女儿各个方面的行为和学习成绩，每天给小琪讲几个至理名言，要求她按照讲述的道理制订细化到分钟的计划，并将其贴满了书柜的玻璃门。例如，爸爸教育她背英语单词是学习英语的基本功，勤奋努力是人生成功的最重要因素。小琪刚开始觉得有道理，可是在努力背单词后，英语成绩并不好，感受不到成功。理性的爸爸几天后就会再次给予新的做人理论和行为准则，告诫小琪"失败是成功之母"，坚持不懈的努力很重要，不要产生知难而退的厌烦情绪。爸爸从来不发火、不打骂，倒是经常坐在身边教育她做事认真点，书桌台面不要乱，否则思维就会乱，常常会讲一个小时到几个小时的道理。小琪感到被理性时刻包围着，直到出现纠结、焦虑、害怕感，甚至窒息感。

经过几年的相处，在高中后期，小琪已经对爸爸产生了极大的厌恶和恐惧，不能在同一个餐桌上吃饭，否则就会情绪失控，无故愤怒或者伤心，主动逃避父亲，要求换学校。严重时，小琪不能和爸爸同时待在同一个房子里。高考后，小琪坚决报考外地大学，不报北京的任何大学，目的就是远离过度理性的爸爸，那个让她感受到情绪崩溃的爸爸。现实的另外一面，小琪爸爸从小家境贫穷，获得母亲的关爱和呵护较少，内心渴望主动依赖和被认可，在单位遇到科研瓶颈，连续几年拿不到大项目，博导资格也已经被取消。而小琪的妈妈的事业顺风顺水，爸爸感到压力却不敢表达，总是用理性告诫自己，没有关系，妻子的成功也是他的成功，自己陪伴好孩子，让孩子听话、学习优秀，就是他的成功。在孩子学习困难时，他的好强就表现为"不断过度理性化"的说教和期待。

可见，过度理性思维不利于自己的情感不安全感成长，还会对周围的人，尤其亲密关系的人产生极大伤害，造成他人的过度情绪化。

量子纠缠理论的实验证明了人的意识与意识之间存在相互纠缠的能量传递，人的意识甚至可以影响物质。思维不安全感是容易被认知到的因素，在不断地协调、干预、控制、干扰着情感的不安全感和社会的不安全感；反之，情感不安全感和社会不安全感在思维中渗透、蔓延，形成并激发着思维不安全感。思维在社会性"内卷"因素作用下，不自主地改变着情感不安全感。如"好强"的情感不安全感被变换成寻求认可、做事认真、追求完美性的特征；"好强叠加回避"被变换为无意识的"嫉妒、诋毁、孤傲"等不安全感的情结特征。

　　人的大脑时刻在运转着思维，即使在睡眠期间，思维也在间断加工着白天的信息，忙碌于无意识的世界中。个体在意识层面较容易感受到自己的优点和安全感的情感、思维和行为。思维同时受到个人无意识和集体无意识的影响。

　　思维作为意识的代表，表面看可以影响情绪、情感、思维模式和行为。事实是，思维不安全感模式经常出现，挥之不去。在思维出现之前，无意识的不安全感已经启动，情感不安全感已经部分形成，是它们决定了思维不安全感。个体可以运用思维的能动性，改变思维模式，缓解不安全感，而不可能完全消灭无意识的不安全感。中国文化中"防患于未然""小心驶得万年船""谨小慎微"的思想都是大母神文化的变形，常常被过度渲染和放大，这些集体无意识文化导致个体思维不安全模式较为广泛。

第五节
社会不安全感

一、社会不安全感概述

人不同于动物的另一个特征，就是社会属性。孩子在 3 岁前，多数是和父母或者爷爷奶奶共生共存，只是存在家庭亲密关系的互动，凸显的是情感能力的培养和情感互动的体验，习得、被投射、被铸造、言传身教父母的情感不安全感特征。孩子安全感的基础就是情感安全感，是母亲为代表的哺育者赋予的。人有了被爱的体验，就会获得较好的安全感体验，基础安全感的潜意识能量可以陪伴我们一生。个体在面对挫折、困难、危急时刻，可能表现出勇敢、独立、平和的安全感人格特征。

在 3 岁甚至 2 岁以后，孩子有了独立行走能力，有了自我或者自身主体的体验，就会开始接触非亲密关系的人。从兄弟姐妹、亲戚的孩子，到陌生的邻里、幼儿园同学，开始接触社会小群体，开始越来越多的社会交往。在孩子成长期间，原生家庭的家庭结构、父亲的陪伴和家庭角色及孩子早期的社交体验与社交经历都会极大地影响其社会不安全感。

社会学定义社会安全感是人们对社会安全与否的认识的整体反映，它是由社会中个体的安全感来体现的，安全感是反映社会治安状况的重要标志之一，也是衡量社会运行机制和人们生活安定程度的标志。

像战争、疫情、地震、金融危机、政治斗争等都是社会不安全感的表现和激发个体不安全感的因素。个人的基础不安全感也是诱导社会不安全感事件形成的主要推手。像希特勒的内在情感不安全感人格，就会导致他不断地要求社会认可，不断地想控制一切，唯我独尊，占领全世界。由他发动的第二次世界大战，让人类体验到战争的残酷，军民伤亡超过 1 亿人，全人类，尤其是犹太民族生活在巨大的恐慌和不安全感中。当今社会，随着科技的发展，预测和防控自然灾害的能力增强，自然灾害导致的社会不安全感越来越少。

个人、某些利益集团或者某个民族的不安全感，导致人类的灾难不断增加。卢旺达种族大屠杀发生于 1994 年 4 月 7 日至 1994 年 6 月中旬，是胡图族对图西族及胡图族温和派有组织的种族灭绝大屠杀，共造成 80 万～ 100 万人死亡，死亡人数在当时相当于卢旺达总人口的 1/8。身在社会不安全的巨大洪流中，个体的力量如此渺小，个体本能地启动自我保护机制，促使大多数人随波逐流。少数清醒的个体想对抗不安全感的洪流常常被摧枯拉朽般地击垮，而选择暂时远离洪流成为明智之举。

个体社会不安全感是指个体在社会环境和活动中体验、表达的不安全感，以及社会事件对个体不安全感的激发，具体包括个体社交不安全感（人际不安全感）、反社会心理，以及乌合之众的集体不安全感。个体的社会不安全感不仅取决于原有的情感不安全感和思维不安全感，同时受到社会事件和环境因素影响，受到集体意识和无意识的影响，是人类特有的不安全感。

二、乌合之众的集体不安全感

《乌合之众》[1]一书中清晰地讲述了作为群体中的个体，在社会集体意识和无意识的洪流下，智慧、智商、情商都会大幅度下降，本能的情感不安全感被激发，思维在不断强化不安全感，多数人只能依附着乌合之众或被失控的、不理性、疯狂性、贪婪性群体裹挟，失去了个体安全感和独立意识，成为乌合之众的一分子。股市操作就是乌合之众的典型表现，下跌时集体恐慌抛售、上升时集体贪婪追涨。

乌合之众的集体不安全感在动物群体同样存在。如遭遇猛兽的羊群，在恐慌下都会跟随着群体一起奔跑，集体表现出不安全感。即使早已脱离危险，只要群体不停止奔跑，个体就会被裹挟着持续奔跑，不自主地表达着自己的不安全感。近几年，间断出现的群体踩踏事件，都是本能的基础不安全感在群体中快速蔓延，导致个体在社会活动中被激发不安全感，造成巨大伤害的悲剧。疫情防控的三年期间，多次出现集体恐慌性抢购蔬菜、恐慌性囤积口罩，甚至过度喷洒消毒水导致吸入性肺炎的情况。在无意识影响下，群体同样会出现个体强迫症式的反复恶化的恐慌行为。乌合之众的集体不安全感发作时，智商相当于3至6岁的孩子，理性思维常常失效，每个深陷其中的人都无法自拔。图1显示，在社会事件刺激下，如诱发群体恐慌的事件（病毒，毒蛇，被隔离……），部分安全感不足的人就会出现不自主思维（我可能不小心被感染、被毒害、被控

[1] 古斯塔夫·勒庞.乌合之众[M].陆泉枝，译.上海：上海译文出版社，2019.

制……），然后通过灾难化假设再假设思维（病毒无药医治，蛇毒中毒来不及治，我如果死掉，我的孩子怎么办……），不断扩大不良后果的恐惧性，反馈个体产生更多、更频繁的"不自主思维"。如此循环，焦虑就越来越明显，并且向周围以几何指数级别弥漫，加之互联网的助威，整个社会的每个成员的集体无意识焦虑就被激发。过度焦虑和不安全感，社会无意识的强迫行为就会出现，如疫情防控期间的反复层层加码验核酸、公共场所反复过度消毒、发现阳性可疑病例过度封控、个体反复囤积食物、出门小心翼翼、想冲出被隔离空间……这些现象，表面可以缓解群体或者个体的焦虑，实际却负性强化已经过度的强迫行为，还会反馈给不自主思维，产生新的或者更多的不自主害怕思维，如此三个反复恶性循环，导致产生乌合之众的特征，即使有人挺身而出表达理性思维和行为，也会被群体无意识恐慌淹没。直至群体自身因为恐慌过度，不断突破被控制的体验，才有机会聆听理性的声音，在理性的呼声越来越高的情况下，逐步回归集体无意识的平静。

集体无意识不安全感如恐慌、诬陷、争斗都会带来极大的社会损失。老子《道德经》提倡圣人无为而治，就是主张人要敢于做社会的金牌配角，不要争当社会的主角或者主宰者，给予周围大众相对自由的选择，凭着无私的真善美做天地的刍狗。社会像"大母神"一样过度给予个体保护，就像父母过度保护自己的孩子一样，孩子就会产生依赖综合征，出现忤逆子，既没有安全感，又不尊重父母，会不断否定父母给予的爱。作为父母需要给予孩子独立成长的机会，经受适度挫折训练，才会消除或减少内在的不安全感，孩子才不容易被激发出不恰当的行为。如此的社会，个体将会真正有安全感、有勇气、有担当，群体的团结才会出现，正能量就会在社会越来越多出现，强大的社会自然形成。

三、个体社交不安全感

人性其中一个弱点，就是特别在意他人如何评价、看待自己，因此，作为被评价者就会追求荣誉、名声，哪怕是虚荣，反感他人的诬陷、诽谤、嘲笑；反之，作为评价者会给予他人荣誉、羡慕、嫉妒、诋毁等各种情绪。

因为个体力量是有限的，知道只有身在群体中，才能发挥才能，取得非凡成就或者享受生活。自己到底怎么样，不是自己说了算，而是取决于社会评价，所以，人都是在意他人评价的。每个人都希望得到好的评价，由此产生了人性中的荣誉感或者羞耻感，甚至虚荣感。客观上，荣誉是别人对我们的评价和感觉；主观上，荣誉是我们对别人评价和感觉的在乎。因此，荣誉经常会对人产生有利的影响力，但是这种影响力并不仅限于道德方面。除了少数彻底堕落的人，人人都有羞耻心。虚荣是渴望让他人相信自己有突出的优势，是希望通过外在的评价来获得高度的自信，来掩盖自己内在自卑的不安全感[1]。

人们在别人的称赞中感到高兴或者害羞，在批评中感到生气或者害怕。人与人之间的相互评价是社交的主要形式。社交障碍是个体作为被评价角色出现的对社会的不安全感。

社交障碍表现为与人交往时，尤其是大众场合下，会不由自主地感到紧张、害怕，以致手足无措、语无伦次，严重的甚至害怕见人，常称为社交恐惧症、人际恐惧症。其中有些人主要表现为对异

[1]　叔本华.人生的智慧［M］.北京：中国纺织出版社，2020.

性的恐惧，称为异性恐惧症；有些人主要表现对特定社交场所（如学校）的恐惧，称为场所恐惧症。个体缺乏自我英雄气质，有过被嘲讽的体验，内在的情感不安全感被激发，在社会交往中习得性地应用思维不安全感，导致想象成功的体验少，想象失败的体验多，缺乏自信，总认为自己不行，缺乏交往的勇气和信心。社会交往中过多地约束自己的言行，特别在意他人的评价，以致无法充分地表达自己的思想感情，甚至回避社交，阻碍了人际关系的正常发展。

案例6

小陈，男，13岁，初一。从小原生家庭关系和谐，学习成绩优异。在一次小学四年级课堂上老师分析试卷，说："某个同学计算公式、计算步骤、结果都正确，却在最后总结时抄错结果，你们怎么看此问题？"小陈搭话："那不是傻子吗？"老师却告诉大家："这个同学就是小陈。"于是，全班哄堂大笑，齐声笑着"小陈是傻子，哈哈哈"。在此情此景下，小陈感受到极大的羞耻和尴尬。自此社交创伤之后，他出现不敢随意说话，逐步到基本不说话的状态。交往的朋友越来越少，在学校就会胸闷不适，见到老师更加紧张不安，说话总是吞吞吐吐。因为学习成绩优异，小陈经常被老师表扬，被认可的荣誉感保护了他内心的社会不安全感，一直支撑着他继续上学。初中开始，学习压力增大，小陈很害怕自己成绩不优秀被老师点名批评。他逐渐出现害怕见老师、害怕去学校，最终出现害怕去学校附近的街道等现象。小陈这样就属于典型"社交恐惧""特殊场所恐惧"。

四、反社会心理

反社会心理是作为评价者表现出的社会不安全感。反社会心理出现前提常常是在原生家庭被代表权威的父母过度打骂、虐待，或者社会交往中产生委屈、压抑、被羞辱的情感，在"好强—回避"的情感不安全感人格作用下，形成自我中心、自恋、自我过度保护、否定社会一切的心理。反社会心理包括两种：其一，厌恶、反感社会，但是尚有良知和羞耻心，表面是社交障碍，实质是主动拒绝社交，它区别于社交恐惧的被动的、害怕社交；其二，反对一切否定自我的社会人、事、物，良知和羞耻心较少，表现为攻击社会权威、制度、限制，甚至经常犯罪。

反社会心理的人非常讨厌人性的另一个弱点——伪装、掩饰、虚情假意。他们认为自己是最率真、最正确的，也是最无情的。其实，他们同样有着人性的掩饰和虚伪，只是用自恋、冷漠、孤僻、反社会特征掩饰了内在的社会不安全感。相反，他们的内心更加渴望被认可、被包容，更加渴望被爱。在《狗咬狗》《少年犯》《隐秘的角落》等小说或影视剧中，都是这些反社会犯罪行为的写照。《少年犯》是1983年拍摄的关于青少年犯罪和自我洗心革面的电影，所有主角都是青少年犯本人。这些孩子有的遭遇原生家庭暴力，有的被校园欺凌，有的过于贫穷，有的就是孤儿，都是缺爱的孩子。他们在混社会、在成为问题的孩子过程中，逐步产生社会不安全感，而且，用反社会心理、行为掩饰和武装自己。在监管劳教老师的关爱下、在社会大众的认可中，他们逐步直面自己的不安全感，从扭曲的犯罪心理转变为敢于做对社会有用的人。爱是疗愈反社会心理唯一可能的钥匙。

案例 7

王立，男，26 岁，初步考虑患社交恐惧症。王立从小在父母否定和指责性教育中长大，近一年辞去工作，表现为不出门、少讲话、沉迷手机、整日躺平的状态。追问他的成长经历得知，王立作为家中唯一的男孩，爸爸在学习和做人做事方面对其有较高的期待。王立从小一直交友较多，对爸爸的管教比较叛逆，长期不服输，经常逃课和朋友们去玩耍。

高中时期，爸爸担心王立成为问题少年，把他送到军事化封闭式管理的学校。在那里，王立经历了人生的噩梦般的体验，自己的叛逆行为受到了严厉的惩罚——不给吃饭、不给坐椅子、不给睡觉，被体能老师用鞋底打脸等侮辱行为尤其让人痛苦。王立只能不断地忍受，掩饰委屈，假装听话，压抑痛苦，直到被老师认可"修正了叛逆行为"，方在一年后出了监狱般的校门。

从此以后，王立长期伪装自己的情绪、情感、思维，讨好着周围的人和社会，内心却反感这个虚伪的社交和周围的一切。两年前，自己真心喜欢一个女性，开始和她交朋友，给予积极的情感和真诚的表达，并希望发展亲密关系，女性朋友未予认可和接纳。王立在此次被拒绝的事件后，感受到人与人的交往没有真诚，真诚的情感一文不值，开始厌恶和憎恨周围的人，拒绝朋友们的邀请和任何社交活动，拒绝和自己原来就不认可的父母讲话。王立内心一直想去那个监狱般的学校把老师杀了。但是，理智和良知告诉自己，这样是违法的。为此，他经常纠结此事，又想找机会把体能老师的车胎扎破，完成自己报复的心愿。

可见，王立属于典型的反社会心理中拒绝社交类型。其内心社会不安全感没有得到释放，被伪装、扭曲为假性的社交恐惧。

东方文化的特征之一，就是缺少英雄主义情结，服从权威性文化，不提倡反叛权威精神，甚至压制反叛精神。《西游记》中孙悟空的反叛精神，最终都是在权威压制下转化为"佛系"的皈依和融合于权威。大母神情结、儒家礼仪"孝字当先"等都是服从权威性文化的代表。社会自身就是权威的代名词，习惯于过度服从权威，缺乏反叛和独立于社会的精神，社会不安全感自然增多。套用网络语，即如今社会的"社恐""社死"个体远远超过了"社牛"个体。

第六节
潜意识的不安全感情结

一、潜意识的不安全感情结的来源

人的生的本能，包括生存的本能和"性"体验实现的本能。在精神分析的早期，这里的"性"指的是有关性活动和生殖繁衍的意象及衍生物，就是弗洛伊德的泛性论所指。在中国哲学、心理学和伦理学的发展推动下，这里的"性"除了泛性论，更加意指自然的性情展示、体验人的真性情、获得自在自然，符合中国道家精髓"自性"和荣格心理学"自性（SELF）"[1]。人的死的本能，包括死亡的基因趋向性和痛苦折磨激发死的本能。无意识常常体现在生的本能和死的本能之中，因此，无意识无处不在。

弗洛伊德通过《梦的解析》[2]揭示个体存在潜意识，或称为无意识，指个体曾经被意识而后被压抑或遗忘的经验。梦境就是个体无意识状态。荣格在支持他的老师弗洛伊德的个体无意识理论的基础上，论证了集体无意识的存在。个体无意识受到集体无意识的影响。集体无意识属于个体更深层次的无意识，受到集体文化的影响，来自人类祖先们的个体无意识，是先辈们无意识沉淀于自然和

---

［1］ C.G.荣格.伊雍：自性现象学研究［M］.杨韶刚，译.南京：译林出版社，2019.

［2］ 西格蒙德·弗洛伊德.梦的解析［M］.方厚升，译.杭州：浙江文艺出版社，2016.

我们的基因之中。

荣格把无意识中的阴影定义为"负面的人格"，也就是所有个体不认可、并想隐藏起来的令人厌恶的特质。阴影也是个体未充分发展的功能和个人潜意识的内容，是精神中最隐蔽、最奥秘的部分。由于它的存在，人类就形成自卑性、不道德感、攻击性和易冲动的趋向。只有当自我（ego）与阴影相互协调达到和谐时，人才会感到自己充满生命的活力[1]。

人格阴影似乎不是什么好东西。但事实上，荣格认为阴影只是成长过程中被压抑到潜意识的一切，是未充分激活和发展的功能，是内在活生生的另一个自我，其本质无所谓好坏对错。因此，我们不能因为它包含着黑暗、负面、侵略或攻击性的特质，就去否认忽略甚至抹杀它的存在，或干脆放弃了探索开发内在潜质的可能，而是要学会弱化脑海中已有的道德评价体系，开始接纳自己，当然也包括接纳属于自我（ego）那部分阴影特质，才能在人生中实现自性（SELF）的完满。荣格认为，人只有将自己全然地交给黑暗，才能充分地体会光明。所以要探索黑暗，就有必要直视并吸收一部分自我特质中的阴暗面。

无意识是个概念，它不是一个东西，是相对于意识而存在，他不是意识的绝对对立面，它时常和意识相互渗透、相互转换。它需要通过作用于个体的情感、思维、社交、行为等显现。因为无意识就像空虚或者魅影，看不见、摸不着，或者像深海，似乎看得见，却深不可测。同时，无意识涉及的面很广泛，人格阴影及其中不安全感只是无意识海洋深处的暗礁或者海底隧道，用通俗的语言表达

[1] C.G.荣格.移情心理学［M］.李孟潮，闻锦玉，译.南京：译林出版社，2019.

极其困难。集体无意识是整个家族、民族甚至全人类的历史沉淀。集体无意识主要来自集体文化潜移默化的作用，分析集体或者民族文化的心理影响，可以解析集体无意识。集体无意识由荣格提出，他这样形容意识和无意识：一个小岛露出水面的就是一个人的意识，由于潮来潮去而显露出来的水面下的部分，就是个人无意识；而岛的最底层是作为基底的海床，就是我们的集体无意识。

不良情结除了集体文化的潜意识影响之外，常来自成长期的心理创伤，以及普适性情结如恋母情结、自卑情结、大母神情结等处理不当形成。在生活中，可能造成有害行为的情结表现，是潜意识不安全感的外显。所以，我们尝试通过阐述不良的情结表现，包括偏情绪表现的害怕、讨好、委屈、愧疚、背负、后悔、愤怒，偏行为表现的完美、纠结、骄傲、自恋、怀疑、嫉妒、自虐、懒散、拖延等，间接表达无意识的不安全感。其中，完美、纠结、自恋情结具有普适性情结的性质，在上述很多情结中都有渗透，这些内容将着重在第三章第三节阐述。

二、害怕（恐慌）

因为生的本能和死的恐惧，每个人从小就有害怕的最原始心理。早在妈妈的肚子里，胎儿就会表现出害怕的无意识本能。孕妇的紧张、害怕和恐慌，就会导致胎儿在宫腔里剧烈不安的反应，胎动增加，严重者出现先兆流产。流产从无意识的角度看，是胎儿因为感受到紧张、害怕，本能地想要逃离不安全的环境。孩子出生的瞬间，离开妈妈舒适的宫腔环境，初次接触外面的世界，就会大声哭叫，表达和缓解自己的恐惧。婴幼儿对妈妈的依赖、害怕分离、间断哭闹索取呵护或吸引母亲的关注都是无意识本能的害怕表现，属于普适性情结"弃婴情结"，即害怕被抛弃，失去呵护的情结。在母爱的关爱和呵护下，在妈妈的陪伴和赞赏下，孩子本能的害怕慢慢减少，开始平静地感知外界、探索好奇的事物、独立完成爬行或者行走。但是，害怕的本能不会因为成长而消失，通常转化为无意识的本能。在白天遇到新的害怕的事物，在妈妈的呵护和鼓励下，没有表现出明显的害怕，但是，在夜间的梦里却表现出来。

记得我的女儿，在3岁左右观看电影《海底总动员》，为电影主角小丑鱼尼莫（Nemo）找妈妈的历险而害怕、伤心、紧张。在妈妈和我的陪伴下，孩子白天仍然可以照常开心玩耍。到了夜里入睡后，长期一觉睡到天亮的女儿，就会出现夜间伤心地抽泣和身体蜷缩紧张、害怕的样子。女儿被拥抱和唤醒后，说"梦到了Nemo小丑鱼，好害怕、好伤心"。

我自己记忆犹新的害怕体验，是小学前观看1966年版的恐怖电影《画皮》，当时即被电影的恐怖画面和音乐背景所惊吓，同样，夜里梦见鬼魅在追逐自己，半夜惊醒，无意识的恐惧被极大地放大和激发。好在母亲给予我温暖和呵护，告知电影里面的那个鬼都是假的，世上没有鬼。母亲说我没有看懂电影，电影最后讲了"这个世界看不到鬼，没有鬼""活着的人常常因为内心有鬼，有了坏心，穿上了伪装的画皮，成了鬼"。

随着我们的长大，自以为已经很强大、很成熟，但是，无意识的害怕心理仍然无处不在。我们会害怕死亡、疾病、权威（来自父母、老师、限制）、社交、情感分离。长大后，人有了社会性、荣誉感，害怕就会被伪装为要面子（在意他人的批评意见）、图虚荣（希望得到赞赏赞扬）、怕羞耻（害怕暴露或被暴露不道德）。成人后，就会有更多的欲望，想满足食欲、性欲、情欲等，想满足名权利的贪欲、控制欲、自由欲、创造欲。这些生的本能结合人特有的思维出现的所有欲望，都会成为人们怕失去的对象，一旦失去或者可能被损害，就会导致担心、害怕和恐慌。人们会不自主地害怕失去钱财、名誉扫地、丧失控制欲、自由被限制等。害怕的情结存在于下面阐述的所有不安全感情结诸如讨好、委屈、虚荣、嫉妒、后悔、攻击等之中。

恻隐之心是东方文化突出的特征，是"人之初，性本善"的决定之心。因为本能善的一面和感同身受的能力，人具有保护弱者、害怕伤害他人的趋势。这里的害怕主要是由怜惜、善良、保护欲引发，像女娲娘娘对于人类的恻隐之心，属于无意识的大母神情结中阳光—积极面的体现。因为后天获得的道德观、羞耻心和怕不良评价，意识层面较多增加和放大了恻隐之心，在自卑情结作用下，可能转换为背负心。

攻击之心是西方文化突出的特征，是"人之初，性本恶"的决定之心。因为人本能恐惧死亡，渴望生存，所以具有攻击弱者、获得资源以满足求生的本能。攻击性来源于自保、求生和私欲，属于无意识的救世主情结和自恋情结的阴影——不安全感的体现。因为后天获得的道德观和怕被不良评价，在意识层面给予压制和控制，减少了本性的恶。

个体恐慌是自我不安全感在自身范围内的泛滥。集体无意识的害怕同样存在，在战争、地震、疫情中，集体出现不自主的恐慌、害怕，常常迅速蔓延，造成社会的极大破坏。疫情防控期间出现的一些恐慌现象，其背后均存在集体无意识的不安全感。其发生机制基本类同个体害怕情绪的模式，存在集体内在的脆弱性、生命价值观的误区和对生命真谛的迷茫。

三、讨好

讨好是为得到好感或讨人喜欢而去迎合某人的情绪、观点的行为。讨好不同于谦虚，属于过度的辞让之心。讨好不仅具有"过于忍让、退让"的含义，还有主动"示好""委屈""内疚"的特质。讨好不是虚伪的阿谀奉承、拍马屁，后者是有意识地进行示好行为，为了自己心中明确的目标。讨好的潜意识是通过过度付出，让对方产生感动或者愧疚感，目的还是想获得他人的认可、周围人的赞赏。讨好的不安全感多数局限在社会不安全感。讨好人格的产生多数是在原生家庭中代表社会角色的父亲给予孩子较多的指责和否定，导致孩子没有足够的社会性安全感，为此，想获得社会和周围人的认可，填补自己的无意识不安全感。讨好的无意识还表现在把被控制或者被否定的被动性，改变为主动性的付出或自虐，其潜意识是满足自己的控制欲或者反控制欲。按照心理学专业术语即变"客体"为"主体"。

案例 8

李刚，男，42岁，从小受到家庭，尤其是爸爸指责性的教育，没有获得爸爸的认可，同时，被妈妈情感绑架和控制。成家立业后，李刚长期愚孝，过度给予原生家庭经济资源和陪伴，为此严重影响小家庭的正常生活并降低经济水平。即使妻子提出离异，他也依然偷偷付出。在工作中，李刚社交人际关系一般，属于典型的老好人，较为温顺、懦弱。他工作任劳任怨，不断地讨好同事，主动帮助大家整理琐碎的资料或者忍让大家无辜分派给自己的工作。在心理治疗早期，每次见面和离开，李刚都会像日本人那样，深深地90度弯腰鞠躬，不合时宜地过度表达礼貌，治疗期间就表达了自己在工作中的无奈和委屈。追问青少年经历，小学五年级就存在被校园欺凌和被孤立的体验。李刚为了得到同学的认可，初中开始，他发现讨好行为可以缓解人际关系，至少不至于被过度身体欺凌，只是被讥讽或者嘲笑而已。成长期间，李刚受到委屈时，没有亲密关系可以倾诉，感受到压抑的痛苦，间断用刀片自残自虐。李刚是典型的讨好人格，表现出主动讨好的行为，通常包含了压抑、变被动性为主动性、需要被认可的潜意识。反复讨好，会进一步延伸出委屈、自我攻击（见图2虚框）。

在家庭生活中，既往的男权主义虽然存在，但是，夫妻相处的模式出现较大的变化。随着女性社会工作能力和家庭地位的提高，男性为了维持自己在家中的男权意识，即获得妻子的认可，常常无意识表现为"讨好"行为。几乎每年的春节晚会都会有此类小品。2023年的小品《上热搜了》就充分反映了惧内、讨好妻子的各种行为。

四、委屈

委屈的意思是受到不公平的待遇，心里难过。释义是：形容词，受到不应该有的指责或待遇，心里难过；动词，使人受到委屈。"委"的篆字像"耷拉着的禾苗＋从属的女人"，"屈"的篆字拆解为"尸"的意象为躺平的，"屈"的意象是尾秃无毛而翘出，意指趴在地上被动、不敢伸直、不能伸张。委屈涵盖了不公平感、无能、懦弱、伤心、不敢反抗、隐忍、寻求呵护。被委屈的个体当不被认可时，感到伤心，不敢表达内心体验和情绪。因为意识层面认为，如果自己表达出不良情绪，就会显示出自己小气、不宽容、吝啬等特征，担心对方不认可自己。实际上，在自己的潜意识中就存在不认可小气、不宽容、吝啬等特征，执着于"我只能被认可"的体验。同时，潜意识存在明显的"自我不认可自己""我是弱者，不够强大，是从属者""我只能隐忍、讨好他人来获得认可"。自我数种潜意识不安全感相互矛盾，互相冲突，造成"被委屈"的情结感受不断形成。实质是，自己潜意识在不断地认可和制造"委屈"，是怕展示弱小的自己，不敢叛逆，怕挑战心中的权威。

为了掩盖自己的弱小，部分人会借用"小不忍则乱大谋"的儒家理论来错误地隐忍自己的委屈。"小不忍则乱大谋"出自《论语·卫灵公》原文，子曰："巧言乱德。小不忍则乱大谋。"意思是，孔子说："花言巧语能败坏德行。小事不能忍耐就会败坏大事情。"意指一个人听信花言巧语、搬弄是非，扰乱自己的德行，就会不能容忍小事，斤斤计较，毁坏自己的远大理想和人生大事。这里的"忍"是指不要被小事或失德扰乱心态，学会宽以待人、宽以待己，避免掉进他人或者自己挖的陷阱。"小不忍则乱大谋"不是倡导忍让权威或者恶势力，避免更多的伤害。相反，面对恶的、非礼的行为，孔子主张"是可忍也，孰不可忍也"，这句话意指对待恶劣的事情，如果说可以忍让，则还有哪样事情不可忍呢？他表达的是绝对不可以忍让，让自己委屈和退让。

五、愧疚（背负）

愧疚意指内疚而又羞愧，是个体主观认为自己危害了别人的行为，或违反了个人的道德准则，而产生反省，对行为负有责任的一种负性体验。愧疚包含三种无意识的心理：一种，是完美的道德标准，儒家文化羞耻之心被过度曲解和强化。孟子谈到的羞耻之心是每个人都有善的本性，由此产生的羞耻之心，是指本能的人性的善，而不是宣扬完美的过度的善和高标准的道德。一个人过度羞耻于自己不道德、不仗义、不勇敢、不孝道、不细心等不完美行为，就不能接纳自己的不完美，无意识中存在内疚和自责，也就无法做诚实、善的自己；第二种，存在自卑和奉献情结，习惯向内反省自我的不足，暗含不自信、不信任他人，担心他人不宽恕；第三种，个体在自责的基础上，结合反事实思维，再次产生自责，属于向内愤怒或潜在的精神自虐模式。愧疚是在后悔的基础上，反复后悔、反复否定自己，希望得到愧疚对象的宽恕和谅解。有时，即使得到对方谅解，仍然因为背负心，纠结已经发生的不可更改的事实，不断内疚。

案例9

王艳，女，43岁，反复哀伤和愧疚自己对不起自己的父亲。王艳的父亲两年前因为高血压疾病控制不良，突发脑卒中去世。王艳不断后悔自己当年明明知道爸爸有高血压病，却一直忙于工作，没有给爸爸住院进行全身检查；后悔两年前爸爸说过有头痛，自己想给爸爸查头颅核磁共振，被爸爸推脱了一下，就放弃了；后悔自己不应该放弃，如果不放弃，肯定就救了爸爸；爸爸脑卒中了，只是就近送到县医院，没有送到市中心医院；后悔自己耽误了抢救时机……王艳有失眠、纠结、自责的表现。即使妈妈告诉她：这是意外，妈妈不怨你，在天之灵的爸爸也没有任何埋怨。王艳仍然不断内疚和后悔，直至在长期愧疚中，逐步走向抑郁症。

在与生死拯救相关的愧疚中，容易出现哀伤延迟，自哀自怨。从哀伤走向抑郁，就是潜意识对外在结果的责备或者怨恨，走向抑郁的潜意识自我内在的自责、自贬、自虐。

中国文化倡导为了大家和集体的荣誉，勇于奉献和牺牲小我的精神。奉献的"奉"，即"捧"，意思是"给、献给"；"献"，原意为"献祭"，指"把实物或意见等恭敬庄严地送给集体或尊敬的人"。奉献是"恭敬地交付、呈献"，就是"能吃苦、能吃亏、敢牺牲"的精神。奉献精神适用于人与集体的利他关系，从社会集体利益角度看是正能量。中国文化个体认可奉献精神，在实现利他的同时，实现做有价值的人和做自己的统一。但是，涉及"百善孝为先""不孝有三，无后为大"的儒家理念，却极大地错误宣传"奉献精神"，错误理解"孝"为"孝顺""顺从"父母，"传宗接代"。《论文·为政》中，孟懿子问孝。子曰："无违。"樊迟御，子告之曰："孟孙问孝于我，我对曰无违。"樊迟曰："何谓也？"子曰："生，事之以礼；死，葬之以礼，祭之以礼。"孟武伯问孝。子曰："父母唯其疾之忧。"其意指"孝"是指不违背父母的真实心愿，学习换位父母爱孩子的体验，才会真正做到孝。"孝"的本意是"孝敬"而不是"孝顺"。孝敬应该是表里如一的，对父母要由内而外地爱与尊敬。天底下只有父母对子女的爱不图回报，但是子女对父母的孝行却很少能做到这样。孝敬父母，一定要体悟父母的心情，用这种心情反过来对待父母。每个孩子都会爱护自己的身心健康，爱自己为先，做仁义之事，做诚实自尊自重的人，做良知的自己，才是孝敬父母，也就是最好的"孝"。"不孝有三，无后为大。舜不告而娶，为无后也。君子以为犹告也"出自《孟子·离娄上》。"后"原文为"後"或"缶"，意指不守后代之责、不为后代榜样。真实的含义是有三个级别的不孝。第一不孝：一味顺从、听命于父母的错误，陷亲于不义；第二不孝：家中贫穷，却不思进取，在家啃老者；第三不孝："无後"指没有尽到作为后代的责任，目无尊长，无"厚德载物"的德性，不是指"没有生育后代"。案例9没有出现"三不孝"，却自我过度背负自己的一系列行为。

从个体成长角度看，奉献情结的个体常常成为背负心较重的人。个体自我与集体分离性不足，个性的张扬和自由度较低，容易被集体的无意识裹挟，失去自我的理性和独立性，成为乌合之众。在亲子和家庭关系中，过度的奉献就成了背负情结，即过度的大母神情结。如果父母存在过度的恻隐之心和背负之心，就会导致父母常常把一切无条件地奉献给了孩子，忽略了做自己。在中国，常见一位学识优异的女性，为了孩子放弃事业机遇和发展，为了孩子一个人打两份工，为了孩子辞去工作居家照料，总是把最好的食物留给孩子，总是担心孩子穿得不够暖。中国母亲延续女娲母神的呵护之心和奉献之心，导致中国孩子被溺爱、独立性差、玻璃心。母亲在奉献的同时内心渴望得到回报，就会把自己的愿望强加在孩子身上，孩子在被控制感的压迫下，容易出现纠结、忤逆和不领情等行为。过度付出的母亲因为背负情结就会产生愧疚，继而后悔、自责、恶性愤怒。所谓的付出和奉献，已经从利他的性质变味，成为满足自己被认可、被孩子尊重、望子成龙、养儿防老的私欲之中。这些情结恰恰违背了中国文化中庸、中道的精神。

在人际关系中，为了摆脱内心的纠结和懊悔，部分个体形成新的道德标签或者行为准则，不断审视自己的思维和行为，带着愧疚的心态和完美人格，容易形成社交恐惧或者强迫症（案例21），甚至抑郁症。

六、后悔

日常生活中的后悔是指"做错了事，事后感到懊悔"。我们会因为自觉没有帮助孩子准备好上课的书本而后悔，会为没有认真复习导致成绩差而后悔，会为没有及时带老人看病而后悔，会为没有对轻蔑你的人表达直接愤怒而后悔，会为没有向爱你的至亲临终道别而后悔。这里的"错事"是以产生后悔者的主观感受来判定的，未必符合理性或感性的客观现实。心理学认为，后悔是在"反事实思维"的框架下展开的。1982年，美国著名心理学家丹尼尔·卡尼曼（Daniel Kahneman）和他的同事阿莫斯·特沃斯基（Amos Tversky）首次提出"反事实思维"这个名词，即个体对过去事件加以心理否定并构建出一种可能性假设的思维活动，属于假设思维。有研究显示，社交不安全感、焦虑个性、控制感较低与反事实思维强度明显相关。

对人类而言，只要一发觉物质匮乏，安全感缺失，被控制或封闭，就会感到正面临着生存的考验，焦虑感也会随之产生。不安全感个体具有容易激发反事实思维的特点。后悔本身潜意识中带有不满意的巨大能量，是一种特殊的愤怒形式。不安全感个体在面对内心的愤怒情绪时，是将愤怒对象从他人转为自身，主观察觉为后悔。后悔会产生类似强迫的机制，产生"吃了后悔药，感到更后悔"的情结，即"纠结情结"。

后悔包含没有表达出的向内的愤怒——自责、反事实思维和向外在对象的愧疚，在三种因素的相互作用下，产生恶性循环的纠结现象，最终，纠结中产生的能量，导致四种恶果：爆发性愤怒，难以自控的向外表达的反复愤怒，过度冲动或报复行为；自毁式抑郁，走向难以自拔的反复向内的自责自罪、自杀自残行为；惊恐障碍或躯体形式障碍，压抑的情绪在身体内相互冲撞，损害了植物神经系统，以惊恐、濒死感、周身不适的躯体症状表现，避免自己走向自伤和预防愤怒伤人的境界，是自体不自主启动了自我保护的机制；强迫症，思维强迫如穷思竭虑思维、执念、痴心妄想，强迫行为如重复检查、重复洗手，强迫体验如五官、身体感官强迫体验。（见图 2 橙色指示线）。

七、愤怒和愤懑

愤怒的释义：形容因极度不满而情绪激动（激动到极点），失去理性的状态。愤怒分为以下三种类型。

第一种，勇者的愤怒。此类愤怒来"自救世主情结"或称为"英雄情结"，是针对他人不道德或者社会不合理的事件表达正义或者本能的呵护意识。有人表现反复不礼貌的行为，像公共场所的猥琐行为。作为旁观者，给予善意的劝说无效，激发本能的直接愤怒，表达自己的愤慨，救助弱者，捍卫内心的道德准绳。这是中国文化"是非之心"在行为上勇的表现。

第二种，自大的愤怒。自身利益或者身体被直接侵犯，被人踩疼了脚或像被人冤枉，甚至被人批评、不认可时，不能给予任何宽容和原谅，立即为此表达激动情绪。自己的领域和身体神圣不可侵犯，自己侵犯他人常常不会反省。此类愤怒者多为自以为是、自恋、极度好强的人格，自身的攻击性和破坏性较强。失去了中国文化讲述的"辞让之心"，是自身心理能量尚不足，大母神积极面的包容能力不足的表现。在现实生活中，因为东方的大母神的"忍""包容"文化，感受到愤怒，却常常过度隐忍、退让，最终容易转化为"愤懑"。

第三种愤怒属于恶性愤怒，俗称"愤懑"。具有压抑性在先、不可控制的、转移的特征和反复恶性循环发作的表现，此种愤怒多数来自情感不安全感的个体或者全体。不安全感个体因早年家庭不安全的环境形成了对当下生活对象的投射，因此敏感易怒。不安全感的害怕导致个体愤怒向外发泄能力受阻，因此就愤怒的去处而言，转移向内部表达是唯一路径。愤怒总是向内心表达如"我控制我的脾气""我将怒气藏在心里""我往往会隐藏怒气而不告诉任何人""我设法容忍和理解他人""我内心的愤怒比我想要表现出来的还要多"，强调的是个体主观察觉到自身对外的愤怒并且控制住愤怒的对外表达，愤怒被控制在了内部。不安全感个体虽然客观上积蓄着愤怒，但主观上并未察觉到压抑愤怒感或对愤怒的控制；主观地压抑愤怒是心理能量充足的体现，不安全感个体在面对愤怒情绪时，是将愤怒对象从他者转为自身，主观察觉为后悔。后悔显示为对自身过去的时间、情绪、思维、行为的否定。

不安全感个体由于自卑情结，无法表达不满，只能选择压抑、忍受委屈，委屈导致再压抑愤怒，转向后悔的情结。后悔中的自责可以引起新的委屈，同时害怕被他人不认可，再次讨好，产生新的委屈和压抑愤怒；如果表达了愤怒，就会更加后悔—愧疚—自责，如此反复产生纠结情结，压抑的愤怒不断集聚，后悔的自我向内的愤怒不断集聚，最终导致了愤怒的爆发、失控。这种愤懑的情绪引发向外的攻击行为或向内的自伤自损的恶性循环（见图2橙色指示线）。这种恶性循环情绪，对于不同的个性特征者，分别会产生抑郁症（过度自责特征）、强迫症（纠结特征）、惊恐障碍或躯体形式障碍（压抑过度和过度自己背负的特征）、恶性愤怒（后悔特征）（见图2）。

电影《愤怒管理》的男主人公戴夫，从小就被同学欺凌，是一个委屈型的人，尤其在女孩子的面前，被脱下了底裤，让自己感到特别的羞耻和难堪。但是，这种不良的愤怒情绪一直没有发泄，被压抑在内心，反而表现出讨好人格。长大成人后，戴夫在工作、生活、恋爱中，不敢表达自己的委屈、不公平，总是讨好、隐忍、压抑愤怒，总是不断后悔。在积累到一定程度，就会转移给第三方，即他的女朋友或者玩偶，表达极度的愤怒，不可控制地反复愤怒。在导师的引导下，戴夫学会了不讨好、不委屈，敢于向上司表达反对意见，敢于拒绝他人的无理请求，发泄了童年的压抑情绪，最终表达出自己对女友长达30年的爱慕之情，终止了恶性循环的愤怒情结。

愤怒并不可耻，愤怒表达也并非百害而无一利。适当地表达愤怒是对个体边界的保护，维持"我"的存在，是传达个体自主意识的重要手段。愤怒情绪更是面临挑战时，得以勇敢面对的人类天然"助燃气"。

不安全感个体是无法正常向外表达直接愤怒的，通常情况下处于低效能状态，而愤怒向外部表达需要心理的高效能，因此，不安全感个体经常处于向内愤怒（区别于压制愤怒）的状态，主观察觉为经常性的、弥漫式的后悔情绪。在现实生活中，个体常常不自主地出现转移愤怒现象。转移愤怒指在被触发愤怒的时期，因为导致愤怒的外在对象过于强大或权威，自卑和怯懦导致无法直接表达愤怒。当遇到弱势者，就会把压抑的愤怒转移到第三方，尤其是亲密关系者。转移愤怒存在沿着弱势者的阶梯不断传递的趋势，"踢猫效应"的故事就是转移愤怒的典型代表。如何掌控愤怒而不被愤怒掌控，是每个人面对个人不安全感和集体不安全感爆发时的必修课。在弘扬中国文化的大母神积极面的同时，发掘和倡导"亢龙有悔"的"乾卦"精神，对于不满的体验，敢于及时、直接、有的放矢、合理地，甚至巧妙而智慧地表达愤怒或者攻击，避免"愤懑"的伤人伤己的情结。

八、自虐—受虐

自虐按照人们接受的意愿来划分，可以分为主动型自虐和被动型自虐两种。主动型自虐就是自己施加虐待行为给自己，如用刀自残、自己打自己、熬夜式日夜颠倒、厌食等。被动型自虐，也称受虐癖，是亲密关系中的特殊讨好模式，是主动诱导他人虐待自己。两种自虐都是恋母情结不良的转化，隐含压抑的痛苦、无处宣泄、渴望被爱（被关注），同时伴有好强、不屈服、反抗的无意识。

恋母情结与自虐密切相关，东西方恋母情结的差异，导致西方施虐者较多，东方自虐或受虐者较多。受虐狂者源自在原生家庭中缺乏异性别父母的爱或者陪伴，同时，被同性别的父母过度道德限制或者虐待。电影《钢琴教师》的女主角就是自虐者的典型代表。她来自父亲早逝的单亲家庭，母亲的控制欲极强，严格训练她进行钢琴练习，禁止和异性或者同学过于亲密地交往。不安全感的情感，导致她形成孤僻、高冷的性格，性压抑过度。通过无意识地好强，成长为社会认可的钢琴教师，但是，内在情感的空虚和压抑，导致她形成自虐癖。因为表面讨好母亲没有换取亲密关系的舒适体验，转而主动性寻求被虐待或者自虐，背后有个无意识在驱动她反抗母亲的控制，潜藏着一颗叛逆母亲的心。每个人都有追求自由和控制的本能，通过自虐和虐恋，女主角艾丽卡把被动性的自我变为主动性的自我。受虐者的潜意识同样聚集着巨大的被压抑的反抗力量，通常也是施虐狂。

自虐在当今青少年中的发病率很高，为 16% ~ 27%。中国内地地区属于高发病率的地区之一。青少年自虐现象的盛行反映的不仅是孩子病了，更重要的是这个社会和家庭真的病了。当今的青少年由于物质相对丰富，本能生存的需求已经满足，生存的选择很多样，无意识中在追求更高层次的精神自由、自我自在、自性体验。但相比家长还停留在追求物质满足和各种欲望（类似七宗罪）之中，自己没有获得的满足和欲望，无形中强加在了孩子们的身上。

东方恋母情结的特征是母子共生一体太久，叛逆父亲权威缺位，导致孩子们叛逆的动力不足，敢于挑战权威、制度的能量不足，同时，接受了西方的文化思想，想独立、自由、被认可、做自己，两者产生激烈的矛盾。

社会处于矛盾和混乱状态，保护地球村、追求和平、拒绝战争的呼声与破坏大自然、战争纷争不断、海盗文化盛行的矛盾现象不断。

社会的集体无意识洪流出现对抗、纠结、撕裂、麻木、钝化的特征。

作为人格尚未健全的青少年，在个人、家庭、社会无意识的冲突中，感受到知识堆积如山，学业残酷内卷，父母情感绑架，渴望的被认可总是得不到，家庭情感缺乏，社会存在撕裂。青少年们就像"戴着枷锁的神兽"，像《钢琴教师》的女主角的内在体验一样，想做自己，却被几座大山压迫着；想爱自己，却被几条枷锁捆绑着，压抑、委屈、愧疚充满他们的内心。青少年潜意识追求自由的好强无处宣泄，只能转向内在的自己，主动伤害自己，自动在网络上诱导受虐。

表面是缓解内心的压抑和痛苦，潜意识却是主动性的抗争，是想寻求关注和关爱，是憎恨家庭的枷锁、麻木亲人的情感，是内心的呐喊、身体的倔强，自残自己就是伤害家人，就是叛逆混乱的社会。自残是无意识的不安全感阴影的显现，是错误的自我救赎的途径。自残者出现自杀的概率较非自残心理疾病患者的自杀概率高三倍，出现物质依赖、伤害家人、变态行为和反社会心理明显增加。[1][2]

东方服从权威、做人为先、圣人标准、善良为本的文化和生存理念，极大地压制了青少年向外表达不良情绪、思维、行为的动力，促进了向内攻击自我的无意识，导致自残自虐行为泛滥。

［1］ Wang C，Zhang P，Zhang N . Adolescent mental health in China requires more attention［J］. The Lancet Public Health，2020，5（12）：e637.

［2］ 米歇尔·米切尔.折翼的精灵：青少年自伤心理干预与预防［M］.鲁婷，译.北京：中国人民大学出版社，2021.

九、懒惰（拖延）

懒惰的意思是偷懒，不喜欢费体力或脑力，不勤快，是一种心理上的厌倦情绪。温迪·瓦瑟斯坦（Wendy Wasserstein）借《懒惰》（七宗罪系列书籍之三）对生活自助类题材进行了一次尽情的戏谑模仿，她把今天充斥在社会的无动于衷、漠不关心的精神状态进行汇总。在表面的厌倦情绪背面，懒惰的潜意识是什么？

懒惰是内在能量不足的表现。它和自虐比，自虐者具有较强的不安全感黑暗能量；和勇敢比，勇敢者具有较强的安全感阳光能量。懒惰的潜意识就是需要被照顾的满足感，属于普适性弃婴情结的转化，主要存在"依赖"型基础不安全感。当然部分懒惰者具有一定的"回避"现实或者兼有内在"好强"的特征。据此，懒惰分为以下三个类型。

第一种，单纯"依赖"型。此类型潜意识就是需要被依赖、被照顾，对自己的生存基本需求产生较强的依赖。多数是被原生家庭宠爱过度，像退化到了婴幼儿阶段，主动索取依赖，不劳而获，"啃老一族"属于这类人。在鼓励的催促下，在家人示弱的情况下，会有改变。童话故事《豌豆公主》就是这一类懒惰的典型代表：被过度宠爱，衣来伸手饭来张口，30个坐垫下面的一颗豌豆她都能感觉得到，如此敏感而又依赖家人。当家族濒临崩溃的边缘，豌豆公主才在睿智的老师的帮助下，变成勇敢的正义捍卫者。

第二种，伴有"回避"型。此类型潜意识回避性较强，属于被动型。不敢表达出"躺平"的姿态，不会主动索取爱或者照顾，生存欲望低，生存基本需求低。懒散是此类懒惰的特征，不求上进，不思进取，兼有向内攻击自我的特征。表现为麻痹自己，自虐身体，如吃垃圾食品，常年生活在垃圾中，暴饮暴食、性自慰过度等特征。曾经接触过一位26岁已经大学毕业4年的来访者，非主动自愿来接受心理辅导，是亲戚劝导来做心理建设。毕业后，虽然可以独居出租屋做些网络平台工作，但是，工作体验麻木，生命意义缺乏，对未来感到迷茫，选择"躺平式"生活。挣到钱就随性买买买，没有钱就一天只吃一顿，从来不会自己煮饭，出租屋里面的快餐垃圾，通常需要一周才清理一次，亲戚去到那里，感觉自己的脚都无法踩到一块没有物品的地板，"脏乱差"是最好的形容词。

　　第三种，伴有"好强、回避"的类型，就是拖延症。拖延是一种纠结行为，来自普适性约拿情结和完美情结的转化，具有自虐特征。约拿情结来自《圣经》，约拿得到了上帝的赏识，却想方设法逃避上帝交给他的任务，反映出他对成功的心理冲突。其代表的是一种在机遇面前自我逃避、退后畏缩的心理，是不仅害怕失败，也害怕成功的纠结心理，约拿情结简单说就是害怕成长。

　　拖延现象是一种孩子式的幻想，认为大人知道所有事情。我们大部分人都有一个愿望，希望将来某一天我们也可以知道和控制所有事情。你具有固定心态，就容不得任何情况的任何错误，因为错误是失败的证据，错误说明了你其实根本不聪明，也没有才干。假如你聪明又有才干，不管什么事情，你都没有必要为此而努力；需要努力是不够聪明和没有才干的证据。实际上不是时间本身创造了人们对时间的态度，而是亲子关系的好坏决定了孩子对时间的态度。后来，当我们的拖延成了一场与时间抗争的战斗时，实际上我们抗争的不是时间，而是那些想要控制我们的人。与客观时间的抗争实际上可能反映了内心对父母（内化的权威）时间的抵制。

　　拖延者潜意识存在全能控制要求，表现好强的自我完美性要求，因为存在虚伪的自尊，所以不愿意接纳自己的不完美，或被批评，或被指责，内心的依赖和需要帮助的请求又不愿意表达，表现为不断地等待、回避困难，把原本可以有足够时间完成的小问题拖延成需要短时间完成的大问题。一部分人因为好强，无意识地想获得短期高效率的成就感。在忙碌其他不必要的事情中、在自娱自乐的享乐中、在高效率的自以为是的成就中，拖延者不仅掩盖了自己的懒惰，而且负反馈机制强化了自己的完美。如果高效率成就感没有获得，或者拖延导致大问题实在无法完成，被权威批评、被内心完美的自己责备，就是强化"不接纳不完美"的不良性格。如图3所示，三种负反馈的不断强化，导致拖延者的拖延症状不断恶性循环。类似于自虐和强迫症发展的重复恶化机制，拖延症其实就是有关反复浪费时间的强迫症。

还有一类特殊的懒惰形式，是以建立新的深层次情感世界的拖延为主。深层次情感主要包括爱情关系、恋父恋母、恋子恋女。此类懒惰者，通常在小时候的情感依赖阶段曾经被亲密关系的父母伤害。成年后，本能想要依赖新的亲密关系（爱情），但又存在害怕被伤害或不被接纳的体验，不自主地回避亲密关系的建立，容易成为独身主义。这类人，社会生活能力较强，常常执着于事业，成为职场强者。

当今社会，父爱的不足和缺乏较为普遍，女强人的社会形象较为突出，其背后原因之一可能是深层次情感的懒惰。当这类人激发了好强的情感心理，同时，自身有着虚伪自尊，就会转化为嫉妒情感和回避情感的内在较劲，情感方面的内耗极大，亲密关系始终难以形成，表现为反复恋爱，反复失恋，最终是不恋，成为现实中的情感拖延症。

这类情感拖延症还有一类，来自恋父情结或者恋女情结过度。恋父情结时，作为女儿感受到无尽的温暖父爱，享受父亲给予的爱的同时，不自主在潜意识树立了完美化的未来配偶，导致不断地拒绝或放弃建立新的亲密关系。或者恋女情结的父亲会不断干预女儿的恋情，挑剔未来女婿的种种不是，结果不断地破坏女儿新亲密关系的建立。

十、怀疑（不信任）

怀疑指心中存疑，不相信，也指猜测。怀疑情结的人常有敏感、固执、多疑等性格特征，通常缺乏足够的安全感。在日常生活中一般表现为对自身或者对他人的不信任，常保持精神高度紧张、疑神疑鬼、小心翼翼的状态。怀疑包含了假设思维，不信任的特征，在意不好的结果和他人的评价。怀疑是恋父（母）情结不满足，加上普适性"弃婴情结"和"约拿情结"在信任方面的不良转化，本质是害怕成长，怕自己失去保护。

案例 10

姜研，女，59 岁，育有 3 个孩子，和丈夫情感交流较好，相亲相爱。姜研主诉：会阴瘙痒，怀疑自己患有艾滋病或者性病。姜研原生家庭较为缺乏爱，从小父亲给予较多的指责和打骂，不敢叛逆父亲。因为家境一般，丈夫家庭较为富裕，年轻时忍受婆婆给予的委屈，时常有自卑的感受。8 年前家婆去世，6 年前自己父亲母亲先后离世。5 年前，丈夫临时外出工作了几月时间，开始怀疑丈夫有不洁的性行为。尽管丈夫反复发誓和保证，并且，进行了性病相关化验均为阴性。姜研表面上相信老公，可还是有怀疑之心。

一次偶然的机会，姜研看健康科普，谈到艾滋病等性相关疾病的早期发现的重要性，晚发现就很危险，会成为不治之症的信息。姜研出现紧张、心悸心慌、失眠，不久自觉会阴不适，就诊妇产科，经过一系列检查，没有任何性病和感染性问题。在搜索软件查看艾滋病相关知识，了解到艾滋病感染的潜伏期为 0.5～20 年，自认为此信息表明万一感染了艾滋病，在半年后才能被检验发现。于是整日忐忑不安，同时，会阴瘙痒时有出现。姜研先后在不同时间段检验血清艾滋病毒抗体等，每次检验阴性，可以缓解几天焦虑和多疑，过几天又会怀疑，理由是这次没有发现，不代表下次不会出现艾滋病阳性，只有早发现才会安全。自己一直拒绝和丈夫进行性生活，认为不是不爱丈夫，是担心自己患有的艾滋病感染给了他，会害了他。

临床心理初诊，姜研"怀疑"的情结加上"恐惧死亡的不安全感"，形成对艾滋病的疑病症。从动力心理学角度看，姜研潜意识就是怀疑丈夫的情感，意识层面认可自己的丈夫，潜意识采用拒绝性生活否定两人的情感亲密关系，还有把对父亲叛逆的情感投射在丈夫身上，用"怀疑"延迟表达了自己叛逆的情感。

当一个人对健康表示怀疑，就会出现疑病，对恋爱对象情感怀疑，就会情感嫉妒，对他人承诺怀疑，就会不守信用，对决定表示怀疑，就会优柔寡断，对自己睡眠表示怀疑，就会失眠。临床中相对多的失眠症患者，背后隐藏着"怀疑""害怕"的情结，因害怕失眠而成为长期失眠，因怀疑自己能否正常睡眠，而形成更加顽固的失眠"强迫性失眠"。

不自我怀疑，用自恋掩盖自己自卑情结的人，常常表现出傲慢或骄傲。带有强烈怀疑情结的人，自卑的显露让自己难以接受，于是通过伪装性的自尊，走向嫉妒的情结。

十一、骄傲、自大、自恋

作为给予他人委屈或羞愧者，极少怀疑自身问题者，通常存在着骄傲（自大）或者嫉妒的情结。

骄傲是人对自己直接的肯定和高度自信。只有那些对自己的突出才能和超凡价值抱有坚定信念的人才可以说是值得骄傲的。骄傲属于自我评价，对自己的确信很可能是错误的或者片面的，如此骄傲很容易变成固执、孤傲。在潜意识追求社会认可的不安全感作用下，骄傲往往变成了虚荣的伪装。在无意识的好强和忽视自己阴影人格的作用下，骄傲变成了自大、自以为是、自恋。希特勒就是典型自大的代表人物，会带给周围人和社会较多伤害。现实中，骄傲的人经常会受到心胸狭隘的人们的嫉妒和攻击；反之，骄傲（自大）的人会无形中给予懦弱者轻蔑、忽视，甚至委屈。

西方文化把"自我"和"大他"分得很清晰，强调每个人需要首先成为自我，才能实现"大他"，即东方文化称为"大我"。现代西方人接纳或者崇尚个人的骄傲人格，个体自信度较高。西方哲学家贺拉斯说"你应该拥有你应得的骄傲"，当然，很多骄傲在东方人眼里就是自大。东方文化接纳和推崇个人的谦让人格，较为排斥个体骄傲的特质，善于营造和搭建集体的荣誉和民族的骄傲。中国历史中由于应该骄傲的人才过于谦虚，使得小人得志者的故事，如秦桧与岳飞，比比皆是。

民族的自豪（集体的大我特色）是东方文化的产物，种族的骄傲（集体的个我特色）是西方文化的特色。东方文化把个我、小我、大我关联在一起，小我不仅仅意指个体个我，还包含了自己的家人和周围的关系。每个人从出生就强调需要尊重自然和社会规则，做知书达理的对社会有价值的人，需要实现利他利民的大我。民族的自豪来自个体对民族集体的贡献，民族自豪给予个体外在的安全感，同样，容易过度保护民族的个体，忽略个体内在的安全感建立。个体安全感不足者会过于依赖民族的自豪感，用民族的骄傲来弥补个人不安全感。民族集体自豪或骄傲过于强大，就会忽略或压抑个体无意识中的能量，个体就会过度依赖民族，民族也会过度保护个体，无形中限制个体真善美的表达并增加了不安全感。

西方的种族骄傲过度，使得种族中的个体容易活在对外过于自大、对内过于孤僻和独处的状态，个体之间的相互尊重少、信任度低。斯巴达克种族的骄傲曾经达到了人类的巅峰，斯巴达克人的孩子从小母爱被无端剥离，被送到童子军营房和野外训练，个人情感安全感被剥夺。个体意识的种族骄傲支撑着表面的勇敢独立，内心潜意识的不安全感如孤僻、无情、嫉妒、攻击、恐惧、残暴却在弥漫。在斯巴达克统治希腊半岛期间，强者不断地强加委屈于其他民族和弱小地位的同胞，这是他们无意识的行为。最终，被压迫的民族群起而攻之，种族内部的不公平和委屈感导致相互猜忌、妒忌和怨恨。种族的骄傲过度，往往容易出现内部的纷争撕裂。

骄傲的反义词是谦虚。当每个人都谦虚地选择低调时，就只有蠢人存于世上了。何承天（南朝·宋）的《为谢晦檄京邑》中"若使小人得志，君子道消"具有同样的寓意。从小到大，儒家文化教育我们一定要对人善良和忍让，进入社会后发现即使百依百顺，迎合别人的需求，别人反而会觉得是理所应当，作为老好人的自己，常成为校园被欺凌的对象，变成了默默承受和委曲求全的人。曾国藩说"君子愈让，小人愈妄"。意思是君子越是谦让，小人就越是狂妄。当今社会一句话与此不谋而合——"人善被人欺，马善被人骑"。俗语"谦虚过度，就是骄傲，就是虚伪"，其背后的无意识，就是既要面子，又要里子，特别依赖和渴望别人的认可，又没有自信参与竞争，不会爱自己和肯定自己。南宋岳飞当年的过于退让或者忍让，根源于他无意识的卑贱、贫穷的家庭出身，根源于社会集体无意识的君臣之道——"君要臣死，臣不得不死"。

谦让不同于过度谦虚或退让。个体的谦让是中华民族的美德，是老祖宗们的集体无意识沉淀的精华。《道德经》提倡做圣人要像水一样。"上善若水，水利万物而不争，处众人之所恶，故几于道。"意思为最善的人好像水一样。水善于滋润万物而不与万物相争，停留在众人都不喜欢的地方，所以最接近于道。"天下莫柔弱于水，而能攻坚强者莫之能胜，以其无以易之。"意思为天下再没有什么东西比水更柔弱了，而攻坚克强却没有什么东西可以胜过水，因为不管用什么都不能代替它。谦让的无意识中，蕴含着抱持、善良、自爱、平和，同时拥有勇气、力量、自信、自性，潜意识的阴影不安全感几乎消散或被转化为阳光的安全感。这些特征恰似大母神积极的一面。

十二、嫉妒

嫉妒是指因别人比自己好而心怀怨恨、妒忌，意指人们为竞争一定的权益，对相应的幸运者或潜在的幸运者怀有的一种冷漠、贬低、排斥，甚至是敌视的心理状态或者情感表达。基督教提出人具有七宗罪：骄傲、嫉妒、暴怒、懒惰、贪婪、贪吃、淫欲，这些罪或者欲念其实都是人们的潜意识阴影的显现。在当代，人们仍着迷于这些原始的罪恶，我们中有的人与这些罪恶进行斗争，有些人则为它们喝彩欢呼。约瑟夫·爱泼斯坦（Joseph Epstein）的著作《嫉妒——七宗罪系列》，阐述人们嫉妒的事物各式各样，包括财富、美貌、权力、天赋、知识和智慧、极度好运，以及青春。他揭露嫉妒的背后是虚假的自尊在作祟，是一种强烈的恶意，嫉妒者希望摧毁别人的幸福。一个拥有真正自尊的人会因为自己的成绩而自豪，会更关心的是自我提高，是个人核心价值的体现，而虚假自尊的人关心的只是获胜，只是在众人面前能够得到更多的赞美和夸耀。当这个人已经得不到赞美之声时，嫉妒之心就会不自主萌发。

法国电影《嫉妒》生动演绎了何为嫉妒。作为大学的文学资深教师娜塔莎，因为离婚的不幸遭遇，开始嫉妒周围人的一切幸运和幸福。她嫉妒新来的同事的天赋和创新，嫉妒闺密的幸福婚姻，嫉妒前夫的好运，甚至嫉妒自己女儿的美貌、才能和爱情。在嫉妒心的潜意识驱使下，她嘲笑、讽刺新同事的创新教学，挑唆闺密并质疑闺密老公的情感专一，多次滋扰女儿爱情的发展。直到娜塔莎无意识给女儿食用了过敏性食物油，导致女儿生命垂危，毁了女儿的前途，她才意识到自己无意识的嫉妒心理。

嫉妒和骄傲者都具有追求完美和不接纳不完美的人格。当得到完美结果时，就表现为骄傲、傲慢、自大，无形中喜欢表达愤怒、责备等伤害他人的行为（见图4）。当得不到完美结果时，具有极强的掩饰、自卑、攻击特征的人就会表现出嫉妒。嫉妒者无意识中存在依赖性的自卑情结，为了掩盖依赖，会展示美好的一面——温柔、热情、大方，转变为"我应该被呵护""我应该被爱、被认可"。另外，嫉妒者无意识中存在好强的攻击人格，"我不能失去被赞赏的保护壳""别人不能比我好"，同样为了掩饰好强，转变为"被嫉妒者不应该有此天赋、幸运等""我不能接纳他人的幸福样子""我要毁掉被嫉妒对象的幸福"。这些不安全感的阴影，首先被无情地压制，通过掩饰不断地伪装，但是，在无意识中相互作用，促使嫉妒者在意识层面表现出嫉贤妒能、间断嘲讽、无故委屈他人或者压抑自己的欲望、间接委屈自己、间断愤怒、内心怨恨等不良人格和情绪展示（见图4）。生活中，嫉妒者常常把自己想获得的人、事情、物的幸福，在潜意识的不安全感作用下，不自主地退出自己的生活或者拒绝进入内心。就像电影《嫉妒》中的女主角，明明喜欢被介绍的绅士，却不断地挑剔、拒绝对方；明明想女儿爱情幸福、事业成功，却在不断地破坏和摧毁女儿的爱情和事业。

从东西方文化导致的集体无意识差异，从东西方不安全感的心理结构差异分析，从大母神东方文化哺育的中国大众心理"做人为先""善为本"的特征，从个体思维、情感、社会行为、不良情结四个方面展示的东方人不安全感特征，体验到东方文化对心理健康的深刻影响。盲目照搬和套用西方心理学，将其应用于中国大众心理和治疗心理疾病，存在水土不服、强人所难、害人害己的风险。

中国文化蕴含着对生命意义的诠释和心理疗愈的价值。不安全感与生命的意义密切相关。在当今东西方文化激烈碰撞的时代，应积极发掘中华文化的精髓，让其服务于当下的民众，探索每个个体存在的精神，激发中国人的英雄气概和乾卦精神，探讨不同年龄、不同性别、不同生命周期的生命意义，化解大家内心的不安全感，体验现实生活的幸福。

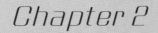

Chapter 2

第二章

中国文化与生命的"存在"意义

第一节

生命的存在意义

生命的存在意义何在？我们该如何活着？在生死矛盾的人生中，在不安全感的折磨中，在痛苦缠身、生不如死的体验中，在自觉无意义的人生中，如何走出泥泞的人生？如何从生命窒息的沼泽地挣扎求生？这些一直在拷问着我们的灵魂。作为高级智能的生物，人在拥有上天给予超越其他生物的智力的同时，似乎天生就背负着更多欲望、烦恼、纠结和痛苦的体验。理解和找到人生意义，决定着个体的不安全感体验。悲观主义先驱喊出"上帝死了""生命本无意义"，而先贤们倡导"生命是有价值的""探索生命的意义"。如此矛盾的思维，孰是孰非？

人生来就有生的本能和死的恐惧。每个人对人们生命意义的解读和其赋予的意义都不同。

可是，在人生的长河中，在社会群居的环境下，人们常常在不同阶段，在遭遇不同的人生挫折后，出现被爱的缺失、爱的表达能力不足、情感伤害、情感麻木、情绪痛苦，从而体会不到生命的意义，或者丧失原有生命的意义。

人本主义心理学家阿德勒在《自卑与超越》[1]一书中从三个方面阐述生命的意义：在于体验职业价值，为社会做贡献；在于社

---

[1] 阿尔弗雷德·阿德勒.自卑与超越［M］.周小进，译.上海：上海译文出版社，2022.

交关系建立，体验相互情感和帮助；体验亲密关系和性满足，延续人类生命。

积极心理学提倡用积极开放式的思维看问题，看待自己的挫折和不幸遭遇。需要自己定义自己的独立人生意义，用积极的行为去生活和工作，这就是生命的意义。

儒家主张乐天知命，生死有命，富贵在天，提倡有德性地生存，不要苟且偷生。禅学精髓是解脱生死，接纳生死轮回。禅学派生出来的正念心理，提倡活在当下，体验每天的自在、舒适、自由的感受就是生命的意义。道家《庄子》阐述了生命来源于道法自然，提出"方生方死，方死方生"的生死等同观。同时，提倡积极养护生命，身形一体，延年益寿是生命意义的基础，拓展生命的宽度、高度、温度，体验生命的至乐和逍遥，理想化的生命意义和幸福就能实现。

但仍有大量的人，尤其是青少年情绪障碍来访者，生活在焦虑、抑郁中，感受不到生命的意义，不能够自我定义生命的意义，不能合理诠释生命的意义。就像悲观主义哲学家叔本华曾说过："生命是一团欲望，欲望不满足则痛苦，满足则无聊。人生就在痛苦和无聊之间摇摆。"他们好像活在无意义的世界里，活在纠结和痛苦的世界里。由此激发死的本能，纠结生命的价值，甚至放弃生命。

一、生命的意义和生命的等级

生命的意义就是修心和问道，不是记录在纸上，而是刻录在生命体的遗传密码中。心理治疗说到底，无非是帮助人们搞清楚怎么活得其所，把个人的生命存在的体验、意义录入基因中。

"我是谁？""我从哪里来？""人类生命的归属是什么？"……阐述生命的意义似乎需要理解一系列至今难以解答的哲学问题。作为探讨心理健康的普通人，我们只需要关注生命的真谛是什么。

在地球上，按照生物知觉—意识性，生命包含了四类等级。

第一级：植物，属于无知觉的有机体，有生命力，易复制，无外力损害条件下，寿命较长，属生命体的无知觉类。

第二级：低等动物，有本能知觉反应，没有主动意识的，较少情感体验的动物。节肢动物及其以下的动物门类，像昆虫、单细胞生物的水母、无核生物的病毒等。属无意识的知觉生命体。

第三级：有知觉反应，有主动意识的，有情感体验和表达的动物，但是没有自我意识的动物。哺乳动物是其典型代表，对外界环境，具有较主动性的生存适应能力，存在家庭或者群居等级模式。属情感意识体，但无自我意识的生命体。

第四级：人类。有知觉反应，有主动意识的，有情感体验和表达的动物，同时具有自我意识。因为有了自我意识再加工，就有了意志、意志力，有了好奇、创造力，有了内在的、外在的自我，有了本能、现实、理想的不同的自己。意识流在自我的世界流动，并且和周围的世界万物交流。自我意识具有了可以影响或改变物质、其他意识甚至世界万物的潜在功能。人类属于知觉体、情感意识体、自我意识体、创造体，甚至永生体。量子力学理论的发展似乎正在验证人类自我意识具有量子化的隔空扰动现象。量子化的人类意识可能推演出人体灵魂的存在及其永恒性，人体有机会成为永生体。

二、人类的生存意义

人类从哪里来？生物学家、考古学家、物理学家、哲学家等人类的精英们都进行过大量思考和论证，结论是不确定、不知道。唯一可以肯定的"人类是宇宙自然的产物"。人类作为自然的产物，被赋予了智慧和灵魂，需要在自然中担当何种角色？人类物种的生命周期是否存在？是几百万年、几千万年，还是永生？假如有人类的生命周期，在此周期中，人类的使命或者天命又是什么？这些问题的答案与人类生存的意义息息相关。但是，这样的问题，真的只有上帝知道。

考古学证实直立行走的猿人（能人）至今已有 200 多万年。人类文明真正有文字记载的历史只有 6000 年左右。近 200 多年人类科技文明的发展呈现几何指数增长，突破自然的限制，似乎指日可待。

为何自然造就如此高级的人类生命体，似乎完美无缺。但是，自我意识的创造性和理想性，同样可以制造出痛苦和毁灭。在所有动物界，人类的自杀、自残率绝对排在第一位。上帝给了你聪明的脑袋，就会给你一个痛苦的心，这符合自然平衡法则，是"道"的矛盾体现。所以，个体或者群体有痛苦、有迷茫、有无意义的沮丧，这些都是人类本身就应该面对和接受的天命。人类有创造力，改变地球、发展科技、飞向太空，甚至让人类的灵魂永存；同样，存在毁灭力，创伤地球、制造科技战争、飞向黑洞，甚至让人类的灵魂万劫不复。

生命的意义是人类专有思考的问题，其他生命体因为不存在自我意识，自然不会思考自我存在的价值和意义。既然可以肯定人类是自然的产物，人类生命的真谛就是按照人自然的存在而存在，按照人性自然的发展而发展。生命的存在本身就是意义，人类群体发展的历程和集体生存意义决定了个体生命的意义。

从人类简史看，人类发挥创造的能动性，从远古时代的一个弱小物种到统治地球的王者。人类的生存意义在不同的时代，具有不同的意义。[1] 人类从被欺凌的地位，到应用武器和猛兽搏斗；从单打独斗地苟且偷生，到争夺生存资源的强者；从群居近亲部落求生，到发达的城市生存；从石器时代钻木取火，到巧夺天工改造自然；从近亲繁殖的动物性，到普及的人性伦理道德性；从动物性的相互厮杀，到人性善和文明的不断宣扬；从蹒跚双腿直立行走，到驾驶宇宙飞船飞向太空……这些发展突显人类的自我意识体、创造体的自然人性，突显人类不断创造的生命意义。在人类的发展史上，人性的黑暗阴影一直存在，从奴隶制的缺乏人性，到封建制的人性压制，再到资本社会的人性虚伪。

近一百年，人类经历了战争、疫情、高温、洪水等一系列人为制造的灾难，但是，人性向善、向往自由的发展一直在持续。人类集体生存的生命意义体现在存在本身，体现在人类改造自然、创造智慧中。像一个孩子一样，被母亲哺育，当力量足够时，就会离开妈妈，独自成长。人类的未来将在爱地球的基础上脱离地球，独自向太空发展，成长为更加长寿、文明的物种。从宇宙观的角度看，作为高智慧的人类，担负起探索外太空生命的奥秘，本身就具有积极、发展的意义。从万事万物都要遵循生生灭灭的生命循环角度看，人类迟早会走向衰败，直至灭亡或者被更高级的物种灭绝。似

---

[1] 亨德里克·威廉·房龙.人类简史［M］.沈性仁，译.北京：北京理工大学出版社，2020.

乎，放眼时间的长河和宇宙的广袤，人类只是宇宙的一个小点、一个量子信号或者一道流星。这样看，人类的存在的确是无意义的。但是，回头看人类历史，已经灭绝的玛雅文明，无论对于当时的社会还是现代文明，都是具有极其重要的生存意义。换个积极的角度看，哪怕在宇宙中，曾经有过刹那的闪动，有过探索宇宙文明的经历，有过不断进化人类智慧的体验，甚至只是有过无痕的存在，那也是一种存在。

三、生命的真谛

个体作为人类的一员，只要积极肯定或者认可人类的生存意义，加入人类发展的意义中，自然个体的生命意义就会体现。个体认为自身没有给人类发展做出任何贡献，找不到人生意义。个体的生命只要存在，至少就为人类的存在贡献了一份力量，存在本身就是意义。现实中，作为个体的人，因为不可自控的生存不安全感，常常活在物欲横流、情感纠结之中，常常不认为自己的生命有意义。

马斯洛的个体动机需求理论促进了近百年目标化人生的主旋律，人们本能需要追求五个层次的满足：基本生存物质的需求；安全感的需求；情感归属的需求；被尊重的需求；自我实现的需求。晚年的马斯洛提出了第六层次"超自我实现"的需求。他似乎意识到追求五个层次的满足，存在严重的问题，容易导致人们生活在不断目标化的追求满足之中。目标化地追求名权利，得到了满足，就会有新的目标，再次得到了满足，刹那的成就感之后就又会是无尽的无聊，又会产生新的目标，永无止境。

这恰好陷入叔本华在《人类的智慧》一书中描述的"人生本无意义"的结论。在目标化期间，有五种类型的生存模式产生。第一种，目标成功实现，心理满足了，就会因为不断产生的新目标而担心，属于焦虑生存模式；第二种，目标失败，没有满足，新的目标再失败，就会产生伤心、沮丧、无能、绝望感，属于抑郁模式；第三种，目标实现太困难，活在他人的期待或者目标中，回避目标，躺平式生活，懒散，属于啃老模式；第四种，在目标化中，通过各种手段和心机，违背良知，投机取巧，奢华生活，容易乐极生悲，跌回人生的谷底，属于享乐模式；第五种，早年目标化中，屡战屡败，屡败屡战，在挫折期间，敢于直面困难，心智得到成长，改变目标化人生为积极体验式人生，不在意得失，能够放下自我，属于体验"超自我实现"的人生。理想主义的人生观是，生命的长度无须受制于肉体自然的衰老，它应该是受你的心灵、你的幸福体验而自主性延长。

在全球互联网的时代，全球的信息流不断扩大，带来物质文明不断增加，精神的食粮更加成为当代人，尤其是青少年的渴求。在物质相对发达甚至过剩的今天，人们按照马斯洛的需求论生存，多数人常常感到迷茫、纠结、痛苦，变得自认为"真的无意义"。只有少数第五种类型"超自我实现"的人，才能体验到人生原本就存在的意义和自己赋予的意义。在《重建幸福力》一书中提出修改马斯洛需求论为"幸福七层次"体验理论，倡导大家按照"积极体验人生在先，小目标在后"的理念，以体验当下自在、舒适、幸福感的模式生存，个体在挫折、在成功、在悲欢离合、在自己喜欢的事物中、哪怕在自己选择的短暂"躺平"中，都会自然感受到生命的意义。无论你是工人或农民、富人或穷人、底层阶级或贵族阶级、白手起家者或富二代、患病者或健康者、有名气的人或平凡的人，从现在起，只要敢于不回避自己内心的阴影，敢于体验当下的一切，生命的意义自然展现。

生命的无意义，来自不敢做自己为先，虚伪地为别人活；来自内心不安全感，不敢直面自己的阴影；来自目标化人生的失败、自我的否定、自我的丢失、过度自尊、过度自卑、情感麻木、自残自虐，内心的灵魂失去了人性的光芒和能量。

在有生之年，直面内在的不安全感，直面内心的阴影，发挥优势人格，展现阳光的一面，做喜欢做的事，快乐地生活就是生命的意义。在体验生命的意义中，个体能够为社会和平发展奉献自己应有的精力，不虚度年华，不碌碌无为，不给自己留下遗憾，实现社会理想，这就是生命的价值体现。个人生命的意义就是做自己为先，是可以自己定义和自我赋予的，更重要的是自我感受和体验。

生命的意义不是依赖于他人的评价和赞许，不等同于生命的价值是本身存在的，是自我体验和认可的。人的成长是动态，不是静态的、一成不变的。即使人生在一段时间被认为无意义，只要你不在意，走自己的路，走少有他人走的路，生命的意义就会呈现。生命的存在本身就是意义，生命的延长也是意义，生命的宽度更加是意义。个人生命的意义自然是动态的，随着我们心智的成长而增长。每个人学习接纳自己的一切存在，感受到自我意识的不断成长，感受到自己心理素质和智慧的成长，这就是普适的"生命的真谛"。

第二节
中国哲学思想中之"存在"

存在主义哲学首创于西方，却早已在中国哲学思想中静静地"存在"，中国哲学思想依靠存在主义哲学展示魅力和光彩。关于生命的意义在中国古代哲学中就已有深刻的思考，其中蕴含着存在主义和超越存在主义的精神。

存在主义哲学的创始人海德格尔的书房里长期挂着一副《道德经》第十五章"孰能浊以静者之，徐清？孰能安以动者之，徐生？"的对联。海德格尔当年通过旅居德国的中国哲学家萧师毅先生翻译后，理解为"谁能宁静下来，并通过这宁静将某物导向（德语为 be-wegen）道路之中，以致它能发出光明？谁能通过成就宁静而使某物进入存在（德语为 Sein）天道"。解读"孰能浊以静者之，徐清"的"浊以静者"，就是只有"静者"才能达到"徐清"，有了"徐清"才能让心灵虚无空灵，心灵达到了虚无空灵才能"安以动者"，"安以动者"就是无中才能生有，无中生有就是"徐生"。

此段体现出《道德经》的精髓："至虚极也，守静笃也。"只要体验到"至虚极也，守静笃也"，就可以体会到"大道"，即世界是原本存在的。作为人，无论你是否感知、领悟到"大道"，"道"一直存在于虚空和万物之中。"Sein"是海德格尔自创的概念"此在"，包括了能够感知和不能感知的物质、精神世界，类似老子的"道"。但是，从海德格尔的著作来分析，"此在"专指人的"存在"，不完全等于老子的"道"，或者说没有老子对"道"解释的内涵宽广或阐述得如此清晰。至少，可以看到海德格尔创始"存在主义"，与中国文化思想，尤其是与道学文化存在着诸多相似之处和联系。

一、存在主义的起源和核心思想

"生命的存在本身就是意义"，其关键词是"存在""意义"。何为存在，唯物主义认为存在是不以人的认识、感知、意识为转移的，这当然是对的。一个东西要么存在，要么不存在，无论一个人有没有感知这东西，东西的存在与否是客观不变。何为意义，意义是精神属性的，是人类思维意识特有的产物，它来自人体肉体的存在，却不受制于人体物质。即使肉体死亡，不存在，原本产生的意义可以继续保留。人的意识甚至决定着生命的存在，在死的本能和痛苦激发下，可以自毁肉体的存在及其意义。在生的本能和爱的激发下，可以永远记住逝去者的音容笑貌，使得生命的存在及其意义不断延伸。

"生命的存在本身就是意义"的理论依据在唯心主义哲学中可以得到支持。

客观唯心主义认为，某种客观的精神或原则是先于物质世界并独立于物质世界而存在的本体，因此尼采、黑格尔、康德的唯心主义思想得到不断发展。黑格尔（Hegel）在《小逻辑》[1]一书中写道："凡是合乎理性的东西都是现实的，凡是现实的东西都是合乎

[1]　黑格尔.小逻辑[M].贺麟，译.北京：商务印书馆，2019.

理性的。"似乎存在就是合理的。上天之神（或自然）创造的存在就有它存在的意义。强调了个体主观能动性和天理的决定性。简明表达就是"必须尊重生命，生命肯定是有意义的，这是天理，个人必须认可生命存在的意义"。

主观唯心主义代表人物贝克莱认为"存在即被感知"，起决定因素的是个体的主观意识，不是假想的客观先占理论或是神的天理，人自身的意识决定存在是否存在。即使它是存在的，主观未予感知，对于个体它就是不存在的，强调了个体主观能动性和决定性。简明表述就是"生命存在的意义取决于你自己想法。你自己决定自己的生命是否存在意义"。

客观唯心论让个体感受到"被强加的意义"，带着心理上的背负在生活。现代人目标化或者被目标化的人生，受此理念影响极大。总是在不断地追求各种自我目标—目标—再目标的意义，大多数人似乎总是活成前面提到的焦虑或抑郁或奢侈或躺平或空心病的人生模式，并没有得到人生意义的真谛。主观唯心论让个体自由决定或选择自己生命存在的意义的有无，似乎表示有无意义都可以。受此理念影响，部分人按照积极心态体验人生存在的意义，活成"活在当下""爱自己，爱他人""向善而生"的样子。另一部分人，按照悲观、纠结、痛苦心态，选择生命本无意义的理念，活得麻木、颓废，甚至自残身体、自毁生命。

从唯物主义的角度看物质的存在是根本，是决定意识的，没有错。但是，人是有自我意识的，是动态地存在着，动态的意识反馈体。如何看待人的存在成为哲学和心理学的热题。唯物论忽略人的能动性和自我再认识的意识，把人本身排除在人的存在之外。存在主义哲学为此应运而生，看到生命的意义取决于人的存在及其意识。

存在主义的思想渊源主要来自索伦·克尔凯郭尔的神秘主义、尼采的唯意志主义、胡塞尔的现象学等。无神论存在主义的主要创始人是德国的海德格尔，将存在主义发扬光大的是法国的保罗·萨特。海德格尔在《存在与时间》[1]中第一次提出了"存在主义"这一称谓，并促使存在主义理论系统化、明确化。海德格尔概念化"此在（Sein）"和物的"在（Existenz）"的关系。"此在（Sein）"特指"物的在及其动态变化"所包含的不可言说的"存在"。"存在"的认知观理解是：从发觉、识别、属性、了解、功能，到作用、利弊、用途、效果、控制等系统化地归纳。"存在"是指人的存在，不是指某种"物"的存在。"物"只能处于"在（Existenz）"的状态下，等待人来发现它的"此在（Sein）"的现象。

　　Sein 德语现在已经特指"存在"，而存在是特指人的存在，有别于其他"动物"的存在。"此在（Sein）"是指因永远有事物处于一种"在"的状态下，使人类无法觉察到它，或者某些人感知到的"事物"而某些人还没感知到"此事物"的一种现象，而这种现象必定会在此世间。这和几千年前老子提出的"道可道非常道，名可名非常名"的理念一致，"道"为混沌之物，不可言说，但是，"道"确实存在于万物。为此，海德格尔提出"存在的被遗忘"现象。他主张人在向死而生中寻找真实性，也就是说，在对死亡和界限的肯定中寻找真实性的人的存在。"向死而生的意义是——当你无限接近死亡，才能深切体会生的意义"。他证明宇宙或个体的存在本身不会出现在一个永恒、无变化的层面上，而是经

　　[1]　马丁·海德格尔.存在与时间[M].陈嘉映，王庆节，译.北京：生活·读书·新知三联书店，2014.

由时间和历史显现出来的，都具有时间性和有限性。

存在主义的核心思想主要包括以下几个方面：

首次提出人的"存在之焦虑"：认为存在就是由痛苦、烦恼、孤独、绝望、情欲、热情等情绪构成的个人的存在，个人不断地超越自身当下"焦虑之存在"，趋向成为自我规定的自身。

存在先于本质：意指个体最终形成某些特点或人格特征之前，个体已经存在。我们的意识超越自身、超越一切，因此人类的存在永远是自我超越的。

人的存在为动态变化的：人不是别的，只是自己所造就的东西。我们在存在中永远超越自我。因此，我们无法占有我们的存在，我们的存在永远在我们自身之外。

存在分为两种：自在的存在和自为的存在。自在的存在是一个物体同其本身等同的存在；自为的存在同意识一起扩展，而意识的实质就在于它永远是自身。

存在主义的核心是自由：人在选择自己的行动时是绝对自由的。萨特指出，人在事物面前，如果不能按照个人意志做出自由选择，这种人就等于丢掉了个性，失去自我，不能算是真正的存在。

勇于选择和承担结果：存在就是自由选择以突破既定自我，通过自由承担责任，做自己为先，体现自己，体验人生，成为自己，实现新的可能的过程。

世界是荒谬（矛盾）的，人生是本无意义的：穷人是如此，富人也如此，但是，人生的意义是自己赋予的和探索的。《西西弗神话》[1]却进一步提出反抗命运的存在主义精神。在此故事中，西

---

[1]　阿尔贝·加缪.西西弗神话［M］.沈志明，译.上海：上海译文出版社，2013.

西弗斯从被动地接受惩罚，每天推着巨石，怀着背负心为他人活，到接纳被惩罚、放下背负心，不在意他人而躺平着活。最后，他转变被动为主动，勇敢地选择自由，选择反抗，把惩罚变为自己主动的挑战，把日复一日地推石头，变为玩巨石，转为主动的爱好、积极的体验。人的存在不能宿命于人生的痛苦和荒诞，主张接受命运安排的前提下，敢于重建自我生存的信念，敢于在有限的、痛苦的环境中创造自己的自由，自己赋予开放的、自我存在的意义，这就是做自己先的写照。

接纳孤独，直面死亡：《存在与虚无》[1]的核心思想是"从存在走向虚无，勇于接纳孤独，勇于体验存在，再终结于死亡的存在，敢于做自己"。人存在的意义无法经由理性思考而得到答案，而强调个人独立自主和主观经验存在，同时，提出人生没有终极的生存意义，死亡本身就是存在，就有意义。

存在主义是一个哲学的非理性主义思潮，在西方人性不受约束和性本恶的生存理念推动下，曾经被误导和延伸为个人主义、自由主义、无政府主义，因此，遭到唯物论和客观唯心主义的抨击。西方存在主义哲学的思潮冲击着人们的内心，在人本主义心理和精神分析学基础上，由此诞生了存在心理学及其理论技术包括存在的意义、此时此刻体验、接纳荒诞、体验自由的选择、做自己为先等。

中国作为拥有五千年历史的文明古国，没有心理学科学，其哲学思想起到极大的心理疏导和调和作用。其中蕴藏的价值值得每个期待心理建设的人去发掘和探索。我们尝试从个体—存在心理学角度解读和释义《道德经》《六祖坛经》等核心思想，同时分析庄子

---

[1] 让·保罗·萨特.存在与虚无［M］.陈宣良，等译.北京：生活·读书·新知三联书店，2014.

哲学、王阳明心学等中国文化中蕴含的"存在"精神，探讨中国文化精髓潜移默化于中国人生命的存在意义。

二、中国哲学思想的"存在"和超"存在"精神

1.《道德经》蕴含的存在思想

《道德经》是中华文化，乃至全人类的文化精髓。早在2600多年前就清晰论述了"存在精神""人的存在""生命意义"的精髓。世界上很多国家都有翻译版的《道德经》，是至今被翻译语种最多的书之一。就像萧师毅先生当年所述，在德国，大众都在学习翻译不精准的德文版《道德经》，甚至曾经还倡导每个家庭一本此书。可惜的是，中国的老百姓仔细阅读和品味《道德经》的人群还是太少，能够参照《道德经》行之有效去做的人更加少。老祖宗的集体无意识被我们深深地拒绝在意识之外，这是近几十年国人，尤其是在疫情防控期间，容易出现集体性焦虑、害怕、恐惧、纠结的重要原因之一。

据此，我们分析《道德经》的部分章节，看看哪些和存在主义相一致或有关联。

《道德经》前三章为整本书的纲要，最后一章为总结。先看第一章第一段："道可道，非常道，名可名，非常名。无名，天地之始，有名，万物之母。"老子在全书中都在谈论"道"，"道"释义为本真、真理、大道、天道。"名"既往多数专家解读为理性认知、可感知、命名。从宇宙发生科学和生命能量守恒角度看，如果"名"作名词和主语释义为序列、有形（之物），似乎不需要把原文倒装句来解释，同时，更好地呼应"道可道，非常道"的解释逻

辑。个体－存在心理学角度释义为：人的本质规律可诠释，但是，人的存在（道）是动态性，不是恒久不变的。有序的万物存在可认知性，人的名利、生死等存在表象，可以清晰表述，但却不应该执着于有序的表象。无序的道（混沌的存在），天地之始；有序的道（矛盾体的存在），万物之母。

当今，科学研究已经论证人体或者万物在生命周期始终存在能量的丢失，丢失的能量通常为无序状态，称为"熵"。当熵增加得越来越多，原有的人或者万物的有序形态就会衰败，直至消失。宇宙就是从无序的熵增状态，在能量相互摩擦、冲突下，出现宇宙大爆炸，然后无序的熵逐步形成有序的万物。此理论应和了"无序（熵增，无法言说）生命和宇宙的起源，有序，是通过无序走向有序，形成万物"。人出生时为躯体的有序，精神的无序（混沌状态），在人生中，逐渐能量消耗－熵增，最终躯体化为无序，精神成为有序，被家人或者社会所保存。

《道德经》第一章第二段第一句："故常无欲，以观其妙；常有欲，以观其徼。"这里"欲"指人的欲望。"徼"指边界。"边界"一词在心理学中经常使用，如"人的角色边界""行为的界限"，换个通俗的说法就是"度"。中国四书《中庸》的核心思想"中庸之道"，不是说做老好人、和事佬，强调的是做人做事的"度"、恰到好处的边界。按照心理学角度释义：人常无欲，近似"空"的心境，妙不可言；人通常有七情六欲，生的本能或不安全的本能，却可以观察到每种欲望都有其边际、边界和度，这是"人的存在"的奥妙之处。

《道德经》第一章第二段第二句："此两者同出而异名，同谓之玄，玄之又玄，众妙之门。"这里的"玄"既往理解为精深奥妙的意思。个人认为不够贴切，如果如此解释，用"妙"字即可，同时，和第一章文中"妙"字的前后存在冲突。"同谓之玄，玄之又玄，众妙之门"就被直译为"同样称他们奥妙，奥妙中又有奥妙，众多奥妙的开启之门"。这种解释不符合老子整篇文字的风格——没有重复性文字表达，总是句句相扣的特征。个人认为"玄"注解为：矛盾、泛指一切不可知的矛盾体，暗含着大道玄机的矛盾体。整句心理学释义变为：人自然同时存在"无欲和有欲"不同序列体，组合在一起称为矛盾体，矛盾叠加矛盾，众多的矛盾的奥秘，是理解和感悟"大道"的大门。解开此不可知的矛盾，是人认知自我和世界的必然。

《道德经》第一章阐述了"道"，即"此在"这个不可言说，又无处不在的天道。天道的第一属性就是"存在"，"存在"之矛盾体，第二属性就是矛盾体双方的相互转换性，此消彼长，相互对立，相互依存，相互统一。人是万物之一，同样蕴含着天道。人的本质是 "名"，即可以理性认知世界和自身的有序生命体。在本质形成前，已经有了人的天道（存在），人本身就是起源于天道。由此分析，《道德经》第一章清晰阐述了"道（存在）"先于"本质（人的生命有形体）"。这一理念与几千年后的存在主义相一致。从第二属性看，人来自无序的熵，或者不可言说的道（存在），经过有形的序列呈现出可以感知、体验到的鲜活的生命体。人的生命体是"无欲和有欲"的矛盾体，也是无序（死）和有序（生）的矛盾体。

人的矛盾之"玄之又玄"在哪里？心理学角度看人就是生与死、意识与无意识、安全感与不安全感、善与恶、美与丑、思维与情感等的矛盾体。人作为抱有众多相互对立的众多矛盾体，像其他万物的生生灭灭，无序有序地不断循环一样。这的确表明"人的存在"是由"道（存在）"决定的，而不是由人的自身（本质）来决定或控制的。《道德经》又表达了与存在主义相同的观点"人生的无意义""人生是荒诞（矛盾）的"。同时，预留了一句"以观其徼（边界、窍门）"，这"窍门、边界、度"在此是什么？如何把握？有待《道德经》第三章的内容阐述。意味着人可以在"无意义"中探索"有欲"的意义和无欲有欲矛盾体的意义，也暗合人生体验"无意义"和"有意义"这一矛盾体本身符合"大道"。

《道德经》第二章的心理学释义和专业版本的释义基本相同。原文前两句"天下皆知美之为美，斯恶已。皆知善之为善，斯不善"。表达了美是一种境界，是主观对客观的感知；美是人完美的理想"存在"状态；美是理性的人对"存在"的感觉良好的感性体验，包括主动性、选择性、感性、本能；强调美丑、善恶的对立矛盾统一的"存在"，暗示个体需要接纳不完美和不善；因为恶的存在，所以强调人性善的本能和为善。

中国当代哲学家、社会学家费孝通先生的《美好社会与美美与共》[1]一书，倡导每个人都需要追求"各美其美，美人之美，美美与共，天下大同"的理想精神世界。意思是发现自身之美，然后发现、欣赏他人之美，再到相互欣赏、赞美，共同享受美好的人生，最后达到一致和融合的"存在"。《道德经》第二章第三句"有无相生，难易相成，长短相形，高下相盈，音声相和，前后相随。恒也"。通过一系列反义字的相合，进一步论证"道"不仅仅是矛盾体，而是矛盾地相生、相成、相形、相盈、相和、相随，有

［1］ 费孝通，麻国庆.美好社会与美美与共——费孝通对现时代的思考［M］.北京：生活·读书·新知三联书店，2019.

着有无相生自然、自性、统一的恒定之道。

中国哲学思想的核心特征"悖论思维"凸显：对立的相互依存、相互转换、平和面对、接纳心态。第二章第四句论述做人的"道"。原文"是以圣人处无为之事，行不言之教；万物作而弗始，生而弗有，为而弗恃，成而不居。夫唯弗居，是以不去"。圣人释义：幸福的人，理想的人，自性化的人。心理学解读为个体幸福人生发展的原则是需要理性的言教，更需要身教——体验，需要身正、不骄、不争、无私欲，这个理念特别适合当今的家庭、学校的教育；强调人的体验的重要性，同时隐喻着人独立、孤独状态的必然性；尊重人的"存在"的本真、自性，相信人如同万物都会凭自身的"道"去成长，不必以外界的意志去制约它，无为就可以达到无所不为，到达人的自性化。

《道德经》第二章紧凑地直接回答第一章第一段"何为人的道（存在的本质）"或者说"人的存在的本质表现是什么"。人的理想"存在"价值和本质表现形式是：美善真。康德的哲学和胡塞尔现象学始终在讨论着人内在的本质就是"真善美"。东西方哲学思想的再一次表现出一致性和统一性。心理学的"真"代表着直面自身的矛盾体，敢于表达自己的本真，敢于直面不安全感，敢于做到"有无相生"的融合，敢于做自己。人是可以理性地进行悖论思维，以积极平和心态解决"无欲和有欲"的矛盾统一，展示自己的"真"，尽可能向着"无为"状态靠近。

《道德经》第三章"不上贤，使民不争；不贵难得之货，使民不为盗；不见可欲，使民不乱。是以圣人之治也，虚其心，实其腹，弱其志，强其骨，恒使民无知、无欲也"。这段话"上""贵""见"都是包含着"过度"的含义。从个体和动力学角度："民"指现实的自己，身体的体验，真实的自己；"圣人"是指幸福的、自性化的自己。从个体和动力学心理学释义：不推崇过度显摆自己的贤能、财富、欲望，不主张过度满足欲望，追求名、权、利，希望做本真的自己。成长为幸福的自己需要做到，虚心、踏实、不好高骛远、强身健体，才能使现实的自己到达无高敏感的脆弱知觉，无所不知、无欲无求。原文最后一句"使夫知不敢、弗为而已"也是本章的总结，表达一个自性化（幸福）的人应当知道不一味地过度理性、过度贤能，不过度地享受无尽的欲望，不偏执、执着地争，就不会失去什么，敢于无知无欲，自然自在地生存，这将使人何其自在，生死坦然。文中对多种欲望、行为给予了"度"的要求，回应了第一章的"常有欲，以观其徼"。文中再次隐含中国文化的核心思维：反者"道"之动，道是"存在的动态和矛盾转化"，它无所不在。

老子所说的道，是"有物混成，先天地生"的道，是天地之母，是包含"此在（Sein）"的存在。在《道德经》第四十二章原文"道生一，一生二，二生三，三生万物。万物负阴已而抱阳，冲气以为和"，细化了道的特征。我国著名哲学家冯友兰先生在《中国哲学简史》[1]中解读：道就是混沌的无序之气，即冲气，是自然之物，非任何神灵。道就是一，道是矛盾体，包含着阴阳二气，三在先秦是多数的意思。二生三，就是说有了阴阳，很多东西就是生出来了，自然生出万物。老子否定了神的存在，从多元论的宇宙观发展为一元论的宇宙观，契合海德格尔的无神论存在主义的理念。这段原文，也契合了计算机的设计基本原理，"0""1"不断组合的编程模式，就好像是阴和阳，相合相容就形成很多具象化的

[1] 冯友兰.中国哲学简史［M］.涂又光，译.北京：北京大学出版社，2013.

计算软件，再产生千变万化的计算机虚拟世界。人类物种的繁衍同样适合，天地（道）产生阴阳的男女，男女结合产生第三个个体孩子，有了孩子就会有更多的人不断繁衍，生生不息。

心理学释义：个体是父母自然爱的结晶体，出生后的自己就是"一"，"一"就是自我，弗洛伊德提出的精神分析动力学，其核心思维就是按照是否能够感知，把人的意识分为潜意识和意识。"一"的内在包含意识的自我和无意识的自我的阴阳。自我阴阳这个"二"，在矛盾意识作用下，个体产生了本我、超我和现实的自我或者说本能情绪的自己、现实的自己、理想化的自己。三个不同的自己，在痛苦、纠结中出现，并且不断相互指责、埋怨、压抑，就会产生更多的内在的自己，如害怕的、讨好的、委屈的、焦虑的、自虐的、强迫的、后悔的、抑郁的、愤怒的、傲慢的、自恋的、躁狂的、混乱的自己，这就好比三生万物。反之，三个不同的自己，互爱互敬，就会生出万种真善美的自己。

《道德经》最后第八十一章是全书的总结篇："信言不美，美言不信。善者不辩，辩者不善。知（智）者不博，博者不知。圣人不积，既以为人己愈有，既以与人己愈多。天之道，利而不害。圣人之道，为而不争。"王弼版本释义：诚实可信的话不一定好听，花言巧语不一定是老实话。善良的人不会巧言令色，好辩驳者不善良。真正有知识者不卖弄，好显摆的人不是真有知识。这似乎告诉治理国家的圣人如何社交、辨别伪善、如何含而不露。圣人不存占有之心，而是尽力照顾别人，自己就会更加拥有；他尽力给予别人，自己反而更富有。自然的规律是让万物都得到好处，而不伤害他们。圣人的行为准则是，做什么事情都不与别人争夺。这种解读符合儒家思想"如何做人，做有价值的人"，但是，偏离道家的自我修行的核心思想"道法自然、为我所为"的核心心理。

如果"圣人"释义为自性化（幸福）的自己。按照个体－存在心理学释义：作为现实中的自己，需要注意社交言谈举止。提倡自身真善美的内外和谐，真善美是存在的动态形式，强调存在"反者道之动"。自性化（幸福）的人需要爱自己而不害人，需要为而不争，不争而"做自己"，这样爱自己，这样给予他人，自我就会得到更多"自由的选择"、幸福和自性。利他、爱人，做宇宙、社会、人类物种的金牌配角，这样"人生的无意义"才能自然有意义。这样释义支持《道德经》是倡导如何"做自己为先"的理念，而不是如何"做人""做被人崇拜的圣人"的理念。结合《道德经》全文的精神和连贯性，《道德经》更加倾向于是阐述如何"做幸福的自己"，如何"自然存在"的思想。

存在主义重新定义了死亡的存在和意义。在《道德经》第五十章"出生入死"同样给予了间接表达。原文"生之徒十有三，死之徒亦十有三。人之生动之死地，亦十有三。夫何故？以其生生之厚。盖闻善摄生者，陆行不遇兕虎，入军不被甲兵。兕无所投其角，虎无所措其爪，兵无所容其刃。夫何故？以其无死地。"王弼版译文：人到世上是生，入于坟墓是死。长寿这一类的，占十分之三，短命夭折的这一类的，占十分之三。人本可活得长久，因为言谈举止失当而自己走向死路的，也占十分之三。后一种情况是为什么呢？因为养生过分奢侈，淫靡过度，从而糟蹋了的生命。据说，善于养生的人，在陆上行走不会遇到犀牛和老虎，在军队打仗不会受到伤害。对于他，犀牛用不上角，老虎用不上爪，兵器用不上刃，为什么呢？因为他根本没有进入死亡之地。

老子认为，人对于生死能够有所把握，修养到家的人，可以把死的过程消除，把"人之生动之死地，亦十有三"去掉，所以生命存在的机会，就把握在手里了。按照个体—存在心理学解读：发生在个体人身上的趋生运动有三分，趋死运动有三分，生死是应该顺其自然，淡然接纳的；但是，很多人是因为不善于摄生，把原本趋向生的运动，导向了趋向于死，俗称"作死"。

每个人出生到世界上，都有自己的天命，也就是自然寿限。这个自然寿限也叫天年，按照动物胚胎发育周期规律推算，人的自然寿限理论上为120岁。可是现在绝大多数人都不能活满天年，有人为了满足名权利，有人不断抗争社会的不公平，有的人把青春赌明天，有的人扮演披着羊皮的狼，有的过度背负着他人期望，这些其实都是在折磨着自己的生命，让原本存在的生命意义逐渐丧失。只有少数幸福的人，能够真正体验生的价值，体验的不仅仅是生命的长度，更多的是生命的宽度和温度，是生命的面积，在生命的宽大的舞台上体验人生的生的存在。因为不争、爱自己、爱他人、爱世界，死亡的危险机遇常常与他无缘。

老子没有像儒家思想那样强调"舍生取义"地勇敢面对死亡，倒是主张"好好地活着"，保存自己的生命，与危险保持距离。在《道德经》第十三章的"爱以身为天下，若可托天下"就表达了只有爱护自己生命的人，才能把天下托付给他，才能体现和承托自身的大道。这进一步表达个体的幸福来自"爱自己为先""做自己为先"。

老子思想暗含生命是无价的，不要自己折磨自己，不要做"人之生动之死地"之类的内耗之事，尽可能做到人与自然、人与自身、人与人及人与社会之间建立和保持普遍的和谐关系。这与西方17世纪哲学家斯宾诺莎的生存观相符，他认为自我保存是人的最本质属性，只有基于自我保存才能达到人生的日臻圆满。

2. 庄子思想和行为展示的存在精神

老子的继承者庄子，更加细化、具化、行为化了"存在""反者道之动"的道家思想。他倡导万物等同的道理：齐物、齐论、齐是非，还有齐生死。《齐物论》说道："天地一直也，万物一马也。"郭象注解：存在于宇宙的每一个事物，需要整个宇宙为其存在的必要条件，可是它的存在并不是直接由任何另外某物造成的。庄子提出"物自生"，即"存在的自存在"，进一步论证了"存在先于本质"这一老子或存在主义最核心的观点。对于死亡的诠释，庄子更加直接地表达了直视死亡的存在。庄子说"方生方死，方死方生"，释义为：人从出生的刹那，就开始走向死亡，同样，当死亡降临，就是新的重生的开始。庄子把"生"和"死"作为等同的存在，生和死没有本质的区别，都是人作为生命体的存在形式和存在的意义。

庄子不仅仅是言教，在他的现实生活中同样身教学生和身边的人。在庄子妻子去世期间，朋友慧施前来吊唁，可是，却见庄子在家里鼓盆而歌。大家以为庄子丧妻而伤心过度，得了失心疯。庄子曰："不然。是其始死也，我独何能无慨然。察其始，而本无生，非徒无生也，而本无形。非徒无形也，而本无气。杂乎芒芴之间，变而有气，气变而有形，形变而有生。今又变而之死，是相与为春秋冬夏四时行也。人且偃然寝于巨室，而我嗷嗷然随而哭之，自以为不通乎命，故止也。"（《庄子·至乐》）。释义："我没有疯，我的爱妻的生命来自无形的天地，在此生坦坦荡荡地活着，现在刚刚死去，化有形于无形，回归了四季更替自然世界，实现了重生，她的躯体还卧寝在房间，而我如果号啕大哭，那不是不理解生命的重生吗？她的死亡就是新生，是同样值得庆祝的，为何不开心欢唱呢！"同时，庄子敬畏生命，不是轻视生命。在《让王》中："夫天下至重也，而不以害其身，又况他物乎！"庄子认为天下至重便是生命，高于一切。《庄子·列御寇》记载庄子将死，他的弟子们正在准备他的后事。庄子说："吾以天地为棺椁，以日月为连璧，星辰为珠玑，万物为赍送。在上为乌鸢食，在下为蝼蚁食，夺彼与此，何其偏也！"释义：庄子对自己死亡的埋葬形式表现得如此坦荡不羁，以天地为棺木，日月星辰为陪葬品，万物为欢送者。幽默的庄子说：弟子们把他进行天葬，是做着偏心的事情，便宜秃鹫，亏待了蝼蚁。庄子用自己的实际行为展示了"齐生死"。

道家认为，理想的绝对化的幸福，首先对万物自然本性有完全的理解，对自身生死的"无情"。"无情"不是无情感的意思，是不为情绪所扰，是享有灵魂的和平（斯宾诺莎《伦理学》[1]）。其次，在看清万物自然本性的相对性，相互转换性的基础上。他能够超越自己和世界的区别，"我"与"非我"是相对的，是和无的区别，是"道一的统一"，才能做到"齐生死"，做到无自己、无我。从心理学讲，绝对的幸福是理想化的人格，是每个人终身修行的方向。需要圣人般地做到"不知之知"，需要在不断有知的前提下，忘掉所知，深度体验万物内在的道"存在"。道是无为而无不为，他就与道合一，做到天人合一，达到无我的境界"我就是世界，世界就是我"。这些内容传达了庄子已经融入自然世界，即使面对死亡，也是直面死亡、坦然处之，敢于体验死亡的意义和价值，表达出生入死的平常心，生死互换的平和心。庄子不仅立言，而且立德、立身，展示了做有"德性"的"做自己为先"的榜样，

［1］　盖里·斯雷特.解析巴鲁赫·斯宾诺莎《伦理学》［M］.杨阳，译.上海：上海外语教育出版社，2020.

真正做到了"内圣外王"的境界。

庄子在《逍遥游》里提出两个层次的幸福，一个就是上述的"绝对幸福"，另一个就是"相对幸福"理念。相对幸福是必须依赖某些事物而存在，认可人天生就存在生老病死这四苦。人生幸福和痛苦的并存就如同阴阳并存一样，更加符合现实生活中人们的体验，更加符合道玄之又玄的内涵。每个个体依靠自身的存在，充分而自由地发挥自在、自然、自性能量，就能够获得幸福。因为，每个人的能力、能量有限，这种幸福是一种有限制的幸福，就是相对幸福。

个人获得相对幸福的第一条就是自由发展自己的自然本性，同时，尽可能顺乎天。《庄子·秋水》中说："天在内，人在外。……牛马四足，是谓天；落马首，穿牛鼻，是谓人。"冯友兰《中国哲学简史》释义：顺乎天是一切幸福和善的根源，顺乎人是一切痛苦和恶的根源。天指自然，人指人为。万物的自然本性不同，其自然能力也各不相同。可是有一点是共同的，就是在充分而自由地发挥其自然能力的时候，它们都是同等的幸福。《逍遥游》里讲了一个大鸟和小鸟的故事。两只鸟的能力完全不一样。大鸟能飞九万里，小鸟从这棵树飞不到那棵树。可是只要它们都做到了它们能做的、爱做的，它们都同样的幸福。所以万物的自然本性没有绝对的同，也不必有绝对的同。《庄子·骈拇》说："凫胫虽短，续之则忧。鹤胫虽长，断之则悲。故性长非所断，性短非所续，无所去忧也。"

可见，在绝对幸福思想的指引下，每个人获得相对幸福的机遇、能量很高，是自然的、顺水乘舟之事。"我从哪里来？""人类生命的归属是什么？"这些不可能回答的问题，在庄子的宇宙发生论、实际行为中已经揭晓，我从混沌的"道"中来，人类生命的归属同样是回归"道"之中。庄子的精神不仅仅包含了存在精神，已经探索出超越"存在"的精神。

现代社会，由于人为的国家之间、夫妻之间、父母孩子之间、权威与个体之间、理想的自己与现实的自己之间相互摩擦、冲突，本该就有的生命的意义、自然存在的相对幸福，常常难以如愿以偿。在孩子的成长教育中，父母们给予了太多的溺爱，让孩子任性偏执；给予了过度的限制，让孩子压抑本性；给予了太多的期待，让孩子失去了自己，没有体验到"做自己"，孩子的相对幸福就在人为的不良教育中失去。在疫情防控期间，因为封闭式生活过度，原本各自自然生存的个体生命轨迹受到严重干扰。孩子天天在家上网课，失去了在学校同学的互动，却被不需要再上班的父母时时监督；家长失去了工作而焦虑不安，却看着天天不认真上课的孩子，相互不自主、不自然就会相互冲突，激发原本就存在的内心不安全感，激化原有存在的不顺心的情感，相对的幸福体验消失，只留下互怼、焦虑、痛苦弥漫。

3. 墨家、儒家蕴含的存在思想

在人生中如何做到顺应"天道"，而不"人为"？存在主义的发扬者萨特、加缪提出，在人生中敢于选择、敢于自由、敢于抗争、敢于承担、敢于做自己。这与道学的"不争""不辩"的精神有所不同。在中国的哲学思想发展中，墨家的哲学理念非常近似存在主义的"临在"和"抗争"。墨子应用悖论的逻辑思维，反驳了老庄的"绝学无忧""不争""大辩不言""言辩而不及"的理论。墨子认为，如果同意了庄子的言论，庄子自身就违背了"大辩不言""言辩而不及"。因此，墨家主张敢于积极务实体验，敢于做、敢于爱、敢于恨、敢于辩、敢于争、敢于选择、敢于担当。"杀盗"和"兼爱"不矛盾，是表面对立，实则相互支持，相互转换，是悖论的相互关系。

回到我们当下的生活，人只有经历了不断地学习，才能获得知识，有了知识才可能拥有智慧，有了智慧才可能"弃知"，做到老庄讲的"绝学无忧""大辩不言"。其实，墨家没有完全领会老庄的思想，错误理解和放大了道学"不争""不辩""不学"的悲观主义思想色彩，误解其为避世哲学。在历史的现实中，墨家和西方存在主义一样，原本都是强调"做自己为先""务实体验人生"，因为缺少"德""善"的准绳，容易被人们歪曲为功利主义、自由主义、个人主义、享乐主义等不利于人格成长的模式，背离了他们倡导的核心"存在"精神，更加远离了相对幸福的"顺应天道"，变相促进了"人为"的作死或偏执。

儒家取老庄道学精神，实际应用于现实生活。孔子认为，圣人是人格完美又能周济天下的人，因此，自愧难以企及，反对弟子把他奉为"圣人"。《论语·述而篇》中说："圣人，吾不得而见之矣，得见君子者，斯可矣。"《论语》的核心内容就是谈君子人格修养，论述君子要以圣人为榜样，努力接近圣人的境界。《论语》实质是在引导大众做符合天道的不完美的自己，即按照圣人理想化的方向，遵从"德性"的修养，做自己为先。孔子说：君子喻于义；君子怀德；君子怀刑；君子上达。意指君子是讲义气、有道德、敢负责，不断上进，实践道义的人。孔子论述君子是坦荡正直、宽容友善、自由自在为先的人，在此基础上进一步严于律己、宽以待人、胸怀大志，遵从"仁义礼智信"的纲要，终生修正自我。但在给出具体细则中，过度夸大了"礼义"，近几百年更多误读到的是如何"做人""做有价值的人"，忘记了孔子原本崇尚的圣人"天人合一"的精神，忘记了孔子提倡的君子是做"自由自在"的自己为先的前提。其孙子子思著《中庸》，以身试行，明确展示了孔子原本提倡的敢于做自己为先的思想。在顾易著《从〈中庸〉看处世智慧》[1]书中，详细讲述一个故事。鲁穆公问于子思曰："何如而可谓忠臣？"子思曰："恒称其君之恶者，可谓忠臣矣。"意指始终敢于指出皇帝错误和缺点的人，就是忠臣。从此对话可以看出儒家代表子思不但思维深邃，而且正直、坦荡，敢于以"诚"的精神做自己的样子。

中庸不能错误理解为"中立""墙头草哲学"，做随意妥协的老好人，做事不冒尖、无原则。中庸也不是平庸无能的意思。中庸的精神包括三点：中庸来源于天道，遵循天道人性，顺其自然做自己；中庸的基础是"诚明"，强调正直、坦荡、诚实，本真地做自己；中庸的核心精神是"致中和"，是回归人原本的善念，就要不抱有一丝后天形成的偏见、成见、情绪看问题，心态纯真而不陷入执着之中，是精准地做事、做自己。可见，中庸是天知、地知、自己良心知。儒家文化蕴含着有德性、有良知、恰到好处地做自己。做"中庸"的自己，实质相当难，是超越"君子之道"的理想化自我的模式。

4. 禅学—六祖坛经蕴含的存在思想

西汉末年，佛教从印度传入中国。佛教教义与中国本土的道家、儒家文化等经过近千年相互碰撞，逐步演化形成现代的中国佛学。佛学强调个人与宇宙的心的同一性，佛性的同一，自觉

---

[1]　顾易.从《中庸》看处世智慧［M］.广州：暨南大学出版社，2020.

到个人与宇宙的心的固有的同一。大乘佛教之性宗（School of Universal Mind）将宇宙的心的观念引入中国思想。佛学认为宇宙的一切现象，是一个有情物的宇宙的一切现象，都是他的心的表现（主观意识）。业是因，报是果：一个人的存在，就是一连串的因果造成的。死亡不是存在的终结，只是存在的另一个方面。今生的生，来自前生的业；今生的业，决定来生的生。生死轮回是一切有情物的痛苦来源。提倡积善成德，逃脱生死轮回。

佛学关注一个问题，就是生命，其精神与存在主义精神密切相关。佛学关注人的生、老、病、死的全生命的课题，直面死亡，探讨死亡的意义。佛学在阐明"空""人人皆有佛性"中体现"存在之永恒"。佛学主张放弃"我执"，就是放下"私欲"，不纠结"常有欲"，解决海德格尔存在主义的"生存之焦虑，存在的遗忘"，主张"无我"（存在的最高形式）。佛学先度己，再度人，从"度己"跃升为"度人"，表达生的意义就是先做自己，先爱自己，度己的同时，也要爱他人。佛学核心思想是离疾苦，离生死，就是接纳疾苦生死的存在和自身的矛盾体。

中国佛学主流分支禅宗是印度佛学与中国的老庄思想及魏晋玄学相结合的产物，其禅学融合了儒释道的思想，是中国心性哲学的第一部经典。禅道就是生活之道，"平常心""无造作"是禅的内核："困了就歇，饿了就吃"，一切顺其自然，"要眠即眠，安坐即坐"，"本来面目"就是无污染，无附着的未然。禅的含义是指排除杂念，静坐，是一种基于"静"的行为，也蕴含向内心寻求无限世界的体验，扩大心胸、启发智慧、调和精神、愉悦身心、增强能量。禅是一种真善美的生活境界，是常乐我净的领悟，是一种智慧，是真心，是人的本来面目。禅学在六祖慧能时代被发扬光大，其弟子整理的《六祖坛经》之"存在精神"影响至今。

禅学突出的特征就是入世佛学、实用性佛学，适合人人皆可成佛的理念。禅学核心主张"弃知"，放弃用已有的知识、逻辑来解决问题。"弃知"是老庄获得绝对幸福的核心精髓，被引入禅学。禅学认为，真正最为容易且最为有效的方法是直接用源于内心的感悟来解决问题和成长智慧。慧能采用"棒喝"的顿悟法，强调"临在"的体验和感悟，引导体验进入被私欲蒙蔽的自性而开悟。这些棒喝激发的"存在"精神，就如同情感体验性心理治疗方法打破认知心理治疗的框架，放弃认知的执念，升华来访者的内在体验，这些与存在心理学的"临在"技术、人本心理学"主观体验"疗法完全一致。

《六祖坛经》心学要义包括"心物一体"论、"本心清净"论、"心量广大"论、"口念心行"论、"定慧一体"论和"顿渐双休"论。"心物一体"论即物我一体，我对物存在感知，从而产生了意识，两者存在着互动关系，互相依存[1]。慧能在广州光孝寺阐释"非风动，非幡动，非风亦动，非幡亦动"，是"仁者心动"的学说。慧能强调个人各自视角、体验不同，就会产生不同的"触景生情"感知和意识。这一思想打破物我的界限，强调主观能动性和精神具有积极意义，首创个体"存在精神"的决定论。"本心清净"论指世界万法皆由心生，人本来就有自性，而自性即佛性，佛性清净而善，佛性若不被污染和遮蔽，则彻明自在、无牵无绊、无拘无束，就有了心灵的自由。

六祖慧能针对神秀禅师《无相偈》而作的《六祖示法诗》："菩提本无树，明镜亦非台。本来无一物，何处有尘埃！"慧能应

---

[1]　顾作义.《六祖坛经》之修心之道［M］.广州：暨南大学出版社，2022.

用"世人性本清净，万法在自性"的命题，肯定了人内在的自由意志和自性的"存在"。这符合《道德经》所述"道"先于世界存在，这也被存在主义"人的存在先于本质"所印证。《六祖坛经》"心量广大"论强调个人存在精神的前提是修心：存善良之心、修高洁之心、树正直之心。"口念心行"论、"定慧一体"论、"顿渐双休"论是给予修身修心的具体方法。"口念心行"论、"定慧一体"论强调矛盾的统一和融通精神，对阳明心学的"知行合一""致良知"产生极大的影响。"顿渐双休"论指出小根器者适合渐修，大根器者适合顿悟，同时提倡顿渐双休的合理统一性。这种统一性始终需要"不二法门"来破除执念和妄念，化对立的"二"，成为"一"，就如同阴阳之混沌之气，相互融合，生成"道"一。

今天的大千世界，就如同今天的白天和黑夜相互融合，成为明天新的一天开始。今天的自我就如同经历了痛苦的和幸福的自己，觉悟人生成为明天新的自己。"不二法门"需要"中道"理念来中和对立的矛盾体，接纳对立为非对立，形成类似"中庸"的恰到好处的状态，而且需要超越"中庸"的平衡性，融合对立面为新生的存在或事物。《六祖坛经》超越了存在主义和存在心理疗法，不仅蕴含"存在精神"，而且强调"修心""觉悟""善心""定慧一体""中道""不二法门"的自我超越精神。禅学提出开悟成佛就是"明心见性"，不是"枯坐"或"空心静坐"，不是念经三千遍，反对"本本"主义念经求佛。《六祖坛经》如同中国的心理学百科全书，其中蕴含着哲学心理、人本心理、存在心理、积极心理、认知心理、内观心理等多种当代心理学精髓。

西方应用禅学静坐、弃知精神，创立了正念心理学。其实，这些都是中国老祖宗早已建立的明心见性的措施。可惜，被当代的人们所遗弃。"不二法门"提出人性无善无恶，世界生死与涅槃不二，继承了老庄的"反者道之动"，奠定了阳明心学"知行合一"的思想。

三、阳明心学与存在精神

如何做到萨特、加缪、墨家等提出的敢于做自己，而不违背"顺应天道"？老子《道德经》提出，"真善美"就是人顺应天道的行为准则。如何做到真善美？禅学的明心见性，听起来容易，做起来难。儒家文化通过提出"礼义仁智信""孟子的四端"来规范人的行为。为此，儒家从中国诸子百家的思想中，脱颖而出，成为中华文化无意识的主要来源。

新儒家起源于第一个讲宇宙发生论的周敦颐，号濂溪先生（1017—1073）。他在《太极图说》说："无极而太极。太极动而生阳，动极而静，静而生阴。静极复动。一动一静，互为其根；分阴分阳，两仪立焉。"揭示存在的本质是"反者道之动"。新儒家入世理念，怎样成为圣人和理想化的幸福者，主张"主静""主无私欲"解决人的生存之焦虑，个体存在的遗忘。《通书》中说："无欲则静虚动直。静虚则明，明则通。动直则公，公则溥。明通公溥，庶矣乎！"（《周濂溪集》卷五）。其思想支持和符合道家的"常无欲""至虚极也，守静笃也"精髓。

新儒家后期分化出客观唯心主义程朱派和主观唯心主义的陆王派。程颢、朱熹主张：存天理、灭人欲，天理构成人的本质，在人间体现为伦理道德"三纲五常"；格物致知：提出专注的力量，积少成多，量变到质变。程朱理学是不断"向外"求知（知识，后歪曲为"名权利"），否定或忽略了原本的"道""存在"。陆九渊把自己老师周敦颐的宇宙论哲学进一步明确化，并且奠定了主观唯心的方向。他提出宇宙是吾心，吾心即宇宙。人皆有是心，心皆具事理，心即是理。陆九渊主张人的心才是决定一切的标准"理"，提倡以人为本，以人性的伦理道德为本，反对程朱"存天理、灭人欲"的观点。王阳明继承和发扬光大了中国主观唯心主义，认为"大人者，以天地万物为一体者也"。一体者"即道德即自然的存在"。两个学派出发点不同，对既往学术的理解和释义也不同。如《中庸》"尊德性而道学问"不同的诠释。朱熹释义：经过学习而敬奉心中的天理；王阳明释义：以道德修养提升为准绳，来学习具体知识感悟"道"。

王守仁，本名王云，字伯安，号阳明，又号乐山居士，浙江绍兴府余姚人，汉族，明朝杰出的思想家、文学家、军事家、教育家。成化八年（1472）出生，明嘉靖七年（1528），王阳明因病卒于回家途中，享年 57 岁。纵观王阳明的一生，他给后人留下了宝贵的人生经验、智慧、精神财富及无数的启迪，有人说"中国的圣人只有两个半"，王阳明就是其中的一个，另外的一个是孔子，还有半个是曾国藩。王阳明的心学影响巨大，后代有许多大师都深受其思想的影响，包括清朝的曾国藩，明朝著名的宰相张居正，清朝的文学家纪晓岚，还有梁启超、蔡元培，以及日本稻盛和夫等中外名人都是王阳明思想的拥趸和传播者。

王阳明在封建制的官僚腐败横行的社会中，遵照为官为民的儒家思想准则行事，却屡屡受挫。他被贬官到贵州穷乡僻壤的龙场，在将道家思想融于新儒家的内涵之后，顿悟圣人之道和生命的意义，决定后半生"觉世行道"。王阳明强调"道"是一切的根本，只有学"道"才能"专、精、正"。专则能精、精则能明、明则能诚。完全吻合"存在先于本质"的道家思想，同时把道家思想融入儒家的入世哲学中，融入现实的实际生活中。

王阳明心学提出两个创新的观点"致良知""知行合一"，以此来实现"真善美"。心学认为良知：至善就是心之本体，"本体"是"原本的状态"即"存在"。人生来都是存在善和良知。良知是思想、知识、情感的载体，是宇宙的活动、万物秩序、世界本源"道"的浓缩表现。"良知"的道德意识在人的无意识之中，在行事时，人具有是非善恶的自发的感知能力。王阳明曾经抓到一个盗匪的头目，劝导他改邪为正，归顺朝廷，凭着"良知"为人。盗匪拒不归顺，大笑："不是人人都有良知""我就没有良知，何为良知，你证明给我"。王阳明回复："我可以证明你有良知，如果有就留下来，如果没有你就走。"盗匪欣然答应。王阳明嘱咐盗匪脱了衣服就可以走。盗匪脱了一件又一件，上衣脱光后开始不断犹豫着继续脱，最后只剩下底裤。盗匪怯懦地说："还要脱吗？"王阳明大声呵斥道："这就是你的良知。"在体验相对幸福的过程中，致良知成了体验人的自然、自在、自性的核心思想。致良知就是在自己的心上（自身的"存在"）下功夫，不断去私欲，磨炼道德。

王阳明主张"吾心自足，不假外求"就是"向内"探索"存在之道"。以孝顺为例，如果父母生前平时不孝顺，在父母死后仪式性拜祖，孝顺的行为是为了获得他人的认可或者虚荣的面子，就是向外求证认可，非良知。只有真心实意地孝顺健在的父母，常联系、常回家看看，才是典型的向内体验良知。

知行合一的前提需要立志、心外无理、心外无物。"知"意指深度认知，知晓"至善"，勇于致良知，坚信"心即理"。"行"意指积极体验自然、自性。知是行的主意，行是知的功夫，知是行之始，行是知之成，知中有行，行中显知。阳明心学的四句教，言简意赅地表达了阳明心学—道学—存在主义的类似理念。

无善无恶是心之体：心即理——道——存在

有善有恶是意之动：私欲——失道——自由（荒诞）

知善知恶是良知：知——内观——临在体验

为善去恶是格物：行——修行——选择承担

存在主义的"临在体验""选择承担"没有阳明心学强调的"良知""真善美"的内容。道家思想的内观、修行，强调的是个人自身的修心修养，没有阳明心学内在的儒家四端，少了奉献、牺牲精神。按照自己内心的体验、良知等天然的自性和后天的认知、信念来做人，勇于选择，敢于担当，置生死于度外。这些悟道与萨特提倡的"自由、选择、承担"不谋而合。

两者的区别在于萨特的自我中心、骄傲、自恋特征更加突出，王阳明自带的儒家精神隐忍、辞让、羞耻、恻隐等良知特征更加突出。萨特是我行我素做自己，忽略了自己与波伏娃之间的爱情，忽略最爱自己的人内心的痛苦。王阳明是勇于奉献爱民众，过度善良和辞让，不会爱自己。作为局外人，惋惜王阳明的英年早逝，痛恨封建王朝的腐败，嫉贤妒能。王阳明自己，却并未带有多少遗憾，因为他不仅倡导了阳明心学的理论和理念"觉世行道"，让阳明心学造福人类心灵，而且他用一生的"知行合一"完成了自己的"心之理"，做一位勇敢的侠儒，遵道守儒。

心学认为，每个人都有自己的人生准则，都有自己的良知、自己的信念，心学不是让我们参照王阳明的信念去过，是按照"致良知"的人的本性感知去生存，敢于认知自我、认知自己的阴影、认知自己的不安全感、认知人生的意义，方可做到知行合一。

四、超越存在思想的哲学

《六祖坛经》、阳明心学思想不仅包含了存在主义思想，同样包含了知觉现象学、积极心理学、康德美学的理念。阳明心学"岩中花树"的论述如同《六祖坛经》的"心物一体"，就是倡导"物"自在，意之所在便是"物"，心意所关注的对象就是物。从"物"自在角度看，"存活只是暂时的，死亡才是永远的归宿"特别有道理。心学倡导内心自在体验的人生，珍惜活着的当下，敢于直面死亡的人生，静思死亡意义的人生。心学从思辨存在、改变认知，走向了感官的知觉决定内在体验，内在体验承载着"致良知"的本能，由知而激发行，做"知行合一"的良知者，如此，决定人的存在，决定生命的意义。这部分类似和超越了存在主义梅洛庞蒂的知觉现象学的观点"存在就是被感知"。

梅洛庞蒂和萨特是同时代的存在主义哲学大师，是萨特亲密的战友。后期两人产生了存在主义理论的分歧，梅洛庞蒂提出新的知觉现象学，结合康德的美学理论，强调人的主客观相互作用的动态能动性的体验知觉。在梅洛庞蒂看来，知觉不仅仅是一种对外在环境的内在感知，也不仅仅是有意识的思想。梅洛庞蒂说："在我看来，我的知觉就像一束光，它在事物所在之处揭示事物，并且显示出它们直到那时还潜在的在场。"这是什么意思呢？知觉是知觉者此时此刻所经历的内在状态的总和，是一种当下的内在体验的总和，它具有意向性、体验方向性和超越性。知觉产生于事物对身体、身体对心灵的作用，而且这种作用是相互的、辩证的。知觉对象分为三个层次：自然世界、文化世界和生命意义。而最高级的当然是生命的意义，梅洛庞蒂说，言谈举止、劳动行为和穿衣打扮，这些活动并没有固定的意义，我们只是参考了各种生命意义才能理解它们。比如，儿童最迷恋的首先是各种面孔和身姿，尤其是母亲的面孔和身姿。当然儿童知觉到的，不仅仅是客观的物理事实，而是母亲的面孔、表情、身姿背后的生命意义，母亲的生命意义投射到孩子的感知系统，并且经过孩子自我意识的加工，产生新的生命意义。新的生命意义同样反馈母亲和周围的人、社会，影响着他人的生命意义，钩织着每个人和整体的生命意义。

人类的行为不再是一种物质性的实在，也不是一种心理的实在，而是一种"既不属于外在世界，也不属于内在生命的一种意义整体或者结构"。也就是说，每个人的生命意义不专属于你自己，它既属于你自己，也属于家人和社会。每个人都没有绝对的权利否定自己的生命意义，没有绝对的自由去毁灭自己的生命。每个人的生命意义不仅是思辨或认知出来的，更需要靠亲身的体验、感知来获得的。

赫尔曼·黑塞，德国作家，诗人。黑塞曾经患有抑郁症，在荣格的心理治疗帮助下，走出了抑郁的阴影。黑塞曾因《悉达多》获得诺贝尔文学奖，其中蕴含着荣格无意识意想理论、主观唯心哲学、佛学、道家的思想。作品把释迦牟尼世俗的名字乔达摩·悉达多拆解为两个人物，一个是已经成为众人崇拜的佛陀乔达摩，一个是坚信自己可以成佛的悉达多。这样的设计就是参照心理学的理想化的自己（乔达摩）和现实的自己（悉达多）。

　　文中描写悉达多立志寻找内心的真我阿特曼，实现无我和永恒的灵魂（道"存在"）。经历了受苦的沙门生活，学会了思考、等待、斋戒技能，但仍然找不到真我。悉达多放弃跟随佛陀学习，想另辟蹊径体验人生百态寻找真我，但现实是他沉沦于财富和情爱的奢华生活，陷入自我迷失，内心后悔愧疚、纠结并自责。悉达多企图在河边自杀，河水的声音唤醒了他寻求真我的信念，使得他得以重生。重生的悉达多在自然随性的摆渡生活中，体会到不是所有以爱为名的感情都是对的。直到他体验到情感分离的痛苦，方才感悟到一切人生的经历都具有存在的价值。他彻底摆脱了修习经义，从凝视万物中获得启发和力量，尤其是凝视流动的河水（自己的无意识）。在漫长的老年时代，他栖居于河畔，彻悟到了时间和爱的奥义。时间并非一去不回，它是过去也是现在；爱并非占有，也是包容、放手；最重要的是，万物既是确存也是虚妄，既是未生也已湮灭，既存善也藏恶，此即为"道"存在，万物即圆满。领悟至此，一位完人成为佛陀。

　　《悉达多》书中的河水意指人的潜意识，渡河进城相当于入世，进入有意识的有欲的状态。悉达多的朋友乔文达追随理想化的佛陀乔达摩，一直未能开悟。悉达多不愿意受制于理想化教义或者内心的权威，叛逆地选择自己的修行之路，但是，在和自身私欲搏斗中，差点被世俗的欲望吞没。在乔达摩这个理想化的自己去世之后，相当于放下了理想化的自己的牢笼，现实的自己在无意识的世界里帮人摆渡，在斩断最后的情愫之后，放下了本能的自己的需求，他成了意识和无意识的摆渡人。悉达多通过与自己无意识地对话沟通，通过感官去感知了生命的真谛，成了乔达摩·悉达多，既拥有了完整的自己，又把自己融入了河水和山川。

每个人探索自我和超越自我的路径都可以不同，可以是乔达摩的自我认知创意的模式，可以是摆渡人瓦稣迪瓦（vasudeva）爱他人的模式，可以是悉达多经历五味杂陈的情感体验后升华。过度追求无上的境界或者绝对的幸福，本身就违背了修行的自性、皆空和无我。作为现实的人，悉达多最终通过自己的体验，获得了内心的安宁，找到了"我"又失去了"我"。

黑塞用自己人生波折的经历，告诉大家打开全身的器官，去感知这个世界，去体验应有的天命，学会接纳人生已经发生的一切，放下对将来不可预测的期待，爱自己、爱他人、爱世界，就是生命的意义。

中国哲学思想儒释道均包含着存在主义的核心精髓，而且给出了如何存在、如何选择、如何自由、如何解决荒诞人生的心理路径，更重要的是具有超越西方存在主义的内核良知。中国文化的悖论思维，就是化解"道（存在）"原本包含或演绎出的矛盾体的万能钥匙。每个人内心的理和信仰，由每个人自己的心控制，生命的意义由自己定义和赋予。每个人自身的经历体验，只有自己能够感知，但不是自己可以控制的。生命的意义来自感知，却不能自控。生命意义的可定义和不可控本身就是矛盾体。悖论思维结合积极感知体验，结合中国特有的"不二法门""致良知"精髓，能够化解每个人生命意义的矛盾体，在体验和行动中融为统一体，成为不断超越的自我。

第三节
个体如何看待生命的意义

一、不同年龄阶段的个体，如何看待生命的意义？

道无处不在，但是，每个人主观认识和感知生命的意义不同。不同的年龄阶段、性别、工作、家庭成长经历、社会环境中，个体存在不同的生命意义。从人的发育心理学和生命周期的角度出发，个体在的不同生命阶段会产生不同的生命意义，其中插入了夫妻情感和谐、社会分工不同、工作本身带来的生命意义。

1. 1～2岁半前：个体主要拥有遗传的集体无意识，独立自我意识形成期

自我意识还处于和母亲意识连接的共生状态中。此时期生命的意义就如同"道"一的混沌、未开的状态，自我意识未能形成，自然谈不上自我感知和认识生命的意义。但是，生命的意义本身就天然存在，孩子的生命意义从受精卵就开始了，母亲的生命意义映射出爱的情感、哺育行为的表达，是化开婴儿混沌之气的阳光，通过孵化和激发，最终"一"生"二"，形成个体的自我的意识和无意识。父母给予孩子爱的生命意义，孩子的潜意识就会形成被爱的体验，产生安全感，形成孩子今后自发地爱自己、爱他人的生命意义。在孩子自我意识形成前，婴儿显得特别无我，表情天真烂漫，人见人爱。孩子这种美好的存在，这种需要被爱的存在，给原本无力或者无意义的抚养者增添了无穷的新生意义。

近些年，中国年轻妈妈们怕抚养得艰辛或忙于工作应酬，哺育孩子的任务常常交给了月子中心、保姆或者爷爷奶奶。孩子的自我意识得不到较为充分的滋养，就会容易呈现偏执、孤独和孤僻的个性，严重者会患有孤独症等症状。研究显示，孤独症发病率较三十年前明显增加，发病率增长接近十倍。没有母爱的婴幼儿，共生体验严重不足，自我意识形成不良，在今后成长中容易出现否定自我或者忽略自我的现象。从精神分析角度看，由于缺乏母爱的共生阶段，青春期孩子在情绪不安或者波动时，就会出现拒绝饮食或者不自主呕吐的现象，表达自己的叛逆。临床常见的神经性呕吐、厌食症表现的拒绝食物，深层次心理根源就是拒绝母爱，自虐内在的自我。因为自我意识不健全，自我攻击的感受不强烈，厌食症、贪食症患者即使知道会导致发育不良、性发育特征受到损害，甚至陷入生命危险，仍然会义无反顾地催吐、拒绝食物。

可见，没有主动认知、表达生命意义的婴儿，同样具有感知生命意义的本能，而且这个本能是如此强大。婴幼儿得不到爱，将在自己人生中不断地索取，父母今后必须不断地偿还。厌食症的自我折磨，表面看似虐待自己胃肠和身体，实质上潜意识是把"食物"当作了"母爱"，把自己的身体当作了母亲，在不断地埋怨母亲，嫌弃母亲不良的爱。

2. 2岁半～6岁：自我意识开始逐步显现，知道区别"我"和"他人"

这个阶段的幼儿开始有了自我体验和自我意识，因为自我意识的弱小，对无意识的控制和压抑极少，集体无意识和个体无意识的本能较多出现。幼儿表现为直接情感的表达，痛就会哭，开心就会笑，饿了就会要，掩饰性较少。由于主要是本能的无意识表现，如害怕高、被责备，对个体、群体和社会外界事物的认识有限，生命的意义同样模糊不清。孩子在痛苦时，较少会用语言表达无意义，但是，会表达不开心，活着没有意义的表情、情绪和行为。

在临床中，就有这样的儿童抑郁来访者，在幼儿园受到校园欺凌，家长不理解，对孩子给予较多否定并立规矩，同时过度压制孩子的天性，也就是压抑孩子的无意识表达，自体形成不完整或破碎，孩子就会表现出情绪低落、自我伤害、委屈退让和一些怪异行为。曾经遇到一个 6 岁的孩子，在痛苦的本能被激发下，告诉我"活着没有意思，不想活了"。

6 岁前的学龄前儿童，原本是最自由、最开心、最活泼、最可爱的，但是，这些年课本知识教育的过度前移，"不要输在人生起跑线上"的错误理念，促使家长们过早关注孩子文字、算术等知识的学习，拔苗助长的教育理念忽略了孩子自然天性的发展。让本该在自然世界中体验自性的发展，本该在亲情爱抚下体验的安全感，本该培养的挑战身体极限的勇敢，本该享受同伴之间的欢声笑语，都统统缺失。孩子的自我意识得不到较好发展，基础不安全感突出，敏感、多疑、胆小、怕事、回避、焦虑、死板、教条、完美、偏执等不良个性逐步形成。童年痛苦极易导致丧失建立人生生命意义的机会，走向黑暗、扭曲、反社会的人生道路。

案例 11

王慧，女，19 岁，因为残忍虐待动物和自残被家人送来心理治疗。王慧小时候父亲工作繁忙，极少回家。母亲为了工作，把她过早地全托给了幼儿园，极其缺乏父母的关爱和爱抚导致的不安全感，造成王慧在幼儿园被同学欺负、嘲笑。她不敢反抗、不敢哭诉，回家告诉母亲，母亲给予她"礼让的儒家思想"教育，让孩子只能更加委屈和讨好欺凌者。

在童年的生活、学习过程中，王慧感受到自己的弱小，从小就学会了压抑自己的情感，不表达自我的愤怒，不断愧疚和后悔，向同学们过度地道歉。王慧每天都会说十几次到几十次的对不起，并且向对方低头鞠躬，行为怪异。幼儿园和小学时期，她还可以获得部分人的赞许，减少被欺凌。但是，在初中和高中时期，王慧仍然被部分同学不断地欺凌和耍弄。

长期的心灵压抑和扭曲行为，导致王慧向内的愤怒逐步转化为自残并向弱小的动物发泄。询问王慧的人生意义，她回答：黑暗和痛苦就是人生意义，自虐会让自己感到一丝还活着的快感，残害动物血腥的味道让她有兴奋感受。这些变态怪异的行为支撑她活一天算一天，麻木是她生活的常态，放纵生活和享乐只能减轻麻木。

5岁开始，孩子的自我意识基本形成，恋父恋母情结就会自然发生。异性别父母的陪伴、呵护、相互依恋是形成孩子情感安全感的必要条件。缺乏此时间段的异性别父母的爱，就会产生相应的社会不安全感和情感不安全感，尤其是对其今后与异性别接触的安全感会受到破坏，爱情或者婚姻会遇到迷茫、扭曲或者拒绝等问题。

3. 7～12岁，最具活泼、随性、开朗性格的少儿阶段，现在已经成为早期叛逆阶段

早期 7～9 岁，首先继续发展俄狄浦斯的恋母恋父情结，同时适合培养孩子的勤奋、努力、自律的精神。后期 10～12 岁，叛逆的早期，适合培养孩子的爱好，自尊和是非观开始形成。这个时期，孩子比较喜欢强调自我，想要脱离父母的管控，实现独立，得到家长的鼓励和认可，需要充分的平等和尊重，需要保护自尊。家长在适当的范围内，需要给予孩子充分的民主，满足他们对自我意识的需求。按照既往经验，东方式的严格管教包括体罚、责备等批评式教育，在此时期体现最为合适。但是，时代的发展和信息流的增大导致东方式教育常常收效甚微，西方式赞赏性教育反而被孩子们接受。

究其原因，既往中国儒家文化深入人心，社会风范和运行规则蕴含着礼义仁智信。随着经济的发展和物质生活的提高，西方社会运行机制的融入，尤其是经济运行机制的西化，书本上的礼义仁智信与现实生活工作中的海盗文化或者森林法则产生极大的冲突。家长们在物质匮乏时代，为了活着，人本能的生存欲望常常可以战胜批评式教育产生的危害，甚至，孩子在被父母批评中历练了"厚黑学"的本领，更加适应社会的森林法则。现代社会，物质条件极大丰富，孩子感受不到饥饿和生存的威胁，他们需要丰富的精神食粮，渴望早点独立、自主、自由、自尊。很多孩子在 8 岁以后就逐步开始阅读艺术、心理学、哲学的书籍，较家长们提早了至少 10 年。既往成人才思考的很多问题，现在 10～12 岁的孩子已经在思考。比如，我从哪里来？到哪里去？宇宙有多大？我们的灵魂是否可以穿越宇宙，去黑洞的世界？人死了会怎样？等等。

这个年龄段孩子的认知能力和分辨能力虽然已经有了明显的提高，但是他们很容易受到周围环境的影响，如果家长不进行适当的引导，孩子可能会随波逐流，他们的口头禅就是："别人都可以这样做，凭什么我不可以？"传统指责批评式教育常常让孩子过早地产生叛逆心理和行为。在孩子需要丰富精神食粮时期，家长们却在泼冷水，进行直接强制或者情感绑架，控制孩子按照家长的人生观、社会传统来学习、生活。孩子就会运用他获得的知识不断在内心、在背后对抗父母和权威。

案例12

小刚，男，12岁，初一，因游戏成瘾来就诊。小刚从小聪敏乖巧，爱好读书，学习成绩优异。按照孩子爸爸的讲述，小刚从小什么书都读，青少年必读的《童年》《世界名人传》《绿野仙踪》《格林童话》等都已经读过，同时阅读了爸爸妈妈的书籍，包括《史记》《悲惨世界》《红与黑》《钢铁是怎样炼成的》《禅学》《悉达多》《蛙》等，家里小刚读的书可以堆满一面墙。小学时期，母亲在生活上溺爱有加，同时不断增加孩子学习的内容和要求。比如，小刚，你已经是全班第一了，努力努力就可以全年级第一；你已经全年级第一了，报名参加竞赛，争取全市第一，再争取参加全国竞赛，拿个奖杯。

小刚小学时期，乖巧地顺从妈妈的指引，拿了一个又一个奖状和奖杯。妈妈的期待被一个又一个地实现，新的期待随之而来，再次强加到孩子身上。每当孩子想休息、玩耍时，妈妈就开始指责孩子，又在偷懒了，语重心长地告诉孩子"强中自有强中手""不要骄傲"，同时讲述龟兔赛跑的心灵鸡汤。

有时，妈妈又会情感绑架孩子——妈妈一直陪伴你学习，连工作都辞了，就是想照顾好你，让你学习优异，出人头地。小学6年级，小刚已经感受到学习的压力和对学习的厌烦，时有拖延作业的现象。小学毕业，小刚以较优异的成绩考上重点初中的重点班级。初一开学不久，测验成绩只有全班中等水平，妈妈的指责和鸡汤再次袭来，孩子自己也感受到周围人的鄙视。对学习的焦虑感不断产生，周末一次偶然机会，小刚玩起了手机游戏，越玩越开心，拖延了写作业的时间，被妈妈严厉批评。小刚当时心想："我的同学都有玩，我为什么不能玩"，于是，继续偷偷摸摸带手机回学校，在住校的宿舍里玩。

在游戏的世界里，小刚找到了被认可的感觉并获得了"奖赏"，找到了自由感和自己说了算的生活，沉迷于游戏之中。当家长发现孩子手机不离手、游戏成瘾时，软硬兼施，却始终无法把孩子从游戏中拉出来。这期间发生过家长没收手机、砸手机的冲动事件，小刚表现闭门不出、绝食，甚至不上学的威胁对抗行为，学习成绩自然成了班级倒数。来访者后期出现必须满足他的游戏时间，否则就以死相逼的行为，同时还出现数次自残行为和激烈地对抗父母的行为。

心理治疗期间，小刚的知识面丰富，强调为什么不能做自己，自己打游戏同样可以有成功的人生，可以参加电竞比赛。如果不是父母阻止自己，他的技术肯定很好了，未来可以出人头地。谈到小刚生命的意义是什么？他的回答："有充分的自由，出人头地，做人中翘楚。"我问："如果不能出人头地，怎么面对？"他回答："那还有什么活的意思，不如早死早超生。"

此时期，孩子的生命意义受到家长极大的投射和影响，带着这种人生观生存，内心无意识的儒释道精神和海盗文化的冲突不断呈现。小刚被"不能不被认可、不能不做第一、不能接纳自己"控制，需要绝对的自由，绝对的全能控制感，否则宁愿毁灭自己，否定人生的生命意义。

4. 12～18岁，传统的叛逆期，人格形成确立期，逐步走向完全独立的成人阶段

12岁开始，青少年生活的重心开始从原生家庭的依赖依恋关系逐步走向社会人际关系。他们从爱好学习走向被社会权威评价的关系中。现实生活中常常充满大大小小的矛盾冲突，人生的道路常有阻碍和曲折。此时段，当受到挫折时，青少年容易产生情绪的过度表达。他们特别在意自己的外貌、面子、成绩、自尊等，为了保护这些他们自认为重要的东西，常常三五成群，抱团取暖，这样的人际模式较为多见。同时，他们需要具有特立独行的体验和被关注的需求，容易产生攻击和被攻击的行为，校园欺凌的发生率最高。当青少年被嘲笑、孤立、欺凌时，就会产生羞耻、压抑、痛苦；当被好友泄密、抛弃、污蔑时，极其容易产生悲观失望、妄自菲薄、委曲求全、极端愤怒，原本人生中的光明和温暖及令人鼓舞的人生意义就会突然消失殆尽。另一方面，欺凌者、胜利者或者是被认可的青少年，容易出现忘乎所以、妄自尊大、过度自恋的现象。他们生命的意义就变为目标化再目标化的人生，把自己的快乐凌驾于他人的痛苦之上，或者过高地估计自己，好高骛远，结果却所愿不遂，最终郁郁寡欢，同样失去生命意义。

此阶段，第一个主要任务为培养在社会关系中待人接物的能力。在家庭中，父亲通常带有较多的社会角色，父亲是孩子社交技能的主要学习来源，因此，父爱和父亲的高质量陪伴就显得尤为重要。当今社会，成年人生活、工作压力倍增，同时，中华传统文化中包括男权主义、严父慈母的理念，父亲自身恋母情结未能完成，导致父爱的给予严重缺失。如此社交障碍时常出现，青少年和周围的人较难建立起良好的关系。在学习、生活中，这样的青少年逐渐形成敏感、多疑、担心、焦虑、后悔、心胸狭窄、绝对公平性、委屈、讨好、过度善良的不良人格。社交不安全感的孩子，容易嫉妒别人的长处和挑剔他人的短处和缺点。在与人的交往中，感到他人处处与自己过不去，难以信任尊重他人，轻易对他人表示愤怒或怨恨的态度。这样，就会很少有好朋友，使自己陷入落落寡欢的孤独之中。

第二个主要任务是学习接纳权威的指责和评价，确立性别角色的特征和发展。心理学角度就是接纳自己的不完美，又敢于与权威据理力争，能够通过不断地成功叛逆，成为具有独立精神世界的自己。在东方儒家文化的长期浸染下，尊师重孝成为青少年的道德准绳。在现实中，孩子们被绝对理性和道德准则控制与捆绑。父母、老师、成绩、规则等都成为不可违背和叛逆的权威。人生的意义属于精神意识范畴，本身带有自由性、动态性和创新性的本能，这是"道"存在的自然本性。

青少年在叛逆期，生理性的激素处于生命周期的最高峰，情绪、思维、行为的波动性较高，主动控制力较弱。青少年的自我意识已经成熟，自我的精神世界需要获得自由、独立性、创新性体验及被社会的各种权威认可的体验。青少年代表着新生一代。新生一代的精神世界与老一代的精神世界和其制定的客观准则，自然会产生矛盾和冲突，这本身是人类生命意义动态发展的规律和必然。新的自我意识接纳和突破旧有的社会道德规则，在矛盾冲突中转化、融合，再发展出新的生命意义。因此，青少年叛逆期容易或者必然与外界客观世界和生活中的事件产生矛盾和冲突，在冲突中，通过成功叛逆，甚至延迟性的叛逆，成长自己，形成个体独立的、新时代特有的精神世界，其生命的意义同样具有新时代自有的特征[1]。

然而，现实世界青少年人性的创造性和果敢性常常被压抑。在当今社会"阉割"式文化的意识形态下，过度赞赏理性文明，男孩子调皮、阳刚、果敢的特点受到较大的打压，女孩子懂事、自律、好强的性格得到赞赏。社会男女性别特征的差异化在逐步缩小，中性化特征例如奶油小生和刚柔之美成了时尚。如果原生家庭的夫妻情感冲突、孩子亲密关系体验不良，妈妈过于强势并经常打骂，爸爸过于软弱和退让，容易造成男孩子性别角色模糊，走向同性恋或者性别转换；爸爸过于懦弱或暴躁、虐待妻女，妈妈无力呵护孩子，女儿则容易走向同性恋或者性别转换。因为性别角色和性别的转换，人生的意义自然就会产生变化。如果生活在家庭和社会都不认可的环境中，个体本能和自性的压抑，就会造成痛苦的体验，生命意义发生较大改变。如果能够在性别混乱的早期调整原生家庭的情感表达方式和情感关系结构，是有较大的机会修正性别角色和性别转换的动机，回归原本自身的自然和自性发展。

因为网络信息流庞大，人类获取知识更加便捷，社会交际更加频繁，早恋现象盛行。在青少年12岁左右，他们中一部分人就已

---

[1]　周伯荣.重建幸福力［M］.广州：花城出版社，2021.

经开始恋爱，16 岁以后，恋爱现象更加普遍。原本在大学开始的深层次情感交流，部分前移到了青少年期。青少年期早恋的情绪波动常造成学业波动，家长时常加以干涉，导致孩子们的叛逆更加激烈。毕竟孩子的"三观"没有较好地形成，恋爱期产生的相互矛盾容易激化，这是导致现代青少年情绪障碍和感到生命无意义的原因之一。如果家长、老师给予合理的疏导，循循善诱，孩子们在早恋中可以获得和其他孩子不一样的能力，如善于察言观色、表达和分离情感，主动培养和树立自己的"三观"，抗挫折能力增强。

原本存在基础不安全感的个体，在与现实世界各种权威碰撞的过程中，容易激发原有的自卑心理，表现出过于低估自己，却又常常错过了近在眼前的有利机遇，使自己终生一事无成，并经常处于自苦、自危、自惭、自卑、自惑等不良心态的困扰之中，甚至走上自毁的道路。在此阶段，如果能够善于控制自己的情绪，经受起悲痛、欢乐、失望等刺激，在痛苦的经历中学会抑制内心情感的起伏并保持情感状态的平衡，以求有效适应社会，在磨难中学习自制力，培养自我疏导、自我超脱的能力，从而实现自己独有的人生价值和意义。在 16 岁之后，青少年需要学习基本哲学和道德的理论，使自己变成一个具有朝气的、高尚的人。尽可能做到心胸开阔，知足常乐，不患得患失，不自寻烦恼。

此阶段，青少年的自我意识成熟，基本完成道德观、价值观的塑造，初步建立人生观。在人生的长河中，他们已经具有培养社会交往能力，接纳不完美的自己和不完美的世界的能力，具有确立性别角色，发展自己亲密关系的能力，具有创新自己的人生价值观，突破原有家庭和社会规范的新生能力，开始感受成为我自己的意义。很多人在青少年时期没有找到生命的意义，成人之后，生命的意义还会受到各种外部条件的影响，这些影响有时是深远的。

5. 18～28岁，青年期，传统的恋爱、婚恋期，人生观开始形成，道德观、价值观不断修正的阶段

在现实生活中，此时期就是读大学、研究生、博士生等求学阶段，学习社会技能，深化自己的专业爱好，融入社会的工作体系，为自己、为社会添砖加瓦。因此，此阶段的生命意义，就是建立新的深层次情感，作为独立的自己体验被爱和爱的互换，同时，开始体会社会工作的意义。

爱情是美好的，爱可以让我们摆脱孤独，得到安全感。早恋的孩子，通常是在原生家庭缺乏被爱的体现。在原生家庭中爱的体验较多的人，通常喜欢独处，早恋的发生率较低。在恋爱中，亲密关系的体验可以打开原本较为封闭的感官和身体的知觉。在爱情婚恋期，感官带来的生命的意义与思考形成的生命的意义，时常相互碰撞，交织在一起，形成自己独有的生命意义。

像中国革命时代，年仅23岁的周文雍与24岁的陈铁军，因为革命工作需要，假扮夫妻。他们在生活中建立了爱情，在革命工作中感受到"三观"的统一，思考着各自生命的意义。广州起义失败后，1928年2月6日，他们在广州红花岗刑场举行了悲壮的婚礼，从容就义。"让这刑场作为我们新婚的礼堂，让反动派的枪声作为我们新婚的礼炮吧！"这是电影《刑场上的婚礼》的经典台词，电影里主人公的原型正是周文雍、陈铁军夫妇二人。在爱情的滋润下，人的心灵得到成长，原本害怕的东西都变得渺小了。

匈牙利诗人裴多菲创作的诗歌《自由与爱情》中写到"生命诚可贵，爱情价更高，若与自由故，两者皆可抛"，表达了爱情和

由在生命中的意义。

人类的爱情不像动物一样，仅仅为了繁衍后代。爱情是两个原本具有生命意义的个体，把自己的灵魂与对方交融，把自己的生命意义与对方交织，重新绘制成超越个体的新的生命意义。从精神层面看，爱情的"二生三"就是情感体验更加丰富，生命的意义更加充盈。

人天生的不安全感，导致我们害怕孤独。长大后，朋友、亲人之间的相互信任、相互帮助继续为我们扫清孤独，而失去人际交往就会激发不安全感，使人焦虑发作，抑郁寡欢，死亡本能甚至被激发。失恋是此段时期最常见的人生挫折。当爱情失去时，痛苦自然是撕心裂肺的。

曾经有位失恋后的男生小王，无心学习和工作，每天风雨无阻地去给女朋友送上一束玫瑰，放在女生的房门外，其间女友反复拒绝，并且为了避免被骚扰，不得不多次搬家，他仍然执着地追求，最终女朋友屏蔽了他的一切联系和信息，离开去了另外一个城市。

在心理咨询中，获悉小王的原生家庭存在父母的情感不合。幼小时期，妈妈总是在小王面前诉说"要不是为了你们儿女，很想离婚"之类的话语，导致在恋爱中，小王一方面非常依恋自己的女友，一方面嫉妒心经常出现，怀疑女友对自己不专一，经常要求女友汇报在哪里、在做什么。

经过此次失恋，小王在过去的两年中，从希望到失望，再到绝望，爱情产生的人生意义被现实破灭，为此，久久不能走出失恋的阴影，痛不欲生，女友失联后，数次出现自杀想法或行为。

在心理治疗中，围绕如何接纳已经发生的现象，如何接纳自己内心的不安全感，如何在失恋中找到原来没有发现的价值，如何审视自己的"三观"，如何匹配亲密关系的"三观"，如何选择当下的工作体验不一样的人生，如何在将来的亲密关系中承担自己的角色等话题展开治疗。经过一系列的治疗，小王化痛苦为力量，直面了自身的阴影，修正了自己不良的人格，形成新的价值观和人生意义——"强扭的瓜不甜""让双方都舒服的情感才是爱情""只有相信配偶，才能拥有爱情""放下过去，才能体验今天的人生意义"。

6. 28～45岁，壮年期，此时期属于生育—亲子关系期，同时，为工作的黄金时段

婚恋中，随着新生命的诞生，第三种深层次的情感体验出现，生命的意义出现重大的改变。女性作为母亲，展示出母爱的天性，在哺育婴儿、在和婴幼儿互动的依恋过程中，学会照顾他人，学会辞让，学会耐心，学会怜惜，人性的真善美都较快得到成长。男性作为父亲，开始感受到家庭的经济压力，情感被疏远，容易出现不理解配偶、情绪激动的幼稚特征。由于早期不需要承担哺育的责任，相对缺少亲子依恋的深刻情感体验，人性中真善美的成长通常较女性缓慢。男性在婚姻早期常常还停留在我行我素、想做什么就做什么的个人自由状态，或者过于追求事业的快速发展，忽略或较少顾及孩子和配偶的感受。婚后夫妻人性的不平衡的发展，导致一旦进入三口之家的三角关系后，两人的情感的矛盾自然开始激发。原因在于，孩子的诞生容易激发夫妻双方内在原本存在的幼稚情感（俗称内心的小孩）不断暴露。

在家庭生活矛盾摩擦中，每个人的人格缺陷和阴影不断暴露，自己看不见内心的小孩，配偶看得到、感受得到，就总是想去改变对方的缺点。在这样的欲望下，配偶却不自主地呵护着自己内心的小孩，两股力量撕扯，情感痛苦体验增多，结果双方情感伤痕累累，原本美好的生活被蒙上了阴影。夫妻关系存在矛盾，造成孩子内心的不安全感，在成长期自然出现前面所述的现象。很多夫妻，在争吵中各自领悟了生活相容的技巧，学会了忍让或得过且过，把爱情转化为亲情。但是，早期给孩子造成的阴影和创伤，在孩子青春期或多或少都会造成情绪爆发。在帮助孩子恢复、重建生命的意义时，父母可能才意识到自身存在心理潜意识问题。通过家庭成员这面镜子，父母可以看清自己内在的小孩，修正自己的缺点，直面内心的阴影，学习配偶的优点，双方自然可以心贴心地重新走到一起，爱情的"第二春"可以再次培育，孩子的创伤自然也会随之修复。

在此期间，夫妻关系良好，不能等同于母子或父子的关系良好。很多成人内心没有成长的不安全感，在没有得到配偶的呵护和爱的滋养下，就会不自主地和孩子产生各种情感冲突。因为父母潜意识中没有获得期待的认可，就会把自己的期待强加给孩子，如，"我都是为你好""妈妈希望你考上名牌大学，就能衣食无忧了""哪个家长不期待自己的孩子成绩优秀"等。这些都是在中国最常见的亲子教育模式下大母神式爱的语言。

产生这些现象的原因是中国既往批评式教育极难满足孩提时父母内在被认可的需求，潜意识中总是感到自己没有达到被认可的标准，对人生存在较多不满意，不自觉地把这些不满足投射给了下一代。孩子背负着父母的期待，一旦实现不了，就会感到压力倍增，愧疚于父母，感到沮丧，容易丧失生命的意义。这样的父母为了孩子能够专注学习，除了学习，凡事包办，把自己生命的意义强加给孩子，寄希望通过孩子的成长满足自己潜意识的需求，导致父母背负着孩子的人生在生活。

这个时期，父母们常说的一句话：活着就是为了孩子们能够有个好工作，有个好婚姻，有个好家庭。询问有没有想过为自己活，回答是：等老了，能够健健康康多活几年就是为自己活、为孩子们活等。可见，儒家四端的精神已经深入日常百姓家，亲子关系总是不愿意分离，辞让精神在家庭中同样存在，爱他人在先的精神体现突出，唯独缺乏了爱自己。在生活中，还有很多父母自身潜意识需要被照顾，就会忽略孩子需要陪伴和情感沟通的需求，造成孩子被忽略的创伤；自身潜意识存在反抗被控制或者争强好胜，就会不自主地控制孩子的各种行为举止或嫉妒孩子；自我潜意识存在自卑心理，就会不自主地要求孩子多忍让。父母自我潜意识的阴影一定会不自主地投射到孩子身上。在生活的情感、思维、决断的碰撞中，通过各种伪装，如权威命令、说教指责、心灵鸡汤、情感绑架、数落埋怨等，让孩子受到被控制、被压抑、被否认、被忽略、被嫉妒等不同的伤害，降低孩子此段的生命意义，也让父母自身的生命意义难以实现。

在此阶段，第二个重要的意义是工作的意义。人类的生存意义随着社会的发展而发展。集体创造和改造世界，需要集约化的劳动分工合作模式，工作由此诞生，并使人类具有独特的人生意义。工作让我们参与人类宏大的人生意义之中，人类最终需要突破地球自然的限制，自由地遨游太空和未知的空间。工作让我们介入改变当下生活的社会洪流当中，感受到自己的存在、付出和社会的价值。

在工作之中，我们可以暂时忘掉思考人生的意义，不再讨论精神与宇宙的关系，不再考虑终极真理，因为在此时，工作就是生活的全部意义。工作让我们有了和命运较量的勇气，通过工作可以获得生存资源和被认可的精神满足，这也足以减轻命运带给我们的巨大压力。

成功叛逆的四个条件：被社会认可、被父母重新认可、被新的亲密关系认可或被自己认可、重新认可父母，均与工作密切相关。被社会认可的实质就是拥有工作技能，拥有工作带来的物质生存资料，即社会生存能力。被父母认可的前提就是需要有工作，否则，作为啃老一族，没有哪个父母能够重新认可叛逆的你。没有工作，短时间会有人呵护和爱你，长时间没有人可以接受，因为总是没有工作，代表你的生命意义无法展现，你人性的懒惰无法改变。重新认可父母表面看与你是否工作无关，实质是父母有工作的状态，与你无工作的现状产生强烈不合，没有工作，即使父母曾经伤害你，你也没有资格谈论重新认可父母。当然这里需要说明，在家做家务也是工作。工作本身包含付出的价值和收获的价值。人存在的意义原本就包含爱自己、爱他人、爱世界。个体通过工作，可以实现这个美好的愿望。

但是，随着社会分工的不断细化，随着机器的进化，很多人开始感受不到工作的意义。因为工作需要的创新在减少，每天重复着枯燥的劳作，而收入低微，既与辛勤劳动的付出不成比例，也支付不了高昂的生活费。工作成了麻痹自我创新意识和感悟生命意义的麻醉剂。更令人担心焦虑的是，AI机器人正在不断地替代重复性、低智商的工作，"机器吃人"的现象难以避免。大多数人的工作对于生命的意义，开始局限于养家糊口，争取更多的生活资料，预防生老病死的灾难。

工作原本就是社会不同的分工，没有高低贵贱之分。俗话说：行行出状元，每一份工作都可以为社会做出贡献，每个行业的佼佼者都值得敬佩。在1964年全国代表大会上，国家主席刘少奇曾握着掏粪工人时传祥的手说："你当清洁工是人民的勤务员，我当主席也是人民的勤务员。我们只是分工不同。"这句话，给时传祥的人生增添了真善美的生命意义。时传祥的儿子同样继承父亲的生命意义，做了一位杰出的环卫工作者。在真实的世界中，分工不同，产生的收获不同，人性的私欲和占有欲被满足的程度不同。人内在的阴影不自主地显现，自卑、嫉妒、怨恨、自责、后悔、诬陷等不良情绪和行为间断出现，人生工作的意义被赋予了更多的义务和责任，甚至成了只是剩下满足内在私欲的工具，成了不得不做的负担。

深层次的情感除了以上三种血缘关系的情感体验，人类独有的利他精神和积极信念同样可以产生深层次情感。

此工作阶段，属于事业高成就和衰退拐点期。首先，找到自己所爱的工作，并在爱工作、创新的工作中，找到爱自己和奉献他人的平衡点。当然，深层次爱的流动和工作体验是相辅相成的。拥有家庭的情感和谐者，工作中的奉献精神和无畏精神通常更高。当你体验人生付出和收获的相互转化、相互融通，感受到付出的舒适，不在意收获的多少，才能进入自然、自省、自性的精神圆满世界。

7. 45～60岁，中老年期，是步入更年期、早期衰老阶段，工作提升瓶颈阶段，逐步脱离社会工作的时期

按照2020年世界卫生组织划分的生命周期，此阶段为中年人。50岁左右，无论男女，生理机能都会出现衰退迹象，并被自

己深刻地感知。《论语·为政》："吾十有五而志于学，三十而立，四十而不惑，五十而知天命，六十而耳顺，七十而从心所欲，不逾矩。"释义为我15岁开始有志于学问，到30岁，知书识礼，能够做事合于礼，到40岁，对自己的言行学说坚信不疑，到50岁，懂得世事发展的自然规律"天道"，到60岁，已能理解和泰然地对待听到的一切，到70岁，可以从心到身自由运作，而又不越出应有的规矩。此段古语，很好地表达了在两千年前，人生命周期的每个时间段应该实现的生命意义。

两千年后的今天，知识大爆炸的时代，社会结构发达繁杂，一个人需要学习的时间更长，心理成熟期被动延迟。三十而立延续到了四十，四十不惑自然延续到了五十。50岁的人对自己的生活信念坚信不疑，对自己为家庭的贡献感到欣慰，对自己的工作感到自豪，对自己的为人处世感到满意，生命的意义得以自我肯定。但是，不少人到了50岁，还没有建立自己人生的信念和生存的准则。有的人在工作上，为了仕途、为了微小的名利锱铢必较，甚至激发内在的恶，投机取巧、诬陷同事、落井下石、逢迎拍马、睚眦必报；有的人在生活上，成为浑浑噩噩、移情别恋、花天酒地、嗜赌如命、嗜酒成瘾满足私欲的人。在自我不满足的私欲中生存，同时，给周围的人，尤其是亲人带来不安和痛苦。之所以如此，是因为内在的不安全感和内在自我人格的阴影都没有得到直视和修正，人始终活在从外界摄取物质，填补本能的欲望、空虚和无聊之中。这样的人生，生命的意义同样存在，但是，生命的质量较为低下，对亲人的生命意义不良的影响较大。

那么，六十知天命是否可以做到？在当今追求物质和私欲的时代，多数人活在了自我目标化、追逐名权利的人生中。人们追求了利，想有更多的利，满足了利，又会追求名，即使满足了名，又会追求权。崇尚名权利成为社会的风气，学而优则仕，是社会普遍存在的生存法则和现象。最终有了名权利，又想要长命百岁。天命是什么？天命，语出《书·盘庚上》："先王有服，恪谨天命。"天命在《辞海》中的注解为天魂、自性、良知、本性，意思是天道的意志；延伸含义就是天道主宰众生命运。可见，天命不是后人解读的悲观命运或上天主宰命运的含义，而是表达道是"存在"的自然规律，是存在先于本质的思想。

人的一生包含了三个命：生命、使命、天命。多数人只是停留在感叹命运，害怕生命的终结的过程中。部分人做到五十不惑，坚定自己人生的使命，不断为他人奉献自己有限的光和热。少数人能够熟知"知天命"，但是能够做到知天命的人少之又少。从心理学讲，六十知天命就是自性化的自己的生长方向。《道德经》第七十一章"圣人不病，以其病病"，自性化的自己（圣人）没有思想意识上的"病"，这是因为能够直面自己的阴影，完整地活出了先天大我，准确地寻找到了发挥自己所能的位置和使命，绽放出了喜悦的生命。理想的自己是由自我到他人的升华、由主体到客体的升华、由个体到集体的升华、由集体到社会的升华、由社会到自然的升华，就是《道德经》第二十五章中讲到的"人法地，地法天，天法道，道法自然"的总体原则在个体意识发展中的具体体现。

8. 60～75岁，老年早期，继续发挥余热的时期

现实中，60岁知天命的人较少，多数人感叹命运悲哀，担心"生老病死"的人大有人在，生命本该有的意义却被忽略。老人总是泛化灾难性事件，绵羊效应的从众心理促使他们强化死亡焦

虑。珍惜生命是生命意义延续的根本，但是，整日活在焦虑和纠结之中，生命存在的意义难道只是长寿吗？研究数据显示，心理健康是寿命长度的正相关贡献率最高的因子，达 50%，自由和亲密的社交活动贡献率 20%，其余的基因，包括运动、生活饮食等贡献率30%。心理疾病抑郁症、焦虑症，将大大激发各种身心疾病，导致寿命明显减少。

9. 60岁之后，多数老年人的身体状况良好，可以继续进行原有的工作，学习新的爱好

重提年轻时没有完成的心愿，学习美术、书法、健身、武术、舞蹈，陶冶情操，增强"致虚极，守静笃"的能力，七十而耳顺的坦然处之才可能形成。在疫情防控进入新阶段后，一位女青年告诉自己的爸爸，自己的单位同事新冠"阳"了，她自己检测了两次都是阴性的，下班后准备一个人待在书房休息睡觉，避免万一感染家里的父母和孩子。没有预料到，爸爸却坚决要求自己的女儿不要回家，就在单位办公室将就着住几天，必须连续三天核酸检测阴性，才能准许回家。听到父亲如此的态度，女儿感到既伤心，又愤怒，又不解。怎么老人家这么怕新冠感染，这么怕死。在死亡的焦虑和恐惧下，六七十岁的老人，本来应该能理解和泰然地对待听到、看到的一切，可以从心到身自由运转内在的精神世界，而又不越出应有的规矩，做到"坦然、大度、温暖、利他、中庸"，成为年轻的楷模和榜样。不少老人们却丢弃了自己的恻隐之心、羞辱之心、辞让之心、是非之心。这些不安之心和私欲之心，其实会极大地损害老年人的免疫功能，导致易感染、易重症。按这样的人性的方式活着，即使保住了生命，也失去了生命的意义。

每个人都知道，生命是短暂的，活着是偶然的，死亡才是必然的。如果人类能永生，不必为死亡而焦虑，那生命的意义就会被搁置，因为人们有无限多的时间来放纵和挥霍。正因为有死亡焦虑的存在，人们才会认认真真地审视自己，思考如何在死亡的焦虑下探索生命的意义。法国存在主义和女权主义倡导者西蒙娜·德·波伏瓦的《人都是要死的》这部作品，深刻讲述了一个人总是死不了，而自己有血有肉、有情感的亲人恋人，一个又一个死去，感受到情感不断分离的担心、内心撕裂、无助和麻木。同时，自己求死不得，总是死而复生，感受到生命无意义的痛苦。此痛苦因为没有死亡，将会永远持续下去，变成了最痛苦的"天罚"。

10. 75岁以上，正式进入衰老期

有些人随着身体的衰老，精神世界同样衰老，表现出认知功能下降、痴呆、麻木、恐慌疾病和死亡，变得像孩子那么幼稚和无理。有些人身体的衰老与心灵、精神世界的升华完全不同步、不同方向。自性化的自己身体衰老的速度很慢，心理能够坦然接纳，并不断锻炼，精神世界能够持续丰满，不断升华，知天命、顺其耳、随己心，超越身体的自我，超越既往的自我，超越自然的限制，体验无我无为甚过有为有我的感受。生命的意义在老年期才是最好的体现。孟子提倡"老吾老以及人之老，幼吾幼以及人之幼"的敬老爱幼精神，除了孝顺老人，更包含了敬重老年人的生命，为家庭为社会奉献的价值和生命的意义。可是，作为老人需要学习自爱、自尊，尽可能自己照顾自己，敢于接纳孤独。

部分老人到老了，仍然存在强烈的私欲。

📎 **案例 13**

王利，78 岁，老伴去世后，要求四个女儿轮流到他家里做饭，女儿女婿商量给他找保姆，他坚决不同意，认为保姆不会用心照顾他，请来的保姆也被他赶出家门，必须孩子轮流来。即使孩子们去做饭照顾他，他也总是挑三拣四，数落孩子们不用心，经常发脾气。10 年后，老人已经 88 岁，四个女儿自己也进入中老年，请求他入住养老院，王利以死相逼，坚决不去养老院，也坚决不去任何子女家，要求孩子必须每天来做饭和陪伴，偶尔孩子们有事情没有来，就骂不孝，绝食不语。老人的认知功能基本正常，但是，固执、自私、自我为中心的特征明显。在心理咨询中，此老人是典型心智始终没有成长，逼着孩子们愚孝，内心深处就是怕被保姆虐待，把怕被虐待的意识投射到孩子们身上，形成了虐待孩子；怕在养老院不能死得其所，过度保护自己虚伪的自尊，忽略了孩子们的自尊。同样，一些老人面对生活整日焦虑不安，时时刻刻都需要有人陪伴在身边，否则就会惊恐发作。

人要勇于像电影《人生大事》的台词"人生除死无大事"的心态而生活。电影通过描绘从事殡葬业的父子矛盾展开，男主角"三妹"在经历了爱情破裂、被孩子"哪吒"依恋、叛逆父亲、感受直面死亡的心灵洗涤、感受到爸爸内心的爱等过程后，最终在死亡的危机面前，与父亲互相理解和认可。父亲想要一个不一样的葬礼，儿子"三妹"用礼炮把父亲的骨灰送上了天空，让他回归山川的怀抱，更是庆祝"爸爸了不起的平凡人生""可以值得欢庆的一生""方生方死、方死方生"。每个人，当你老去或将要逝去时，能够告诉身边的人珍惜生命，坦荡人生，直面死亡，这样的人生就是值得"击鼓而歌""燃放礼花"的人生。

二、不同性别的个体，在不同文化背景下如何看待生命

1. 男性女性生存意义的异同

传统的男性首先本能地想繁衍自己的基因。这种生命的意义来自雄性动物的本能，为了满足此本能，男性追求美貌的女性，实现传宗接代、养儿防老的人生意义，这是其自然存在的意义。为了追求理想化的女性配偶，男性自身就会不断提升自己，包括财富、才华、品位、素质等，而这一切需要通过工作来获得、体现。因此，男性比较重视工作的社会意义。在工作中体验为社会奉献的价值、人际交流，为家庭的物质需求提供担当成为多数男性的人生目标。当男性害怕或回避社会交往、疲于社会工作而丢失兴趣、失去亲人的温情而丧失工作的目的，都会产生人生的无意义感。同时，男性天性活泼好动，思维处于较为发散的状态，满足创造性的本能需求较高。在工作中，男性可以展示才华，满足自身本能创造性的幸福体验。男性的社会角色和功能可以帮助自己的孩子建立社会安全感，给予孩子大山一样的父爱，这是每个成年男性的人生意义。

父爱在不同的时间段展示不同的意义。在孩子未成年时期，父爱给予物质资源、力量展示、社会地位，让孩子感受到有依靠、有力量，为有父亲而感到自豪。在孩子成年后，父爱成为孩子内在的榜样，人生的目标之一。在孩子的中老年，其父爱仍在，老去的父亲是孩子自身爱的表达和人生想要超越的灯塔。男性表面看不是

情感丰富的角色，实际在其潜意识中，最需要情感的温存或者可以依赖、呵护的亲密关系。集体无意识通过代代遗传告诉男性，到老了，男性自我照顾的能力低下，需要养儿防老为其送终。内心恐惧死亡、害怕死亡折磨、担心死而无善终，导致男性害怕孤独。孤身一人的男性极易陷入人生的迷茫和无意义之中。历经沧桑的男性，心中有过爱恨情仇，都能够默默地放下。具有较强独立生活自理能力的男性，在老年或许可以潇洒人生。

传统的女性，本能地想为心爱的人养儿育女，所以，抚养下一代和相夫教子是女性的生命意义。夫妻两人共同打拼事业时，相互鼓励相互支持，但是一旦有了孩子，养育婴幼儿自然属于妻子，女性为此放下心爱的工作和朋友，成为居家妈妈。传统女性的人生意义总是离不开生育、哺育、养育、照料，其中包含着放下工作、放弃自己、委屈自己、顺从丈夫，也蕴含舍我、顾家、包容、爱他。女性的生命意义是伟大的，其来自她们为人类繁衍舍我爱他的精神。同时，女性的社会属性较弱，家庭情感属性较强，母爱对于孩子基础情感安全感的培养尤其重要，是一个家庭，乃至整个人类安全感的基石。失去母爱的人，将会失去安全感，整日惶惶不可终日，焦虑不安或好强好胜或懦弱无为，过着自己都不认可的人生。同样，获得家庭亲密关系的情感就是女性的生命意义。

东方传统女性的个体存在感较弱，一生都在为家人活。未成年前，为父母活，成人后结婚生子，为老公活、为孩子活、为公婆活。女人直到媳妇熬成婆，才开始报复性地享受几年"作威作福"的日子，生命的意义始终难以真正属于自己。万一不幸，丈夫早逝又无子女，要终生守寡，守住贞节牌坊。在安徽徽州文化区域，如宏村，就保留有大量的贞节牌坊村，彰显了那个时代女性悲惨的生命意义。失去亲密情感的女性，心如止水，自哀自怨，生命的意义就像音乐的休止符一样，戛然而止。失去母爱的人类，将会失去集体安全感，极有可能走向毁灭。

随着社会的发展，男权主义思想虽然至今仍属于绝对统治地位，但是，女权主义和人人平等自由的思潮不断涌现，人性的光芒已经照耀出新的人生意义。比如，追求心仪的配偶对象已经不是局限在外貌，而是更加强调内在的才华、道德涵养、心理素质。这些后天获得的资源，都需要在家庭、社会中不断学习，尤其在社会工作中磨炼形成。尽管郎才女貌还是社会的标准婚配俗语，但是，巾帼不让须眉的夫妻搭档也比比皆是。

女性的社会地位和在社会工作中的角色，已经出现了翻天覆地的变化。在国内初高中和大学阶段，优秀学生的女性占比和绝对数都已经远远高于男性。女性发育早、自律性高的特点，在现代教育模式下，导致学习和掌握知识的能力较强，甚至超越男性。在各行各业中，女性优秀工作者和女强人的比例也在逐步升高。女性感受到社会担当和社会奉献的意义不断增强，甚至超越男性。

在奥运会上，中国女子金牌和奖牌数都远远超过男子。在知识创新界，原本是传统男性主导的领域，而现在女性知识分子和科学家的比例正在迅速攀升。如今，女性已成为科技发展中不可或缺的重要力量。一项全球科研人员性别调研显示，女研究员的占比已经从 20 年前的 29% 上升到目前的 40% 左右。中国女科学家的人数增长更是令人瞩目，最新数据显示，中国女性科技工作者已占全国科技工作者总数的 45.8%，从 2016 年到 2021 年，女博士的数量从 39% 上升到 42%。女性的生命意义不再局限于养儿育女的家庭生活，女性的生命意义，因为社会工作的普及和深化，越来越具有社会属性的意义，拥有了传统男性原本拥有的社会化生命意义。

在遭遇婚姻危机时，具有社会化能力的女性选择离异和单亲妈妈的人数也越来越多。单亲妈妈只要社会能力存在，爱孩子的情感恰当，同样可以像和谐的双亲家庭一样培养出优秀的下一代。单亲妈妈的生命意义不仅寄托在孩子的成长和情感方面，同时也在自己追求的事业中。在兼具生育养育和社会工作的意义同时，不少女性感受到婚恋—家庭的束缚。在西方女权自由主义和个人自由存在主义的倡导下，拒绝婚姻或放弃生育或选择独居，已经成为部分女性新的人生选择，自由、自我、爱自己和爱工作成为女性新的人生意义。

数据显示，发达国家女性独身独居率已经达到20%左右，选择不婚不育的女性已经占有相当的比例。在中国，传统女性生育的生命意义已经开始受到挑战，独居不婚不育比例在逐年升高。随着经济社会的发展，人类的自我独立意识不断发展，社会化养老模式改善，依靠社会服务公司居家养老等，养儿防老的传统模式也被打破。国家统计局数据显示，2019年我国独居人口已近9000万人，独居率达18.5%，即全国大约每5个家庭中就有1个是独居家庭。发达国家独居率最高超过了40%，2015年美国独居率为28%，日本独居率为34%，而瑞典、德国、芬兰等国的独居率已达40%。已婚老人的空巢家庭在中国已经超过50%，部分发达国家达到近90%。独居人群、空巢家庭呈现城市化、年轻化。

新独居时代到来，呈现出聚集化、社交化、多元化的特征，独居分布走向城市聚集化，空间配套走向社交化、居住服务则更为多元化，独居经济兴起。这些时代的变化，因为生活的多元化、社交的虚拟化和社区的服务更加发达，减少了独居或者空巢带来的孤独和空虚，丰富了每个个体独自生存的自在体验，加之物质资料的丰富，知识、文艺等精神食粮获取的便利，同样填补着满足欲和无聊的空虚。这时，男性和女性的生存方式和追求发生趋同性。有的女性像传统男性那样执着于工作，有的男性像传统女性一样养儿弄孙，乐于"家庭妇男"的角色，有的女性天天健身强体，有的男性天天加入大妈的广场舞。个体存在的自由、自在、随性在当今社会已经展现。此时，很少有人思考"什么是生命意义"，对生存来说，如此活着就是意义。

男性女性生存的意义出现趋同和统一性。不同文化对人生的意义是否存在差异和统一性？

2. 东西方文化对生存意义的影响差异

文化作为集体无意识的主要来源，对生活在其中的个体生命意义具有极大的影响。世界文化博大精深，申荷永的《中国文化心理学心要》、汪凤炎的《中国文化心理学》等书籍具有较好的阐述。在此，简单描述一下东方的中国文化和西方的文化对人生意义的影响。中国文化的金标准，在易经、老庄时代就已经确立，给予生活在中华大地的儿女"圣人""理想化的自己""自我超越的幸福""天人合一"等超高的"天道"标杆。这样的理想化，凡间的人多数可望而不可即，变成了空中楼阁。

在老庄文化的传承中，民间逐步形成中国特色的悖论思维模式，为整体思维、形象思维、模糊思维、辩证思维、臆测思维、转换思维。《塞翁失马焉知非福》讲了这样一个故事。漠北一个村庄有位神奇的智者塞翁，在他丢失一匹骏马时，邻居都说"倒霉了，可惜了一匹好马"，他却认为"丢了一匹马，不一定是坏事，说不定是好事呢！"不久那匹马回到家中，还带回来几匹野生骏马。邻居们来道喜："平白获得几匹骏马，可喜可贺！"塞翁回答："那也未必是好事。"果然没过几天，塞翁儿子训练野马，被野马甩下马鞍，摔断了腿。这时大家见到，又说："还是塞翁说得对，得了野马成了坏事。"谁知道，塞翁又回复道："摔断了腿，也未必就是坏事。"大家都为塞翁的话感到纳闷。没过多久，漠北战争爆发，政府招募士兵。塞翁的儿子因为腿部骨折，没有办法参加，村里其他青壮年都去参军打仗了。战争的结局很残酷，多数参加战争的人都牺牲了，没有再能回到村庄。

在此故事里，不是表达塞翁料事如神，能掐会算，而是表达了凡事都存在"道"和"玄""玄之又玄"，即任何事情都存在无形的规律和矛盾，矛盾的好与坏，是对立的，但是，更加存在相互积极的转换。看待事物尽可能应用积极、平和、辩证、相对性思维思考，不轻易妄下决断。采用中国式的悖论思维，矛盾体可以迎刃而解，纠结不断的心理容易化解，生命的意义将自然呈现它应有的存在状态。

中国哲学家吴怡精通《易经》在实际生活中和生命意义的理论研究。他在《我与心——整体生命心理学》书籍中，提出：在东西方文化的发展中，为了使得老百姓的生存体验和"道"之间形成合理联系和沟通，各个时代的思想家、科学家创造出各种理论方法，把理论方法在实际生活中应用，期待顺应和遵循"天道"或者"上帝"。

东方的文化特点是"天道"立得太高，理论方法和实际应用互碰撞较少。现实表现为生命意义空谈的理论性较多，实际生活体验和应用"天道"的较少。老百姓在儒释道精神的耳濡目染下，形成了一套各自为政的人生实用主义哲学。回顾中国历史，在某些阶段，总是倡导仁义道德，公平公正，实际却背道而驰。

在平时工作生活中，儒释道精神内核并不为大众所知，大家感受到的是西方的管理机制、森林法则、海盗文化、狼性文化、拿来主义。东方文化的精髓常常为少数社会精英所有，无论为官者还是普通大众，在工作生活中，采用的是实用主义，服务于自我需求，满足自身私欲为主。社会交往中，人格面具戴得比较多、比较厚，违心的言语司空见惯，实事求是唱得多，但总是难以真实还原，不是做得偏左，就是矫枉过正，甚至违背"天道"而生存。比如，中国很多人可以同时见佛拜佛烧香磕头、参加基督教，向神父祷告，从事道家的"巫婆"仪式，化解晦气，似乎什么教派都在信仰，其实是什么信仰都没有，只是相信自己内心的私欲所求。拜佛是许愿保佑发财生子，祈祷是自我宽恕罪过，"跳大神"为了自己家人好运，都是为自己所为，并非信仰。

东方的文化，给予了社会东方的集体神韵和气质，东方人不轻易彰显自己、比较含蓄内敛、习惯隐忍委屈、暗自努力向上、做事完美一丝不苟、较为冷静和执着的心理素质，适宜于在困境中求生存。但东方人内心的潜意识存在儒释道部分精神，不自主地表现忍让、隐忍、委屈，实际生活却体验到海盗文化、你死我活的世界，两者不协调的体验在内心撕扯，容易导致东方人群的内心纠结和困惑。东方文化的"天道"高高在上，即使信佛的信徒，很多也不相信真正的"六道轮回"，更愿意相信现世现报，借佛保佑。东方人坚信现实世界的真实性和不可替代性，现实生活就是幸福，就是"生命的意义"体现。中国的哲学是一种人生哲学、伦理型哲学，自带心理学的理论和价值，适合个体调整心态，接纳现实，存活于现世。西方哲学是一种求知的学问，主体是自然哲学、科学哲学。中国哲学缺少西方哲学特征的认知思维、分析思维、逻辑思维、主客体二分思维、批判性思维、独立思维和积极创新思维。

西方特色的分析思维明确区分主体与客体、人与自然、精神与物质、思维与存在、灵魂与肉体、现象与本质，进而将两者分离、对立起来，分别对这个二元世界做深入的分析。这种思维方式虽有孤立、片面、静止研究事物的毛病，却比东方朴素的整体思维要理性和科学得多，从而在几个世纪内促进了西方科学的发展。但是，人性的发展和存在需要整体观和情感，脱离了东方文明的哲学思想，容易在追求科学的道路上迷失存在的意义和发展的方向，甚至过早地毁灭人类的文明。

东西方对待衰老和死亡的心态也截然不同。同样是老人居住在养老院，在东方是建立在山清水秀的城市偏僻之处，家人还会隔三岔五地视频通话或者拜访父母，带着汤水物品看望，一起聊天。作为孩子，如果探望较少，可能就会担心被熟人或者看护员轻视，或怕被评价为"不孝"。老人们渴望感受到家人的温暖，恋子情结较多，同时表现为对蹉跎岁月的感叹和无奈，较为害怕疾病和死亡。少数老人能够接纳自身的衰老、羸弱、死亡。

在西方社会，养老院通常是面对着城市的公墓，公墓意味着天堂。家人通常一个月或者数月探望老人一次，这是非常正常的现象。多数老人因为儿女过多来看望自己，会感到不好意思，担心自己哪方面做得不够好，或者认为孩子最近出了什么问题，需要找他来解决，表现出对生命的不服老和直面死亡的心态。这是因为，西方民众多数信奉有神论，相信上帝可以给予来世的幸福。

但西方精英层面多数属于无神论者，尤其是笛卡尔提出"我思故我在"的理念之后，强调个人理性意识，信奉科学理性逻辑，忽略"道""存在先于本质"，基督教反而成为他们生存的工具。人们坚信世界的二元对立论，绝对思维，强调客观化、方法论，过于强调理论方法的应用和正确，以及法律法规的健全。在心理学层面上，忽视了人的情感体验，忽略了"天人合一"的自然大道。作为人应该是独立的个体，随着年龄的增长，人的情感联结是相对独立、相对孤独的。在西方文明中，极端的个人自由主义较为盛行，我行我素、唯我独尊的风气弥漫。个体与个体之间本身缺乏情感，容易在矛盾摩擦中产生过度保护自身利益的冲突，先下手为强、能者为大的特征突出。西方文明从小强调随性教育，强调孩子天性的展露，过度赞赏孩子、夸奖孩子，实际的情感交际较少，主张彰显自己，标新立异、崇尚独立、自由生存的意义。孩子在学校容易相互冲突，各自为了自己的敏感的尊严相互争斗，不辞不让。东方文明弱势，被强势的西方文明挤压，导致在现实社会生活中追求"真善美""致良知""天人合一"的道（存在）不被重视。

随着东西方文化的交流，东西方文明在不断地碰撞和相互融合。近几年，拥有东方文明的人们开始越来越重视技术、方法论、科学论断，学习坦然接受现实社会的森林法则，敢于爱自己，做独立内在的自我，不强求兼爱、谦虚、隐忍、退让的儒家精神，不梦幻于难以企及的"自性""无我"的道家神境。在家庭教育中，开始从小培养孩子天性中闪光的点，发掘每个人的优势人格，顺应自身的特质，不再是"学会数理化，打遍天下都不怕"的时代，从事艺术学习和艺术创造的孩子越来越多，战胜内在的大母神，发展自己喜欢成为的样子，做自己喜欢做的事情，不自主地将传统"做人为先"转为"做自己为先"。

拥有西方文明的人们，早在尼采时代就在不断融入东方文明的精髓，如荣格对周易的研究，创造了集体无意识理论，目的就是唤醒过于"自恋""自我"的西方个体，感受个体的渺小，感受自然"道（存在）"之存在，感受人的自我整体性"自性"的存在。气功、太极、冥想、正念已经融入西方精英阶层的生活之中。他们把东方文明至高的"道"与自身原有的"术"进行了有机的结合，开始重视孩子的内在涵养，推广尊老爱幼，礼让文明，谦虚谨慎，不在于一时的得失，不在于技能交换是否物有所值，而在于个体自身的积极体验，而在于个体在社会生活中的自我价值感。

第四节

为什么会感受不到生命的意义?

　　人生来就有生的本能和死的恐惧。活着或者活下来是动物的本能。为了活下来，每个地球的动物生命体都在努力地竞争生存的资源，锻炼生存的本领。鸟类不断地迁徙，为了寻找气候温暖、有大量湿地小生物的繁殖区，能够获取生存的食物；小燕子从长出翅膀开始，就被爸爸妈妈强制训练飞行，训练生存的技能，长大了就被赶出原生家庭。活着就是所有动物生命的意义，天经地义的意义，毋庸置疑。但是，对于人类这种有独立的自我认知意识、理想的意识、创造性意识的高级智慧动物而言，生命的意义似乎更为复杂。对生命意义的理解和诠释，甚至在每个人的脑海里都是不同的。

　　可是，在人生的长河中，在社会群居的环境下，常常在不同阶段，在遭遇不同人生挫折和痛苦期间，原本存在的生命意义被不断地破坏，让某些人体会不到生命的意义，或者丧失原有生命的意义。在这些经历中，他们是如何丧失和扭曲了生命的意义？为什么感受不到生命的意义，乃至愿意放弃生存的本能，走向生命的无意义或者毁灭自我呢？

　　我们可以感受和领悟到，在自我认知不良，经历长期压抑或重大创伤的基础上，部分人会停留在痛苦和纠结情绪中，忽略了当下的生活，自我封闭情感，颓废，自暴自弃，否定周围的世界，甚至放弃自己的生命。

一、不安全感导致的目标化生存模式

目标化的生存模式，来自物质匮乏和生存困难时期。《人类简史》中，阐述了人类从哺乳类动物，逐渐发展为智能生物的过程。早期的生存模式，是按照生物本能，大家共同摘果实、捕猎生活。随着人类大脑皮质功能的进化，原始人家庭式的群居生存模式被打乱，农耕时代开始到来，定居生活的出现，使人们保存已有物质、争取各种物质的欲望开始产生。人与人之间的分工开始出现，人与人之间的阶层分化开始出现，高级生物的人类开始走向目标化生存模式。男人因为力量的优势，在社会的地位逐步提高，男权社会就此逐步形成。女人为了获得优越的生存空间和物质，就会不断美化自我和依附男人。在文艺复兴时代及其之前，对于每一个人，都被社会生存模式所裹挟，追求名权利成为天经地义，因为没有这些，就感受不到社会认可、没有社会地位、没有生存物质，也难以自我认可。随着资本主义社会的发展，发达国家多数人已经获得基本生存的物质，人们开始意识到，人类需要的不仅仅是竞争和名权利，开始倡导获得民主和自由，倡导追求自由的爱情，倡导追求尊重和自我实现的需求。人本主义心理学家马斯洛的《人类的动机》[1]一书，就是最好的归纳和诠释。马斯洛强调，人们在生存中，应该满足不同层次的需求。

我们以"安全感的需求"作为论述核心，看看需求论是否能够

---

[1] 弗兰肯.人类动机[M].郭本禹，等，译.西安：陕西师范大学出版社，2005.

满足当下人们的幸福。

马斯洛提出人类第一层次需求就是"活下来"，能够获得生存的衣食住行，在此基础上，才能够获得第二层次安全感需求。生存物质的满足就能够获得安全感，这好像在支持华生的行为主义，只要喂养孩子，孩子就能够有安全感。放到成人世界，只要获得足够多的钱，就能够产生安全感。

但事实是，很多富有的人经常提心吊胆，害怕别人谋取自己的财产或者被绑架，存在高度的不安全感。当今很多孩子在物质丰富的家庭成长，衣食无忧，却没有感受到父母的爱，感受到的是不安全感和不被尊重，成为焦虑抑郁的孩子，甚至走向自毁宝贵生命的道路。这些现实证实马斯洛需求论显然是相互矛盾、不完善或者错误的观点。

马斯洛的老师哈罗认为，安全感取决于幼小时是否被母亲宠爱，妈妈曾经抱得够不够多、够不够紧，提示第三层次"归属感、爱的需求"被满足，可以有利于获得安全感。这种现象是在临床案例中被反复验证的真理——当一个人没有被爱拥抱和抚养，长大后，一定存在强烈的不安全感。

人本主义大师罗杰斯认为，安全感就是被需要与被关注的感觉，需要获取社会认可，才能获得安全感，提示安全感也是来自第四层次"被尊重的需求"被满足。当今社会，一个学生如果已经成绩优异，但是在想得到更高的"被尊重的需求"不被满足时，就会产生焦虑、抑郁的情绪，似乎只能活在不断追求"被尊重的需求"的人生中。即使他获得了竞争的胜利，那么，那些竞争失败的孩子，就只能获得社会的"不认可"或"不被尊重"，他们去哪里寻找"安全感"？

综上所述，在当今物质基本满足的时代，按照需求和目标的方式生活，不断地树立目标去争取，当得到时会有短暂的成就感，但是很快就有新的目标，需要再次去努力争取，感受到的是持续的压力。当目标得不到时，就会伤心，再次努力再次失败，就会出现沮丧、自责、无能的感受。

既然如此，能否改变马斯洛的需求论生存动机，去学习按照体验来生存？

二、不能活在当下

活在当下是大众公认的健康生存方式，是佛学禅宗的旨意，也是心理学发展至今推崇的生命意义。可为什么很多人最终只是把"活在当下"这一理念当成了心灵鸡汤，感到嚼之无味、弃之可惜，甚至因为做不到活在当下而责备他人，埋怨自己，否定自己？那么，人们不能活在当下的深层次原因在哪些方面？

1. 因为不安全感导致生存的自由体验被干扰

每个人由于生来就没有独立生存的能力，需要父母或者成人给予喂养和照顾，才能避免各种威胁生命的危害。在现实生活中，作为群居生物体的人类，常常处于矛盾状态。生存在这个世界，自然会受到社会的文化、道德、伦理、思想、新事物的影响，就会产生人与人之间的沟通交流。做一个人必须具有一定的端庄礼仪、社会认可的行为、符合社会伦理的思想、循规蹈矩的行为。在人生的成长中，在原生家庭的教育中，多数人不得不屈从于社会的原有价值观、父母权威式的控制中。为此，多数人习惯于接受这些限制，追求活在别人的标准和眼里，做不到活在当下。

　　一部分人持续叛逆自己生存的社会准则或者自己父母的权威，纠结于对抗情绪之中。表面看，这是在追求自己的价值和自我认可，实际上，却沉浸在自己虚幻的世界，表现为过于享乐、过于利己、过于对抗、过于颓废的状态中，没有真正活在当下。

2. 因为按照被动的目标在生存

　　生存的目标多数是在权威性的父母或者社会环境限制下被迫产生的。作为物质匮乏时代成长的人们，为了活下来，多数人都有较为统一的自主性目标——追求基本物质。原始社会，多数人的自主性目标就是在大自然界生存下来；在奴隶社会，多数人的自主性目标就是不能成为被奴役者，需要团结力量战胜敌对方；在封建社会，多数人的自主性目标是想方设法获得权力；在资本主义社会，多数人的自主性目标是获得金钱。因为物质的匮乏，人们的自主性的一致性和相对自由性较为统一，出现被动和强制性的生存目标时，为了活着，多数人能够接受。

　　到了资本主义社会，尤其文艺复兴时代之后，人们的生存突破了基本物质的限制，思想意识突破既往统治者的精神桎梏，出现追求思想自由、生存方式多样化需求的大爆发。人们自主性的一致性出现破坏，每个人都有着自己的生存目标，追求活出自己的生命意义。为此，一大批追求自由生存意义的杰出人才，为人类现代文明的发展贡献了智慧，同时奉献了自己的热血和生命。

　　到了资本主义社会后期和社会主义初期，当代青少年，从小被父母要求好好学习，力争优秀，不能输在起跑线上。长大点，被灌输需要上名校，才能有好工作，才能出人头地的价值观。这些被动的生存目标，使得现代没有饥寒交迫感的孩子们难以接受，难以形成社会较为统一的自主性。孩子们感到童年的自由和天真被极大地损害，叛逆期成为独立自己的感受被死死地压制。孩子们的创造性和自主性被阻碍，纠结于自己本能需求的自在体验和被现实强加的目标之间的矛盾。孩子们困惑，既然基本吃穿不愁，为什么一定要竞争得如此疲惫和辛苦；孩子们想要自主性做自己想做的事情，却常常被阻挠和否定，疑惑既然不让他们"做自己为先"，父母为什么要生他们出来。当代青少年，表现生存的意义不清晰，及时行乐的风潮广为流行，利己主义和独身主义处于上升趋势，轻视生命的现象经常出现，生命无意义论开始不断暗流涌动。

3. 因为专注力和爱的体验能力不足

多数人，因为形形色色的欲望不能满足，如物质欲、安全感、情感依附性、名誉的追求等，而停留在思维的思考、纠结中，自我的专注力处于分散或者涣散之中，无法体验当下的生活，做事情常常犹豫不决，反复思考过去，不断假设未来将会发生不良事情。这部分人容易更换工作，逃避现实困难或者不愿意展示自己的不足，他们常常拖延，推脱责任，故作镇定，虚情假意。

一部分人因为原生家庭成长环境和情感联结的不良，不能自然表达自身的情感体验，不能感受到被关爱的情感，而封闭了自我。少数人因为经历了身体痛楚或者精神创伤，体验不到周围关心、尊重和爱的力量，停留在既往的痛苦和孤独中，不能自拔。极少数人，屏蔽社会和深层次情感交流，过着独处的生活，不与社会对抗，不在意社会的认可与否，独处在一个人的物理空间、思维空间、时间空间里——在网络越来越发达的时代，这类人群有越来越扩大的趋势。独身主义、网络人、半个人等都是这类人群的不同代表形式。在受到较大身体或者精神创伤的条件下，他们活在当下的体验就会遭到破坏，心理抗压能力较低，容易走向自我放弃或者毁灭自我的趋势中。

4. 面对困难和挫折状况下的逃避心理

人生的旅程不可能一帆风顺，难免会出现身体的疾病、竞争的失败、情感的伤害。人的寿命是有限的，总是存在生离死别的体验。人作为生物体，都有生的本能、死的恐惧，趋利避害是人之常情。面对困难和危险，本能的反应是逃跑和回避。鸵鸟策略是心灵不成熟的人们常用的方法。因为回避，你暂时可以避免压迫感和痛苦刺激，但是，需要面对的困难仍然存在那里，在你进行其他事情时，常常会间断浮现出不良的情绪、纠结的思维、犹豫的行为，影响你当下正在体验的时间、空间、情感。当然，面对巨大的困难，暂时避其锋芒，绕道而行，避重就轻，蓄精养锐，都是较为明智的策略，不能等同于逃避。当一个人出现再也不想面对此类困难或者类似的困难，出现遇到类似的场景或者困难，就产生不自主的身体不舒服的反应，通常就是属于逃避心态。

三、停留在孤独中

在人生经历中，每个人都会或多或少地体验各种情感的痛苦。一部分人却长期停留在所经历的痛苦事件中，不能挣脱痛苦的纠缠，陷入深深的孤独中。孤独感是痛苦度最高的形式，任何人都难以长期承受孤独之苦。在孤独的状态下，一个人非常容易丧失生命的意义，容易放弃自己的生命。在监狱中，最严厉的惩罚，就是关黑屋子的禁闭。多数人在黑暗的禁闭世界，就会自然产生孤独感，常出现与现实的时空脱节，出现精神紊乱或者重度抑郁。

为什么会出现孤独？如何摆脱孤独？

孤独感主要来自主动的情感回避和自我封闭。少数情况下，因为外界的不认可，被群体和社会孤立者会产生孤独感。孤独就是自己和自己过不去，不愿意放下过去的经历，不能够敞开胸怀接纳过去、接纳新的情感。自己停留在孤独中，就好比自己钻进黑暗的小黑屋子里，自己给自己关了禁闭，是自我的摧残行为。

明明知道孤独是痛苦的，为什么那么多人却像成瘾式地走向孤独的世界？

人类的成瘾行为机制，来自人的下丘脑犒赏系统得到不断交替的奖惩，若自己的本能被自己的理想化自我所控制，则类似于网络语言俗称的PUA。PUA是英文"Pick-up Artist"的缩写，原意是指"搭讪艺术家"，现意指"精神控制"，通常是男性通过言语、行为与女性成为亲密关系，然后再进行精神打击，从而让女性变得不自信、自卑，并产生愧疚感，从而对其言听计从，最终达到骗财骗色的目的。

在当今的互联网语境下，PUA的应用场景和范围与其最早的含义已相去甚远，逐渐演变为亲密关系中的一方通过精神打压等方式，对另一方进行情感控制的代名词。PUA的核心是先通过情感绑架，再刻意扭曲事实，采用较多频次的打击、否认、误导和欺骗等方式，使被PUA者怀疑自己的观点和价值，从而不自主地被操纵者所控制。PUA中暴力性的一面，就会导致被PUA的人产生斯德哥尔摩综合征，轻者被各种套路，各种道德绑架，严重的会自残，伤害自己。

奖励的感受往往成为成瘾的对象。走向孤独而不能自拔者，就是采用回避的方式处理经历的痛苦或者情感折磨，以得到暂时的轻松和自在。但这种犒赏体验，很快因为实际存在的困难没有解决或者情感的痛苦体验没有放下，而出现再次痛苦。为了减少或逃避这种痛苦的惩罚，再次回避，逐渐就会进入一个人孤独的时空，循环往复，现实的自我就被孤独 PUA，就会在孤独的黑暗中越陷越深。停留在孤独中，就像身处江湖河海的漩涡湍流中，会随着漩涡的反复流动，最终走向深渊，不可逆转。个体将在心灵黑暗的孤独世界里，慢慢丧失生命的意义。

在经历痛苦时，尽可能不要选择孤独的方式进行应对。敢于转移方向，敢于寻求周围人的帮助，敢于积极应用周围的资源，积极肯定自己的优势人格，行动起来面对自己的生活。

四、情感回避，封闭自我

痛苦是一种情感体验，多数人在经历痛苦后，容易形成情感的自我封闭，回避已造成自己情感痛苦的类似场景或者人物。人的大脑虽然发达，但在情感体验上，却基本停留在动物的本能特征。一个动物在遭遇另一个物体或者同类的伤害后，常常退避三舍。一个孩子被父亲情感伤害，不仅对父亲本人产生怨恨或者害怕，同时，也有对所有男性成人产生情感回避的本能趋势。一个动物被火烧伤，看到火堆就会逃避或者害怕（这也成为人们野外生活时，防备野兽的最有力武器）。一个人被狗咬，很久或者一辈子不喜欢狗，不愿意与狗亲密。这是因为痛苦或者不良情感体验，容易在大脑信息系统烙下深刻的印象，在接触类似的场景或者人物时，自然激发下丘脑潜在的不良情感体验，继而产生本能的回避行为，封闭自我的情感表达。

日本作家太宰治的半自传小说《人间失格》描述一个饱受家庭权威创伤的青少年，在没有摆脱原生家庭情感痛苦的情况下，如何在社会动荡的时代，无力地挣扎于情感的纠结，声嘶力竭地控诉着社会的不公，精神涣散而苟延残喘地生存，最终封闭的情感始终无法感受到阳光。尽管已经创作了大量震撼人心的艺术作品，年仅39岁的太宰治还是感受不到自己生命的意义，选择了自杀，结束了自己生命。在我的来访者中，同样存在感受到不能接纳痛苦，久久不能自拔的境遇。

案例 14

小启，男，28岁，大学毕业6年，曾经断断续续工作4年，近期缺乏动力，长期在家待业。小启的母亲从小家境贫寒，学习刻苦，成绩较好，但因为经济困难，为了尽可能早点工作，只能放弃高中，就读中专，后期上了成人大学，做了小学老师。自从有了来访者这位独生子，母性的爱被全部无止境地倾泻到来访者身上。

小启感受到自己从小一方面被无尽地宠爱，一方面被母亲操纵，一方面被母亲的期待所控制。母亲在物质上无限地溺爱，在学业成绩要求上不断加码，在生活上爱的情感绑架天天发生，在事情决断中总是束缚自己。小启在长期的生活中被母亲 PUA 和被爱所捆绑，想挣脱时，就会感受到愧疚和无奈，逐渐学会了情感回避，封闭自我情感。甚至因为思维变换极快，他自己都无法体验清晰的思维和情感，更无法理解和准确体验他人的思维、情感，干脆拒绝社交，拒绝和他人产生亲密情感关系，避免错误地理解他人，避免情感出错，给大家带来麻烦。

早期在大学，小启尚有几位泛泛之交的朋友，随着进入社会工作，因为社会竞争中的利害关系，且小启又忽略人际沟通，像局外人那样生存在单位，不能很好地适应社会工作，不能专注一个行业且有效地配合同事工作，导致不断地换工作或者失业。毕业数年后，职业技术不恒定、职业方向迷茫、职业资源枯竭，只能逐步退缩回原生家庭。

小启并没有意识到情感封闭导致了自己的困境，认为自己只是讨厌社会的情感沟通，自己情感平淡点反而减少了很多麻烦，一个人活着挺好，现在有些积蓄，等花完钱再去工作不迟，不必为此操心。

每个人的一生都会在不同时期，经历不幸的黑暗遭遇和幸运的高光时刻。敢于打开自己的心扉和情感，无论接受爱，还是感受痛苦，这本身就是人生的真。幸福的人，在遭遇不幸时，敢于转向新的情感体验，敢于继续向前走，不会执着于已经发生的事件，停留在过去的痛苦体验中。幸福的人，也能够较快从痛苦中抽出身心来，专注当下的工作生活，体验当下自在、舒适的情感，接受他人的关心，享受新的爱，品味新的生活。幸福的人，还能够在痛苦遭遇后，及时找到积极的价值，找到福祸本是一体的感受，接纳痛苦，化悲痛为力量。

五、积极行为停顿，懒散、拖延、享乐行为泛滥

熵增原理是宇宙生死循环的第一原理。熵是能量转换之时无效耗散的能量，常常成为无序状态。在有序的空间和时间里，熵增是不断地发生的，直到熵增到足够多，毁灭原有的有序时空。一个人活着是同样的道理。在你的人生成长到衰老中，熵增原理就是在不断发挥作用，直到一个个体死亡。作为智慧生物，如果我们能够合理减少熵增活动，减少熵增速度，人的生活质量和生存时间将会极大地提高。当一个人，不断出现纠结、痛苦、颓废、耗能，就是不断地熵增活动，走向衰老或者死亡的速度将会大大加快。

如何减少纠结和熵增？要尽可能在人生的短暂生命周期（80～120年），把自身的活动转换为积极能量，而不浪费在自己身体内在的纠结中，不浪费在产生负性情绪、负性事件中，不停止自己积极的行动，找到活在当下的体验。

因为思维纠结和内在不同自我的对抗，机体内在的能量被耗竭，所以行为常常处于停滞状态。如案例15晓晓始终在自己的思维中纠结。潜意识（本能的自己）想去上学，知道上学的重要性和价值，但是理想的自己却需要一个完全符合自己内心模式的学校。两个内在的自己相互对抗，始终让现实的自己不知道如何是好。本能的自己没能战胜理想的自己，或者和理想的自己协商好，暂时去上学，通过努力争取进入理想的高中。现实的自己没能放下两个内在自我的争斗，或者把两者暂时分离，选择其中一个方向去行动。

既然本能是想学习的，喜欢学习知识，就应该按照本能的体验去执行。本能的自己在进入学校前、坐在教室里就可能会出现担心害怕，甚至直接出现心悸胸闷、呼吸困难的反应。这时在行动上，

坚信自己的初心"我爱上学"，就会出现生命正能量的流动，熵增的减少。如果这时在行动上，选择回避或者"等一等""再想一想""明天再说"等思维来逃避现实感受和麻痹自身原有本能的感受，就会出现行为上的停滞。

现实的自己也可以去选择理想的自己假想的完美学校，但是，不能停留在空中楼阁的想象中。最好树立崇高的人生理想，促进现实的自己努力学习，通过一生努力去创造出"理想的学校和理想中的老师"。

积极行动的停滞，回避本能初始体验，想避免上学的心悸胸闷，并不会减少焦虑情绪，反而会逐渐出现无聊、迷茫、困惑、抑郁等痛苦的情绪。机体自然会为了减少这些更加痛苦的体验，而走向熬夜、享乐，进入恶性循环的熵增耗能中，导致原有的积极行动进一步停滞，甚至行为退化。

因为纠结，内在能量的无效运转和耗竭，一个人在挫折中会自然走向逃避。现实的自己不能觉察和觉醒自己的逃避心理，就会进一步走向拖延或者享乐之中。电影《复仇者联盟4》剧中的雷神，在受到灭霸的强势打击下，首先是回避现实中自己能力不足的原因，回避惨败的现实，整日沉溺于摇滚音乐和啤酒中，麻痹自己的失落、无能、痛苦。然而享乐的快乐体验，维持不了几天，在感受到痛苦依然存在，感受到自己的身体臃肿肥胖，难以恢复既往的雄风时，他变本加厉地吃着垃圾食品，日夜颠倒睡眠，过着懒惰、颓废的生活。最终雷神在时光回流中，重新获得原生家庭的母爱，母亲给予主动分离和赞赏。雷神才从胆小、懦弱、自卑的情结中走出来，超越了既往的外在刚强、勇猛的形象，成为有担当、勇敢、睿智、幽默的新雷神。

案例 15

　　初中生晓晓，因为自己喜欢日本动漫，被老师嘲讽是崇洋媚外，而感到被伤害；同时发现老师自己就开着日产的汽车，感到老师虚伪，口是心非，违反了为人师表的基本道德。另一个老师和几个同学，总是和他不怀好意地开玩笑，总是学习成绩第一，是否又想拿第一名呀！为此，晓晓认为自己总是被嘲讽、被嫉妒、被虚伪包围，在学校逐渐出现害怕、恐慌、心悸胸闷、坐立不安、痛苦感蔓延全身的感受。最终，他无法进入学校的大门，无法就读正常课程。自身内心喜欢读书，希望考上名校，可是，确实上学很痛苦。他反复纠结，不断地假想："如果考不上名校高中会如何？""如果总是不能上学又如何？""如果同学们嘲笑我，多么尴尬呀！""如果又遇到虚伪的老师那该多么痛苦呀！"整天沉浸在思索和纠结中的晓晓，痛苦不堪，郁郁寡欢。

六、日夜倒错

　　睡眠是人类健康的保障，睡眠障碍几乎是人类所有疾病的窗口。

　　在纠结中人们首先因为纠结思维，导致在睡梦中，潜意识的本能自然和现实的自我相互博弈，多梦、噩梦、浅睡眠开始不断出现。纠结持续不断下去，常常因思维运转太多、太快，入睡困难开始出现，伴有间断苏醒。当纠结越来越多，死结越积越多，人会开始感到压抑、无奈、无能，出现早醒后再也不能入睡的典型抑郁症症状。

入睡困难常常是思虑太多、欲望太多、内心放不下的太多、兴奋不安导致，常是焦虑障碍首先表现出的症状，少数是情绪激动、兴奋等躁狂症或者类似大脑过度兴奋导致。

入睡困难的症状出现后，人们通常采取两种不良的应对方式。

一种是年轻人常用的方法"主动日夜颠倒"——入睡困难既然出现，就继续不睡觉了。在夜间，没有家长的干扰，没有白天的烦恼，尽情地在网络世界冲浪，玩游戏、聊天、做自己白天不敢做的事情。当东方天空露白，太阳就要升起的时候，常常困倦异常，不自主地开始补睡，一直睡到中午甚至下午日落时分。

这种典型的日夜颠倒睡眠，破坏了大脑自身的褪黑素体系的自然规律。正常来说，随着日落的出现，光线刺激的降低，褪黑素浓度慢慢升高，在黑暗的午夜时分，褪黑素浓度达到最高，在第二天日出时，随着阳光光线的明亮度增加，褪黑素浓度逐步下降，在正午子时，褪黑素浓度降到一天的最低程度。人体随着褪黑素水平提高，睡眠的困倦感自然产生；随着褪黑素水平的降低，睡眠的觉醒度自然升高。

日夜颠倒在破坏自身褪黑素体系自然规律的同时，激发全身多系统的神经递质、血管活性因子、免疫炎症因子的紊乱，导致身体多种多系统疾病发生，如皮肤病、贫血、血脂紊乱、血管炎、胃炎、月经紊乱、神经衰弱、幻觉妄想等。严重者出现糖尿病、心脏病、双相情感障碍、青年卒中、心脏猝死等恶性事件。

日夜颠倒在伤害身体时，同时在伤害大脑细胞。脑细胞在熬夜中，在生物钟的睡眠剥夺中，逐步出现细胞生物膜电位的不稳定性，间断大量释放兴奋的神经递质，以维持自我意识要求的觉醒状态。这种持续的觉醒状态，会产生较多的欣快感，自我常常能够体验到平时体会不到的思维奔涌、才思敏捷的状态。一些艺术创作者喜欢在夜间创作，不仅是追求安静环境，同时也在不自主地体验到兴奋递质的释放。因而，不少惊世作品，的确是在深夜中铸成的。

但是，脑细胞长时间地释放兴奋递质，就会导致细胞内在细胞器能量耗竭状态，细胞为了保护自己，会自然出现关闭释放兴奋神经递质的通道，并且很长时间不打开或者快速打开快速关闭，进入不协调的细胞膜不稳定状态。此时，在现实生活中，一个人就会表现出一段时间兴奋、躁动、精力旺盛，一段时间郁郁寡欢、拖延、精力不足，呈现轻度躁郁症，或者因为兴奋期太短，外人看到的只是抑郁状态。长期这样，极易最终形成临床重症精神疾病"双相情感障碍"。

话说回来，从生物学和心理学角度看，每一个艺术家和艺术作品，都值得人们尊重和敬仰，那是一个人多少个"日夜颠倒"的付出，用大脑细胞稳定性换来的，是艺术家牺牲自己的心血和健康铸就而成。在当今科技发达、物质丰富的时代，除了艺术家，还有网络工作者、医务人员、警察、保安、司机等众多平凡职业必须坚守"日夜颠倒"的工作，为了社会服务，为了自己生存。

另一种是因为过度关注"入睡困难型失眠"，导致"被动日夜颠倒"。焦虑失眠、担心再次失眠、恐慌睡不着、强迫体验睡前特定感受，导致大脑的交感神经系统兴奋或者过度激活。在警觉性和兴奋性不断升高的状况下，入睡困难者逐步变成兴奋不安、思维清晰、焦虑恐慌、胸闷呼吸不畅，出现越想睡眠越睡不着，越怕失眠越失眠的现象。夜间觉醒期间辗转反侧，怕起床后更加睡不了，于是彻夜不眠，却与床不离不弃，身体和床之间产生非常不愉快的相互体验，同时又自责为什么睡不着，担心第二天应该承担的学习和工作，于是诱发"被动日夜颠倒"。失眠者如此思维不断纠结，产生不良情绪，失眠后自身行为逐渐停滞，表现行动迟缓、表情木讷。次日，自觉昨日没有睡好，担心失眠会危害身体，常常出现赖床、拖延白天事务，半梦半醒睡到中午仍然疲乏无力，或者白天不断打盹、偷睡，到了夜间，再次恐惧睡眠，或者进行严格的睡眠仪式，或者寻找自我定义的特殊睡眠体验。反复如此，睡眠质量将不断恶化，最终形成慢性失眠症、强迫性睡眠体验、惊恐障碍、焦虑症。

2021 年伊始，年轻的网络工作者猝死的报道，成为社会人群健康的热门话题。"世界睡眠日"是每年的 3 月 21 日，睡眠医学专家不断倡导和呼吁所有人重视"生物钟睡眠"，警惕"日夜颠倒"带来的身心健康的危害。中老年人群更加重视健康睡眠了，年轻人也部分自觉遵守"生物钟睡眠"，但是睡眠障碍指数却仍然在不断攀升。2018～2021 年，中国睡眠障碍指数分别为 30.1、36.7、38.2、39.6。睡眠障碍不断增加有社会因素、心理因素、教育因素、家庭因素，其中个体亲密关系不良、工作压力大、虚拟社交增加、网络化社会、自身安全感不足是"日夜颠倒"的重要原因。

在当今社会，因为家长的工作强度明显增加，996 的工作模式已经较为普遍，父母的陪伴较少；因为没有物质的满足感缺乏的体验，青少年追求精神营养的需求远远超过上一代人；因为父母没有换位思考孩子的体验，错把溺爱当作"真爱"，过度操纵和控制孩子的生存环境和情感体验；因为父母从小自主追求目标化的人生价值观，得到自我认可和社会认可，就会强加同样的目标化给予孩子；因为社会竞争模式的存在，出现同学们各自人生观的迷茫和内心的纠结，青少年抱团取暖的氛围缺乏等，所以，孩子们从小就会逃避现实困难，成为网络的游客或者居民，"日夜颠倒"从间断出现到习以为常，抗压能力脆弱，成为"玻璃心"的问题少年。

而部分中老年人，在经历人生的挫折和坎坷后，知道今天的"物质丰富"的日子来之不易，珍惜当下的生活，渴望更多的物质、更好的享受、更长的寿命，为此担心失去拥有的事物，比如金钱、房子、亲人、健康等。当失眠来临时，焦虑"失眠"带来的危害，这种"焦虑失眠"本身成了睡眠不断恶化的推手，成为新的危害人们健康的形式。

人们的担心的内在来源，始于从小形成的"目标化"人生价值观。目标化有错吗？

七、他责自责，否定他人，否定自我

按照目标化和需求论生存，在成功时容易过度自傲，仅仅感受到的是压力，还能够承受。当压力足够大时，就会出现烦躁、暴躁、责备他人、否定他人的行为。当压力再增加，就会导致一个人神经衰弱、入睡困难、日夜颠倒、工作生活能力下降，甚至既往所有实现的目标，会毁于一旦。

明朝李自成起义的目标，就是伸张正义，攻占紫禁城。在不断的胜利中，只是感受到成功，已经感受不到被杀者家人的痛苦，常常杀害无辜的官员一家子。在攻破北京城池后，为了自己的皇位，放纵手下的将士烧杀、享乐和淫欲，且不断责备规劝自己的将军。在吴三桂集结兵马攻打时，开始不断地怀疑手下将领的忠诚，责备他人、否定他人。在清军攻打到紫禁城后，他知道自己力不从心，压力倍增，整日寝食难安，开始自责自罪，否定自己的一切，丧失不断战斗的信心，把希望寄托在祭拜的神灵，最终打下的江山唯有拱手让人。

在当下，按照目标生存而出问题的，也大有人在。

案例 16

牛总，男，38 岁，大学毕业，出生在贫困的城市家庭，父母均有残疾。牛总从小就深切体会到家庭社会地位低下而被人看不起的感受。从小，爸爸妈妈努力工作，加上亲戚的资助，家里物质基本生存条件可以满足。可是，在物质上和同学相比较，仍存在极大的差异，自卑的种子一直在心里发芽。于是，牛总从小就定下目标，以后一定要出人头地，要过高层次的生活。

牛总一直努力刻苦学习，从小学习成绩名列前茅，初中成绩优异，考上重点高中。高中期间，感受到周围同学的竞争力，为此开始过度学习，废寝忘食，逐渐出现神经衰弱的表现，记忆力衰退伴随学习成绩下降，学习压力倍增，开始担心自己考不上大学。家人表示关心，劝他不要努力了，考个中专或者职业学校，学习一个技能同样可以谋生。青春期的牛总，从此对自己父母极其反感，认为都是他们的物质基础太差，才会诱导自己过度学习的，父母不反省自己，却责怪自己学习太努力。

命运的天平还是没有辜负他的努力，在基本没有复习的状况下，牛总还是考上了大学，虽然与原本想报考的理想大学相差较远。为了毕业有个好的工作岗位，他在大学里表现积极，认真学习经济管理学，成绩较为优秀。但是，毕业时，没有人脉关系，没有分配到对口的专业工作，他开始再次沮丧和失望，感到人生迷茫。

工作3年后，牛总感到自己每月拿着几千元工资，根本没有办法实现跨越社会阶层的目标，倍感压力。在朋友介绍下，他辞去工作，开始从事并不熟悉的销售行业。努力工作的同时，却感到自己经常在夸大售卖的产品，存在欺骗顾客的心理，与自身遵从善良、诚实的道德观相违背。于是，纠结不断产生，压力再次出现。

再次辞去工作，牛总把多年积攒的钱全部投入新的生意中，经营农家乐饮食生意。第一个门店经营效果尚可，他倍感实现自己跨阶层的机会来了。2019年，他向亲戚、朋友、银行借贷款500万元，在不同地点连续开了4家连锁饮食店，还没有盈利，就遇到了2020年的新冠疫情，资金链很快就断裂了，亲戚、朋友和银行不断地来催借贷款。苦苦支撑了数月，牛总最终只能把所有店铺低价转让，偿还借贷款。这次创业，没有让牛总实现阶层跨越，反而倾其所有，还欠款几十万元。

追求目标再次失败，给了牛总极大的打击，感到人生就是失败—失败—再失败，自认为倒霉和无能，只能一辈子被自己残疾的父母看扁了。一切目标都没有实现，人生已经没有意义，抑郁情绪慢慢蔓延全身，多次想到轻生，是牛总妻子反复拿"儿子没有爸爸多么可怜"来规劝，他才没有真正实施自杀。

此案例中，按照过高或者不可量化的抽象目标去工作和生活，常常就是带着压力生存，一个目标实现，下一个目标立即呈现在眼前。尽管在努力学习和工作，但早期的主动性逐渐转变为被动性，初始的动力在目标化的生存模式下，逐渐成为一个接着一个的压力，压力的强度一个超过一个，最终一次环境的变故或者自身身体的健康，就会导致失败接二连三地出现。神经始终紧绷的人，在重大挫折状况下，首先他责和怨天尤人，接着常常自责自罪，否定自我，然后一蹶不振，非常容易堕入抑郁的黑洞之中。

八、思维停滞在纠结中

在经历痛苦时，为何容易封闭情感？

封闭自我情感体验的原因，早期来自本能的自我保护和动物本性。但是，动物在脱离痛苦遭遇或者场景后，通常较快投入新的生活体验中。除非不断地长期经受无法逃避的折磨，动物才会形成习得性无助感，否则较少会长期停留在痛苦体验中。原因在于，动物的大脑皮层没有人类如此发达，没有形成皮层和下丘脑、边缘叶系统的复杂性反馈和负反馈，再认识的环路。换句话说，低级动物在经历不良事件后，痛苦体验不会在大脑神经系统不断地循环反复，不会轻易沉入大脑的潜意识深处，不会轻易产生自我的PUA，它们更加容易忘记过去，活在当下。

人类因为有了发达的大脑皮层，拥有自我意识的再认识功能、各种思考和比较的能力，也拥有复杂和假想的思维模式。思维是人类特有的创造性意识的表现形式之一，是人类区别于动物的主要特征。人类的思维在于可以记忆加工、逻辑和反逻辑推理、自我思考自我，可以进行自己的意识之间的交流。因为这些思维特点，人可以出现自己和自己对话，可以自己形成对立思维，也可以自己的一个思维说服另一个思维。当然，可以出现自己两个思维，甚至三个思维在相互辩论、争吵、埋怨、回避，自然会产生思维自相矛盾，出现思考不出结果的纠结状态。在遭遇痛苦经历的后期，由于自身不良思维模式的加工，人们就会陷入痛苦的时间持续当中、痛苦对象不断扩大，为此只能不断地逃避，或者采用享乐物质，自暴自弃的生存方式来麻痹自己。

案例 17

小明在遭遇校园欺凌之后，没有告诉家人和老师，沉浸在被欺凌的痛苦中，不能自拔。他时常在夜里感受到孤独和痛苦，不自主地用美工刀割伤自己的手臂，割伤后的疼痛暂时缓解了内心精神的痛苦，得到一时的痛后快感。但是很快，痛苦的感受再次袭来，压得小明喘不过气来，自残的美工刀再次缓解痛苦。如此循环往复，自残行为逐渐成瘾，一年不到，小明的手臂已经布满像条纹衫一样割裂的痕迹。

即使这样，小明其实并没有真正解决痛苦，常常在情感压抑和痛苦中煎熬，纠结自己的自残行为，纠结自己的无助和无能，而本该面对的校园欺凌问题却始终被搁置在一边，自身的各种行为处于停滞状态。从早期的不愿意主动交朋友和沟通，到独坐在教室一角不讲话，到听不进课程知识，到不愿意上学，到不愿意出门和上街，到不愿意起床，到出现抑郁症的亚木僵状态。

这时小明的思维没有了早期快速运转的纠结和矛盾，更多的是僵化的思维和超低速的思维。纠结的思维已经被不断地加工，形成像多重交叉的死结，剪不断理还乱的各种结布满大脑，只能无奈地存放在自己的脑海里。对于当下的各种信息如温度、声音、美景、美味、关心、快乐、疼痛等体验，他也已经没有脑细胞的能量和空间去感知，更不可能去运动、歌唱、学习和工作，就如同僵尸一样整日卧床，失去一切基本思维、主动行动，成为彻底的懒散拖延者。

当一个人，自我意识对自身真实的不良体验、自身假想感受（情绪、结果）不断地审视，就会出现自身不同思维和意识的纠结，不断消耗自我能量，如强迫思维、强迫体验就是代表。严重时可能耗竭自身精力，出现神经衰弱和精神崩溃。

自我意识的纠结，来自人脑对外界和内在感知的判断。纠结存在于以上所有导致"找不到生命的意义"的原因之中，是心理疾病发生的潜意识情结。

通常人们在舒适、自在的过程中，自我意识不会分离，而是专注在当下的一切体验当中，融入身体知觉当中。事后回忆，常常感受到的只是外界的场景和内在感觉、知觉、情绪体验，极少发掘出自我的意识体验。人们在遭遇困难、不开心、痛苦的过程中，自我意识，则会出现不自主的分离现象。自身在自我意识感知的同时，能够不断地感受到来自潜意识的本能、现实的自我、理想的超我的不同意识流。

当目标化失败或者自我失望的状态下，个体一会儿潜意识本能的自我意识体验到自己的空洞、烦躁、孤独、痛苦，同时，想去纠正、跑跑步、大声呼喊；一会儿理想的自我意识的负面评价不自主地出现，没有办法成为自我理想中的人，悔恨和后悔体验不断出现；现实的自我意识想去接纳现实，放下一切已经发生的事情，但是，一会儿就会感受到理想的自己压制自己本能的呼喊，责备自己、嘲讽现实的自己，现实的自己感受到的是压抑、难受、胸闷、无能。三个不同的自我意识，不断地相互指责、相互虐待、相互对抗，一切正常的生活起居便出现拖延或者停滞的现象。

为什么感受不到生命的意义？恐怕与当今的民众忽略了中国文化生存的精髓有关：常有欲的生活窍门没有找到，常无欲地放下私欲没有做到；在西方目标化人生哲理的指导下，活在"追求欲望的满足""得不到后的痛苦""后悔—纠结—愤怒的魔咒"之中。大家不小心遗弃了中国文化"道法自然""天人合一"的个人"存在"精神，忘记了人"存在在先"。其实，唯有做自然、自在、自性的自己在先，才能做好目标化的人和爱他人的人。

Chapter 3

第三章

做人为先还是
做己为先？

❦ 第一节 ❦
做人为先的中国文化背景

一、做人为先的三代人特征

中国农耕经济的特色，需要统一的管理和服从性的大众。中国文化在历史的发展中，在经历秦始皇的焚书坑儒之后，儒家从中国诸子百家的思想中脱颖而出，成为中华文化无意识的主要来源。各个封建朝代的统治阶级，逐步放大和宣扬儒家做人的道理，形成儒家文化独大的必然现象。各个朝代士大夫们通过放大"礼义仁智信""孟子的四端——恻隐之心、羞恶之心、辞让之心、是否之心"来规范人的行为，尤其不断强化"礼的繁文缛节"的规范内容和约束，直至形成"灭人性，存天理"思想。《论语》原本阐述了很多做自己为先的道理，被人忽略。这实质是强化了中国文化的大母神情结，弱化了中国文化原本存在的父神精神和英雄情结。为此，弱化了其他中国哲学思想和儒家思想中原本存在的遵从"道法自然""天人合一""做真实的自己""做本真的自己"等积极思想。

近三百年，中国文化在儒家"存天理""做人为先"思潮的影响下，人们内在自我的自由和创造性被较大地压制，导致社会经济发展，由领先世界经济，到逐步国弱民穷，再到丧权辱国，被动挨打。一百年前的新文化运动和辛亥革命，使沉睡的中国雄狮开始觉醒，走向了民族重新自强不息的道路。身在其中的每一位中国人历经了战火纷飞，生离死别。保家卫国，反法西斯，抗日救国，有民族尊严地活下来，是民众内心的精神力量。近百年，在中国生活的不同年代人群，会受到不同时代文化精神的影响，产生各自特色的生存观，以三十年为一代，大约分为三代。

20世纪30年代至50年代出生的人是反西方文化，同时反叛封建军阀文化的一代，革新思想创新的一代，继承老一辈救国救民的思想，特色是"情怀"，是带着理想化的情怀在生存。这个时代的人，如图5-2所示，"个我"就像燃烧的红心一般，是实在、有情怀的，几乎与"大我"完全统一。他们敢于抛家弃子，敢于放下"小我"的家庭，甚至"小我"就是空白色的，个人的自我和家国情怀是融为一体的，为了"大我"奉献自己的青春韶华，甚至生命。晚年的他们，仍然精力十足，常常关心国家大事和各种新闻，做着公益活动，发挥着"大我"的余热。此代人，发挥着大母神情结的积极面，更多的是"英雄情结"的奉献精神。迟暮之年，在家容易溺爱孙子辈，来补偿自己对儿女曾经缺失的爱。

20世纪60年代初至80年代末出生的人，感受到父母"情怀"式生活，带来的是物质匮乏和理想的破灭，在接受西方科学文化的基础上，不自主地按照马斯洛需求论在生存[1]。在物质匮乏的环境下，多数人学会了圆滑的人生态度，戴了多层人格面具、唯目标唯成功论，自己的人生意义和为家庭的人生价值混为一体，做社会价值的人就是做自己，是"目标化"特色的一代。此代人抗压能力较强，好强而不服输者较多，属于屡败屡战者，不畏艰险，为中国经济快速发展，做出巨大贡献的一代。在主动性目标化中体验成功和失败的纠结，过着渴望"解脱人生苦短"的生活，总是想着实现

[1] 周伯荣.重建幸福力［M］.广州：花城出版社，2021.

一个又一个目标，不断地追求"名权利"。此代人，大母神情结较为明显，不断地给孩子过度呵护和关心，给周围人制定目标，不自主地表现出好强、控制、贪婪的大母神负性面特征。现实生活中，此代人由于过多地目标化，同时，带有儒家文化的背负心、奉献家庭或者社会的大我精神，"做人为先"是他们认可的生存理念。即使自己生活得很疲惫，工作很辛苦，看到孩子们获得物质丰富的生活，看到社会事业的发展，都会心甘情愿地继续放弃"做自己为先""爱自己为先"，只有少数人能够在晚年体验真正的幸福。"目标化"一代因为过度背负和不会爱自己，"小我"是真实而突出，占据了人生大部分面积，实质"个我"也是空的，多数人的"大我"成为装面子的工具（见图5-3）。因为内在情感不表达和硬扛压抑的特征，此代人患有慢性失眠、广泛性焦虑极为普遍，却不认为这是疾病，不愿意积极接受治疗，为此，打开了多种疾病的窗口，容易罹患高血压、糖尿病、高脂血症、慢性胃肠炎、免疫紊乱、癌症等躯体疾病。

20世纪90年代至21世纪20年代的30年，中国人富裕起来，走出国门看世界，西方文化通过企业管理文化、服装品牌文化、娱乐文艺文化、互联网文化助推器大量传播到中国。此代人必然生活在东西方文化冲突的纠结中，生活在上一代目标化人生要求和想要自由做自己的矛盾纠结中。西方文化强调的森林法则、海盗文化、自由选择、存在主义极端化思想不断被此代人较早接受和认同，同时，由于学校和家庭教育，东方文化部分内化到他们的内心，如礼让、谦让、不惹事、隐忍、包容性、舍小我、顾大局、尊师重道、人情世故等，两种文化产生明显的无意识冲突。另一方面，理想化做人的高标准——礼义仁智信成年人自身做不到，却不断过早地强加给了孩子。而在现实生活中，孩子们感受到的社会法则、学习比拼、升学内卷、家庭背景都是西方的竞争模式。两种生存价值理念，产生强烈的反差。此代人的集体无意识，就存在双重的矛盾对抗，在遭遇原生家庭情感不良、被误解、挫折、委屈等情况时，极易产生纠结的思维、情感和行为。此代人的特色就是"纠结"。

西方文明在经历商业文明发展后，产生过度的物质追求，乃至极端消费主义和个人主义。在极端自由和个人主义的思潮和体验中，西方20世纪六七十年代的新生力量，体验到的是叔本华悲观主义哲学的"满足"至极到"无聊"至极的摇摆，感受不到自身存在的意义，感受到的是虚无主义的人生无意义，由此，产生"空心病"概念。中国在近几十年，快速经历和跨越了商业文明到消费主义，个人主义思潮与东方文明的"大我""圣人文化"产生极大的矛盾和冲突，导致虚无主义提早到来，尤其是深陷其中的青少年。东方人空心病的根本起因来自东西方文化冲突，而不是如同西方个人主义或者自由主义泛滥后的结果。纠结情结是导致情感体验不良和人生无意义的核心特征。如体验母亲大母神的情感绑架，无法拒绝，被动按照父亲指定的人生目标奋斗，却感受到人生毫无意义。

在东方文化的当今世界，产生了三个层次的"空心"新内涵：

（1）空心病的原本含义——人生无意义和虚无的迷茫；

（2）缺乏情感亲密体验，多疑情感、害怕情感伤害、麻木情感等导致内心情感存在"空洞"；

（3）纠结导致心理能量的"熵增"模式，能量不断地被内耗，形成个体"能量"的空。

如此认知、情感、行动能量的空乏，在"纠结"的促动下，三者不断相互恶性循环，促成个我的极大"空心"状态（见图5-4）。

空心病实质就是现代青少年心理障碍，乃至成人心理障碍的根本源泉。

"纠结"人生的当代青少年，在集体无意识的影响下，一旦受挫折，较早发出天问："我从哪里来，到哪里去？""什么是人生意义？""人为什么需要活着？""空心病""玻璃人"似乎成为此代人不良特征的代名词。他们因为生存的物质较为丰富，至少不会像上两代人那样饥寒交迫，本能生存的动力自然下降，既没有家国情怀，又没有物质目标，甚至丧失婚恋的激情。如图5-4所示，"纠结一代"的空心的"个我"占据了几乎大部分人生体验，就像一个空壳球，稍大的压力，整个球就会破裂而碎，外在的"小我"和"大我"都无法实现。

"纠结"一代的青少年内心渴望精神自由、选择自由，却常常被社会和家庭目标化的权威限制，在不要输在起跑线上的错误教育理念的培养下，过早被压制了天性，被父母强加了"期待""目标"，没有体验到自我的情怀、自我的选择和精神自由，没有自己的自由意志选择的目标，导致内心空洞、情感麻木。本能促使此代人迫切需要做自己为先，但集体无意识的大母神文化内化在心，于是想做自己的英雄情结在心中激荡，两者相互纠结冲突。当被外在或者内在大母神压制了本能的英雄气质，就会逆反和变相地"阉割""自毁"式做自己为先，主动成为"躺平""啃老""享乐""自闭"一族，实质是在做"假我"。

"纠结"的一代处于经济高度发达的物联网时代，面临的人生选择很多。但在纠结中，人的能量容易被耗尽，不能专注于某个兴趣或选择，英雄潜能难以发挥，常常迷失在错误的"做自己"，做"假我"的方式中，严重者在临床表现为游戏成瘾、强迫症、惊恐障碍、拖延症、焦虑症、抑郁症、双相情感障碍等，同时，出现性别角色颠倒或混乱、独身主义大行其道的现象。

三代人在"做人为先""先立人，再做事"的中国近代文化生存理念下，各自活出了自己的精彩、快乐和痛苦。有情怀的一代，做人为先是自己的理想，是"心甘情愿"的做人为先，是精彩人生；"目标化"的一代，表面是按照社会认可的标准"做人为先"，实际是按照自己主动选择的"目标"在活，是"虚假"的做人为先，是偷着快乐；"纠结"的一代，在主流的西方文化影响下，具有强烈的"做自己为先"的欲望，但被各种因素压制和阻碍，是必然经历痛苦折磨后重生的一代。在人生的经历中，三代人同样存在"纠结"，同样面对"不得不"做人为先的人生。

时代在变迁，东西方文化在相互碰撞和交融，中国文化心理原本就蕴含的"做本真的自己""做真我为先"的存在精神，值得大力提倡和宣扬。三代人都需要学习"做真我为先"的生存理念，尤其是"纠结"的一代，要敢于不回避纠结，直面危机，在人生的危险和困惑中，探寻机会、机遇、机缘，体验阿阇世王情结，体验浴火重生、脱胎换骨的不得不的人生。同时，这也需要全社会引导正能量的做真我为先，以激发他们"自我内在的英雄气概"，战胜自己内化的大母神，成为解放自己灵魂的英雄。对他们的父母而言，需要放开孩子们被束缚的手脚，帮助他们走出人生的阴霾，走自己想走的幸福路。

二、什么是做自己

做自己，首先清楚什么是自己？绝大多数中国人的自我属于依附性自我，体现为"小我"或者"大我"。在家靠父母，在外靠朋友的生存理念，就是依附性自我的体现。

做自己就是敢于做独立的、排他性的自己。在"尊天理""灭人性"的宣扬下，中国儒家主张要先公后私，倡导牺牲小我以成全大我。在社会生活中，做人在先，做"大我"在先，做自己，做"小我"在后。在物质匮乏时代，在生存资源贫瘠条件下，倡导"大我"有利于"人性"的培养，有利于"动物性"私欲的控制，有利于降低社会矛盾的激化。在大是大非面前，这种敢于牺牲自我的精神值得宣扬。但是，经济发达的社会分工和精神文明多样化的今天，人们可选择的生存方式已经五花八门。在日常百姓生活中，在青少年的成长期，这种先做人的价值观，在人性的私欲和不安全感作用下，在西方文化的冲击下，自然容易演变成"被目标化人生""急功近利，追逐名权利的人生""要面子"或者"要面子，又要里子""躺平""纠结"的人生。

忽略"个我"，谈小我和大我，难以让个体获得自在、自然、自性的体验，内在的能量难以迸发。历史的发展，现实世界和人性的本能推动着个体必然选择了敢于做自己在先，做人在后的人生生存理念。庄子《逍遥游》的精髓是"道法自然"地做自己，即"做真我"。陆王"心学"的理念就是"心即理"，每个人的个我内"心"认可的，就是你的"理"，你自由选择的人生意义，就是做自己。"做有良知的自己"，即"做真我"。

我选择了自己赋予的人生意义的道路，生命的意义自然存在，不需要刻意去找回生命的意义。

有"情怀"老一代个体选择"大我"作为自己的人生意义，那么他的"个我"和"大我"是一体的，为此，他任劳任怨，无怨无悔。

"目标化"的个体选择"目标"再"目标"，选择做"小我"，再到做"大我"，甚至始终做"小我"，那是他的"理"，是他自己选择的人生和应该承担的一切。只是，到了近几十年，东西方文化的碰撞使"目标化"一代的很多父母忘了"心即理"，做自己在先，才能做有价值的人。其实，他们自己的人生尽管是目标化，但是，那一个个目标都是自己的"心"选择的，暗合了"心即理"的生存理念，他们已经无形中进行着"做自己为先"或者至少是做自己一部分为先。当然"目标化"一代，奉献于家庭做"小我"无可厚非，但是，大母神情结的过度呵护、背负和期待，已经极大地损害了自己和孩子们的健康。集体大母神情结甚至内化到孩子的潜意识，扰乱了孩子们的"心即理"的生存体验。

　　"纠结"一代的个体，徘徊在"做有价值的人在先"还是"做自己在先"之间。大家错误地认为"只能做有价值的人，放弃做自己"或者"做自己在先，就只能做无价值的人，就是做极端自由的自己"或者"做自己之前，必须先做有价值的人"，否则就得不到家庭、社会的认可。

　　曾经有位 12 岁的来访者说了一句金句："自己认可没有用，父母认可才有用。"孩子比喻自己就像"田字格"里面书写的"我"，"田字格"里面的虚线，因为父母、社会、内心的自己给予现实的自己太多的限制、框架、枷锁而变成了实线，"我"字被分割支离为 8 块，已经看不出还是一个"我"字（见下图）。这是

被实线田字格分割的"我"

表达了"做自己难""做自己认可的自己难""只有做父母认可的自己"。但那是被控制、被剥夺选择和自由的人生，是没有"个我"的自己，"空心"的自己，没有做自己的意义。

有"情怀"的一代，尽管人生经历艰辛和困苦，那是按照自己的意愿和自由意志在活，死而无憾。因为是自己的选择，因为理想的情怀与现实距离太远，即使理想化够不到，较少会自责和纠结，容易回到现实，多数人会自己承担不良结果。万一受挫严重，理想破灭严重，少数人就会"疯掉"，罹患"精神分裂症"相关重症精神障碍。有"情怀"一代已经进入老年或暮年，希望他们敬重自己的过去，放下理想化的情怀，含饴弄孙享清福，坦然接纳生死无常。

"目标化"的一代，生活有动力，目标是自己选择的，目标实现有成就感。因为从小感受到贫困，注重节俭、注重守财，财富的欲望始终较高。这一代人，私欲常在，自我不断追求欲望的满足，在"目标—目标—再目标"的实现过程中，特别注重结果，如果实现了容易产生不断的焦虑，如果失败了或反复失败，容易产生忧郁。当人们改变"目标化"为"积极体验在先，小目标在后"的人生，就是"爱自己在先"，关注"个我"。敢于有"舍"的精神，减少对"小我"过度在意，增加点"情怀""大我"，自我的成长就会伴随着"大我"的成长，走向符合不断提升生命意义的中国式"天人合一"人生路线，实现"做真我"。

三代人因为不安全感的本能存在，焦虑、纠结都有不同程度的呈现。有"情怀"的一代，现在需要解决"疾病或死亡造成的纠结"。有"目标化"的一代现在需要激发"体验""情怀"，放下目标化追求满足欲或不满足的人生。"纠结"的一代，需要社会、家庭、自身多方位的改变，才能化解纠结，学会积极做自己为先。

为什么必须做自己在先?

一、做自己为先的必然

"做自己在先"是人性"私欲"的自然选择,是人类普适性的动机。做自己在先,就会获得选择的自由,专注自己喜欢的事,就能积极体验人生。人生原本就是一个过程,感受自己选择的人生,无论风雨还是彩虹,失败还是成功,在过程中自然体验到自在、舒适。因为是自己选择的,内在存在一定预测性,出现极端意外的概率较小,承担结果的意愿和能力增强。

没有做自己的体验,就没有真正接纳"四端"的心,达不到做人的"礼义仁智信"标准。做自己为先,才能聚集爱他人的能量,实现"做真我"。一个青少年若从小被限制天性的顽皮、享乐、不自觉、好奇心、爱美、爱自己,而被要求按照理想化的做人标准,要求他从小自制、懂事、听话、不出格、学有用的、不惹事、不臭美、爱他人,那么,因为孩子没有真实地做自己在先,实际会导致孩子的对抗、木讷、纠结、迷茫、痛苦、麻木。孩子被教育得有了"辞让之心",却过于怯懦,在校园被欺凌;有了"羞耻之心",却过于害羞,而社交焦虑甚至恐惧;有了"是非之心",却过于理性懂事,失去了"情感"体验和表达,甚至"恻隐之心"。

孟子讲了一个故事来表达"恻隐之心":当一个幼儿不慎跌落

水井，一个人就会不自主奔向井口，"恻隐之心"油然而起，这就是"人之初，性本善"的依据。

但在做人为先的培养准则下，在没有外界恶劣环境的胁迫下，一个人从小若感受到的是人为地被压抑、限制、控制，体验到的是冰冷的理性、矛盾的爱、麻木的情感、要面子的虚伪。那么，他在长大后，看到一个幼儿不慎跌落水井，就很可能麻木地看着事情的发生，失去了本能"恻隐之心"，或快速地离开水井，避免是非纠缠，失去了"是非之心""恻隐之心"，或犹豫不决地等待着他人的抉择，这是羞耻心、辞让心过度的错误表达。

前些年，出现"老人跌倒，无人敢主动搀扶"的社会怪象，就是成人世界做人为先的"四端"混乱迹象。

曾经有个来访者的妈妈就说过这样一个令她寒心的画面："在家里做家务，请孩子帮忙，孩子不仅不帮手，而且在我不小心跌倒在地，打烂了玻璃杯，划伤手，鲜血流出来之时，孩子麻木地看了一眼，就继续刷着自己的手机。"这个妈妈的孩子就是在不断地被心灵鸡汤浇灌、不断地被指责的环境中生存，内心已经产生严重抑郁，可妈妈还在按照做人的标准在要求。这样要求孩子做人，能够做到吗？回答：不可能做到，因为在那种环境下，孩子不仅学不到如何做人，而且失去了"性本善"的"恻隐之心"，找不到自己生命的意义，迷茫地做着自己，丢失了生存的欲望。

反之，临床中遇到不少非常自律的来访者，在遇到不良事件或情感挫折后，自我否定过度，而产生严重焦虑或忧郁。他们原本是"别人家的孩子"，优秀榜样，文化成绩优异，生活自律，一直在按照社会和家长要求的"做人为先"的高标准生存，却唯独忘记了"爱自己""做真实的自己"，是"为他人在活"的空心的自己。

这就像一个空心球，披着看似坚硬的外壳，一旦外在压力超过球的外壳，就会破碎。

二、做自己为先，才能做好人

做自己为先如此重要，父母们为什么不敢于引导孩子们做自己在先？

原因有多种：因为自身的经历和经验是"做人为先不错"，因为中国文化的做人为先的集体潜意识，因为怕耽搁了孩子的成长，因为怕孩子学坏没有出息，因为怕孩子出格行为带来麻烦，因为想孩子实现父母的愿望，因为想老有所依有所养，因为望子成龙、望女成凤……

父母却不知道，在物质匮乏的外在威胁下，我们的个我、小我和大我是基本重叠的。每个父母虽然感受到生活的不容易，但是，无形中一直在做自己。父母们经常放下做人的高标准，见人说人话，见鬼说鬼话，见机行事，看菜下筷，明哲保身、人格面具等是成人世界的现实，告诉自己"就那样""现实点""无所谓""就这么回事""少管闲事"成为常态。

青少年看在眼里，感受到"父母"的身教。如果父母是口是心非的身教，孩子自然抵触各种限制，持续叛逆。如果父母是"言行一致"的身教，孩子则会较早压抑自己的天性，感受到自己的无能，选择为父母而活或躺平式人生。青少年们感受不到"做自己"，被从小写字不能"出田字格"的东方文化意识影响，长大后，即使父母放开所有限制，放开手脚的束缚，孩子们还是不敢敞开自己的心扉，出格地展翅飞翔。

"纠结"的一代，生在物质丰富和精神食粮无限的时代，从小就博览群书，培养兴趣，多才多艺，游历世界，眼界开阔，思想活跃。原本有着丰富的知识铺垫和极高的创造欲，但是，过于强调"做人为先"，则会压制他们的幻想思维、创新思维、爱生活的热情、爱他人的情感，导致内心的不断纠结，做不好人，做不了原本想要的自己，更做不到"不得不"的自己。没有了真实的自己，谈何做人？

父母应该相信中华文明五千年集体无意识的影响力，身为华夏的儿女（包括身在其中的自己），骨子里原本就有"人之初，性本善"的因子，都有不可磨灭的"良知"，追求"真善美"的原动力。现在是物质相对发达时代，人性善的一面多于恶的一面，且现在是法治时代，每个人内心都有自己的道德和法律底线。过度强调做人在先，无形给予孩子们的是被限制、禁锢，反而容易激发过度的叛逆行为。

临床见到学习成绩优异的青少年、大学生、成人，在过度压抑中，终有一天会突然爆发愤怒，突破道德和法律底线，要么毁灭他人，要么毁灭自己。引导"纠结"一代爱自己是当务之急，倡导"做自己在先，做人在后""爱自己在先，利他在后"的理念是人性的必然。相信"做自己在先"不会导致违法乱纪、道德沦丧与极端自由主义，因为中国人的无意识"良知"在骨髓里，不会做"无价值""不好"的人。

做自己在先，不是倡导西方极端个人主义和极端自由主义，相反，它可更好地防范极端自由主义的发生。做自己在先，是为了更好地做人，是为了真正地做人。在做自己的过程中，自然会体验到专注的力量，体验到喜乐的情感。这些能量在"做人，做有价值的人"遇到困难时，自然就会发挥无穷的力量，突破重重险阻。即使失败了，那也是一种人生收获的体验。有此平和心态，才能在失败中找到价值和意义，"利他""大我"这些人生的价值和做人的道理在人生中自然实现，最终实现做自己和做人的和谐统一，即做真我。

⟨ 第三节 ⟩

爱自己在先，利他在后

针对当下的三代人"有情怀""目标化""纠结"都存在为他人活，为"做人"活得累的情况，在此倡导"爱自己在先，利他在后"的理念，因为有了"爱自己"的能力，才能"做自己"，才能向着"做自己为先"成长，才能最终做到"利他""大爱"的"真我"。

爱自己的总体原则：自己的心智不断成长。

具体如何爱自己，以下按照由易到难，按照个我、小我、大我的相关性列了 12 条，供大家参照。

一、短期享乐主义，体验吃喝玩乐

人有动物的本性和生存的本能，总是学习、思考、工作，忘了给自己身体放松，忽略享乐本能的需求，身体就会报警，就会产生各种心身疾病。

中国的饮食文化，就是享乐主义的体现。现在的经济，多数人可以做到随时享受美味佳肴。在疫情防控期间，餐饮受到极大的影响，短期饮食的享乐极大减少，是焦虑抑郁高发的原因之一。

短期享乐可以改善心情，长期享乐就是过度躺平、放纵或堕落。享乐如旅游等可以改善一时的情绪，但是不能真正治疗抑郁症等疾病。当享受旅游时，触发了自己的内心感悟，想通了纠结的事，学习到如何做自己，自然有心理治疗价值。

二、自律，作息规律化

自律才会有自由，一味地追求自由或享乐，反而会失去真正的自由。自律不是完美地要求自己，不是自我压制自己，而是自觉自愿地主动控制自己的生活、学习、工作节奏和时间，使得吃饭、睡觉、工作等要符合生态规律。

长时间地规律作息，可以为人体调配好一个生物钟。在这个生物钟的影响下，人的睡眠质量和白天的工作状态，都有非常高的效率。睡眠障碍几乎是所有人罹患疾病的初始窗口。大量心理疾病患者主动睡眠昼夜颠倒，美其名曰"做自己"，实质是在自虐和自我摧残，做的是"假我"。睡眠倒错导致心理疾病由轻度转向重度，最终丧失心智，丧失生命存在的意义。

长期日夜颠倒，脑细胞内啡肽等释放开关紊乱，尤其容易激发双相情感障碍。而积极主动早起晨练，调节睡眠生物钟，则具有治疗情绪疾病的重要价值。

当然，自律不等于苦行僧。过度自律，不让自己的身体体验舒适、情感性的生活，是自虐自己的身体，不是爱自己。

规律作息还包括调整好适合自己身体状况的饮食时间、结构、工作程序。劳逸结合，能让我们远离亚健康状态，告别容易疲劳的状态。

做到这些不容易，能够做到就是很好地爱自己，做不到也不要自责，尽可能自律地去做，也是爱自己。

三、尽可能不否定自己，多关注自己，想办法肯定自己

自谦、自我反省、不骄傲是中华传统美德。在现实事务中，东方人不自主地倾向于否定自己，总是从自己身上找问题，自责不断，少数人进而愧疚再后悔。

爱自己的第二条，就需要想办法，多关注自己的内心体验，感受自己舒适的体验，肯定自己。

东方人即使自己做得好的或突出贡献的事，也在意他人的赞扬，也很少赞许自己，会谦虚地说都是大家的智慧，都是大家的功劳。做得不好的事情，肯定会自责和内疚。最典型的就是日本人的深鞠躬，甚至剖腹自尽表达自己的道歉和愧疚。因为东方人总记得"礼为先"，要感谢别人，却从不感谢一直陪伴自己的自己。

其实，肯定自己才是自尊，才会有自信，才能在错误中、失败中，找到生活的意义和价值，找到可以自我改进的方向。

经常关注自己，向内观看自己，学习赞许自己、认可自己，压抑的心情就会改变，人就越来越美丽或帅气，越来越开心。那么，经常认可自己是否会导致骄傲自满或者被他人指指点点呢？东方人骨子里是谦虚、谦让，是不骄不躁、自省的基因，即使天天赞赏，也不会出现多少自大自恋狂。

喜欢自责的人，学习每天记录肯定自己 3 ～ 10 件事。感受到不舒适的体验，就放下它，在不良事件中找到价值，再肯定自己。感受不到可以肯定的事，就需要主动"找事情"做，如尽情歌唱、徒步行走、做家务、照顾家人、感谢家人、做公益活动等。在做这些事情过程中，会有自在、自性的体验，自然就有可以认可、肯定自己的事情。

四、不怨、不恃、不执，体验当下的任何积极事情

怨恨是最负能量的情绪，带着"偏执和执拗"的心态，伤害他人，更加伤害自己。只有学习接纳伤害你的他人，尤其是原生家庭的父母，纠结才能打开，怨气才能消散。怨气表面是不放过对方，实质是不放过自己内心的执念，不放过自己。放下了怨恨，才能体验当下的事。

"不恃"是指不要有恃无恐，不要过度自持、自大。过度自持，常常把自己的享乐凌驾于他人的痛苦之上，最终会被周围的不良情感反噬。

"不执"是指放下妄念、执念。喜欢争辩对错是非的人，往往比较执着。不执着的话就让那些怨恨、伤心的念头和情绪过去了，哪里会纠结其中而无法自拔。佛陀说：一切有为法，如梦幻泡影，如露亦如电，应作如是观。少"常见""断见"，用真心"如实见"。

在当下生活中，主动体验任何事情中的积极一面，培养感受愉悦和被爱的能力。每天记录 5～10 件自在、开心、舒适、愉快的事，比如，与自然界相关的体验、与人互动的被爱体验、自己做到的小事或吃喝玩乐后的体验、战胜小困难后的体验等。

真爱自己，那就放下怨恨、自傲、执着吧。

五、锻炼身体，童心不灭，让自己的生命有活力

身体是精神、意识活动的物质保障。锻炼身体不仅有利于身体健康，还会增进人际关系（如球类集体运动），改善神经衰弱（如

长跑、冥想），增加抗压的信心（如健身），提高自我觉察和活在当下的体验（如长距离运动、瑜伽、太极拳等）。

慢速长跑运动的研究显示：锻炼能够让生命充满活力，能够激发大脑激素，拯救轻度忧郁症、焦虑症等来访者。同时，在长跑中，还会体验到战胜困难的成就感。

保有童稚的心，学会不在乎他人怎么看我，就是单纯地存在，敢于宣泄情绪，单纯地释放自己的情绪，单纯地放下一切已经发生的，回归自然的体验。

六、交几个好朋友，多感受美的事物

社交有利于人的身心健康。社交中有虚伪、攀比、嫉妒、轻蔑等负能量，同时也有赞赏、认可、共处、共情、关爱等正能量。学会忽略负能量，积极体验正能量，不回避社交，战胜内心矛盾的体验，也是培养爱自己的能力的一种方法。

当然尽可能少点利益性社交，多几个知音、知心朋友的社交，多些内心的互动，自我接受他人的爱，回馈他人的爱，都是在爱自己。

培养自己的业余爱好。人生不能只是学习和工作，需要提升美的感受。多接触温顺的小动物、欣赏艺术和影视作品，多融入自然世界，感受自然的美，这些美蕴含着高能量，体验美就是爱自己。临床中绘画心理治疗、音乐治疗都是借用体验美、融入美来滋养自己的心。

七、做自己喜欢的事，专注当下就是最好的爱自己

最直接表现做自己的行为，就是做自己喜欢的事。目标化的一代追求自己设定的目标，就是做自己喜欢的事。对纠结的一代而言，则是敢于选择自己喜欢的事情，去坚持和专注地做，不论结果如何，持续专注做自己喜欢的事情，就不枉此生。如果能够把自己喜欢做的事情，最终或者无形中转化为社会认可的人生价值，做自己和做人就得到统一，那是最理想的事情了。

如果没有能够把自己喜欢做的事情转化为职业相关的价值，就接纳此存在的现象，不气馁，继续做自己，兼顾做人，即使欲望少点、清贫点、生活简单点，但时间多点、悠闲点，能够拥有与他人不一样的人生，做自己想要的样子，就是爱自己。过自己选择、认可的人生，这种自由体验不是用所谓的人生价值就能够换到的。

八、学习拒绝，不讨好，不在意他人的评价

在前面有关"讨好"的心理解析和应对策略中，已经详述中国文化的心理影响，其中一个应对策略就是"学习拒绝"。

东方人总是生活在"面子""人情""礼仪"之中，即使不讨好，很多人常常抱着"算了""对方不容易""不再有下一次"等心态，面对自己不愿意接受的"请求""礼物""逢场作戏的饭局""阿谀奉承""情感绑架"等，不好意思表达拒绝。明明内心体验不愉快，却强作笑脸，伪装自己的不良情绪，委屈自己，也不表达拒绝。相信自己的"良知"，敢于表达拒绝，敢于不在意别人的负面评价，是爱自己的展示，是做自己为先的基本。临床不少来

访者，学会了拒绝，心身都会极大地放松，能够较快地走出抑郁焦虑的困境。

爱自己的同时，能够让双方都舒服最好，但是，只要自己身体或者心理感受到不舒服时，就要先保护好自己，拒绝不良的事件和情绪，让自己体验到自在和舒服为先。

拒绝不仅要拒绝外来的不愿意接受的事，更要拒绝自己内心不良的情绪、思维和体验。

九、敢于示弱，请求帮助，协同直面困难，不回避

人在社会生活中，经常会遇到困难和迷惑，因为过度在意他人的评价和自我完美的性格，容易认为接受他人的帮助（爱）是"羞耻""无能"的表现。很多人遇到困难，喜欢一个人硬扛，喜欢大母神式的过度背负心的包办；当困难足够大时，当受到委屈，受到权威压迫或欺凌时，常采取回避或者拖延或者纠结的态度，却极少寻求周围的资源，不会主动请求帮助。

学会示弱，主动请求帮助，共同面对困难而不回避，不是懦弱无能，而是敢于相信他人的表现，是爱自己。

十、接纳不完美，保留对权威的质疑，而不教条化

每个人都是不完美的，接纳自己的不完美，是肯定自己、爱自己的前提。

接纳外界的不完美，才能敢于质疑权威的完美性和绝对性。保留质疑不是直接对抗，而是保持自己不被外界的条条框框给完全限

制和控制，找到时间、空间、精神世界的相对自由，不会教条化地生活。

这里的权威包括内化为我们内心的理想化标准和情结，像案例4从来不质疑网络给予的信息（眺望远处半小时可以保护眼睛），不质疑自己内心认可的恐惧。

十一、懂得尊重界限，以不争的心态，和解一切不良体验

认知自我和他人，知道自己的社会、家庭角色。做好自己角色的分内之事，不越界，不包办，不勉强。《论语·宪问篇》中说："子曰：'不在其位，不谋其政。'曾子曰：'君子思不出其位。'"这是说，做人做事都需要有边界，超出了边界，就会出现背负心过度，或者操纵欲过度而不自知，累己害人。

爱自己是"不争"，是不好强地争夺名权利来满足自己的私欲，是少过度关注外面的一切不良事件，少判断事件的是是非非。按照积极体验做自己，感受到不良体验，需要不回避，转而以"不争"的精神直面不良体验，接纳它，和解它。当你能够与外界给予的不良体验和解，与自己和解，那么爱自己将达到更高的层次。

十二、利他的同时，感受到双方自在舒适

"目标化"一代很喜欢做好事，尤其是在家庭和亲朋好友事务中，常常像大母神一样主动承担很多事务，为他人操心操肺。付出"爱"的一方常常很热情、很主动，也会很累，被"爱"的一方，却常常感到不舒服，体验的是被情感绑架，又不好拒绝。

　　利他、爱人需要双方都能够感到自在和舒服，才有利于爱的流动。利他的行为，让任何一方不舒服，就不是爱自己，其实，也不能够真正爱到对方。孔子说："己所不欲，勿施于人。"自己不想要的，不需要强加给他人。自己做不到的，同样，不需要把期待强给他人。

　　强加于他人的爱，也会容易导致对方自卑、内疚、愧疚，甚至厌烦。当被爱的一方，勇敢地表达拒绝时，给予者自然就会不解、伤心，甚至愤怒。吃力不讨好的现象经常在现代家庭出现。大母神情结的家长需要看清自己在家庭的"利他"行为，其实是为了"个我"或者"小我"的满足，如果能够站在局外人的角度爱自己的孩子和家人，那才是真正的利他。改变"利他"方式和行为，让双方都舒服，做不到，宁可少表达，这才是爱自己。

　　真正的利他是给予他人爱，让被爱者，舒适而体面地获得真诚的爱。利他是不索取回报，不是为了满足内心私欲，不是企图获得被赞赏。爱自己和利他也是可以统一的，是"赠人玫瑰，手有余香"的境界。

　　爱自己为先的基本标准：不要自己让自己不舒服；想办法让自己舒服点。

　　做到这两条，需要放下纠结，不在意他人的评价，不在意事情的结果，敢于放下背负心，主动创造舒适的体验。

第四节
中国文化支持做自己为先

一、存在先于本质，做自己必然先于做人

本书第二章大量谈到《道德经》《庄子·逍遥游》《六祖坛经》《王阳明心学》中包含的存在主义思想。中国先秦文化思想在告诉我们如何做自己在先，当时哲学思想是百家争鸣，各抒己见，提倡做自己，也是实实在在地在做"真我"。

从个体存在心理角度解读，《道德经》就是一本如何做自己为先的指南，教我们如何做一个理想化而幸福的人。文中首先告诉我们世界的"道"（存在）在先，是个混沌未开之存在。在自然作用下，才开始化无形为有形，形成天地，再从有形的存在体内部，看到矛盾的必然性，是构成存在的必然性。因为矛盾的相互摩擦和融合，才发生道生一，一生二，二生三，三生万物的现象。当我们把"道"看成一个人的存在，就可以更好理解存在主义讲到的核心观点"存在先于本质"，也可以清晰地领会道德经的"做真我"精髓。

个体将成为一个什么样的本质或者化形为何种人，即做什么样价值的人，如做一个音乐师、一个工程师、一个管理者等，那是在后的事情。在做人之前，已经有个存在，这个存在需要顺其自然地做自己。因为没有自己"个我"的存在及其美好体验，没有做自己

的存在感，本质或个人价值自然也难以形成。即使本质的存在是经过外在的力量塑造的，然而没有内在核心的存在（做自己）在先，那也是一个空心的、没有真实自我的存在，易在外力作用下崩溃。

"个我"被控制或者压抑过度，就会出现压抑后的过度叛逆行为，甚至反社会行为。临床心理学研究揭示，反社会人格或称犯罪人格的形成，多数来自原生家庭父母，尤其是在父亲给予较多的虐待或者不认可的情况下。少数犯罪青少年来自过度溺爱，过于任性的人格。因为他们容易在受挫时，产生一时的犯罪冲动行为。

父母若给予青少年做自己的时间、空间、情感体验，则常常能培养出阳光、独立、勇敢的，对社会有价值的人，这样的人自然能够在社会的熔炉中学会做人。

形象点表达，如果把受精卵看成是"一"，其内在精子和卵子的基因特征矛盾互补，基因的结合和有丝分裂等一系列过程，就是矛盾双方的不断融合、分裂、再融合，就是受精卵这个有生命力的细胞"一生二，二生三，三生万个细胞"的过程。受精卵作为"一"存在，还没有成长为胎儿时，是男性还是女性已经决定此存在，但是，在子宫内发育生长时，受各种影响因素，最终成长为健康顺产胎儿还是早产难产胎儿却是未知数。无论胎儿如何，在此成长期间，胎儿的性别是不会变的，来自父母的遗传基因不会变，胎儿自身的存在是先于那些未知数的。让胎儿顺其自然在母亲子宫里成长，成为自己先，就是做自己为先，不是告诉"他"一定要乖、一定要听话，他就能按照母亲的意愿成为顺产儿还是难产儿，更不会变换性别或者成了别人家的孩子。现实中，一个青少年就是自我"一"，内在包含着善和恶、安全感和不安全感等矛盾，在这些内在矛盾作用下，自我这个"一"自然会成长，此"一"的存在是先于做好人还是做不好的人。自我"一"还有受精卵分裂的特征——自我意识和自我意志，外界只要像子宫提供给受精卵的环境那样，给予合适的精神营养，自我"一"在自我意识作用下，可以产生"二"种矛盾的意念，再生"二生三，三生万个意念"，如此自我"一"自然先做自己。

从做自己是"一"的角度看，做好人与做不好的人就是"二"，两者相互矛盾和交互作用。在人生的各种事物中，表现出万种"做人的样子""做人的价值"。在外界"良知""善""安全感"的环境里，自我意识自然会向着做好人发展，但在某些因素的影响，未必就不会有"做不好的人"的时候。这个自我"一"的存在要先于自己将来成为什么样的人。做自己为先，做人在后就是"道法自然"的现象。

如何做人，如何做好人，是受到周围环境"善""恶"的影响。近朱者赤，近墨者黑。给予青少年良好的精神食粮，敢于放手让其做自己为先，相信"四端""仁义礼智信"潜移默化的滋养，那么青少年就一定能够做好人。

二、东方式的绝对自由做自己

庄子《逍遥游》告诉我们：对世俗之物无所依赖，才能不受任何束缚，自由地游于世间。逍遥游就是超脱万物、无所依赖、绝对自由的精神境界。庄子是做自己为先的典范。他既强调原本的存在先于本质的思想，同时，展示了敢于自由选择，敢于齐生死，敢于承担结果的精神。摘录其三个小故事如下：

【视权贵如腐鼠】

《庄子·秋水》载：惠施在梁国做了宰相，庄子想去见见这位好朋友。有人急忙报告惠子，道："庄子来，是想取代您的相位哩。"惠子很惶恐，想阻止庄子，派人在国中搜了三日三夜。怎料庄子从容而来拜见他道："南方有只鸟，其名为凤凰，您可听说过？这凤凰展翅而起。从南海飞向北海，非梧桐不栖，非练实不食；非醴泉不饮。这时，有只猫头鹰正津津有味地吃着一只腐烂的老鼠，恰好凤凰从头顶飞过。猫头鹰急忙护住腐鼠，仰头视之道：'吓！'现在您也想用您的梁国国相来吓我吗？"

【宁做自由之龟】

一天，庄子正在涡水垂钓。楚王委派的两位大大前来聘请他道："吾王久闻先生贤名，欲以国事相累。深望先生欣然出山，上以为君王分忧，下以为黎民谋福。"庄子持竿不顾，淡然说道："我听说楚国有只神龟，被杀死时已三千岁了。楚王珍藏之以竹箱，覆之以锦缎，供奉在庙堂之上。请问二大夫，此龟是宁愿死后留骨而贵，还是宁愿生时在泥水中潜行曳尾呢？"二大夫道："自然是愿活着在泥水中摇尾而行啦。"庄子说："二位大夫请回去吧！我也愿在泥水中曳尾而行哩。"

此两段幽默的故事提示庄子淡泊名权，私欲极少，洁身自好的品质，同时，他还敢于选择和追求内心的朴素生活、自由自在，敢于做自己，为自己的内心体验活，不在意他人的评价和看法。

【是贫穷，不是潦倒】

《庄子·山木》载：一次，庄子身穿粗布补丁衣服，脚着草绳系住的破鞋，去拜访魏王。魏王见了他，说："先生怎如此潦倒啊？"庄子纠正道："是贫穷，不是潦倒。士有道德而不能体现，才是潦倒；衣破鞋烂，是贫穷，不是潦倒，此所谓生不逢时也！大王您难道没见过那腾跃的猿猴吗？如在高大的楠木、樟树上，它们则攀缘其枝而往来其上，逍遥自在，即使善射的后羿、蓬蒙再世，也无可奈何。可要是在荆棘丛中，它们则只能危行侧视，怵惧而过了，这并非其筋骨变得僵硬不柔灵了，乃是处势不便，未足以逞其能也，现在我处在昏君乱相之间而欲不潦倒，怎么可能呢？"

此段故事提示庄子不畏权势、不卑不亢，敢于接纳自己一切当下的现状，不自卑不清高，不仅敢于接纳、展示自己的"贫穷"，同时积极做有"德"的人。庄子是亲身践行着《道德经》的"生而不有（不占有）""为而不恃（不自满）""长而不宰（不强求）"，践行着"无为，无不为"的人生观。

在当今世界，像庄子这种以全身心绝对自由存在的状态"做自己为先"，同时还保持"无私欲""贤德""爱心""不卑不亢""不为权贵"的"做好人""做有价值的人""做真我"，极少有人可以做到。

三、东西方做自己的本质区别

东方式自由是以"德"为基础的自由，带着集体潜意识的"良知""善"。"德"不会去占有世界，它也不骄傲自满、不强求世界由它主宰，真正地做到无为而无不为。按德的标准去做自己，人和世界是可以和谐共处的，内在的自我像婴儿一般纯洁，外在的我可以和世界融为一体。

这种东方文化中的灵魂绝对自由地做自己，与西方文化倡导的精神极端自由、个人主义自由存在较大的区别。区别的关键点在于，西方自由强调"私欲"满足基础上的各种自定义的自由，缺乏"德"的内在灵魂，属于带着"恶""自私"的自由。这种自由必将带来社会的否定、命运的惩罚，做人的失败或痛苦，容易导致拔枪走火的不安定现象。

西方人类的始祖亚当和夏娃因为品尝性欲、私欲，而需要终身赎罪。《俄狄浦斯王》故事中，"斯芬克斯之谜"人尽皆知：一种动物早晨四条腿，中午两条腿，晚上三条腿走路；腿最多时最无能。这个"谜"被年轻的俄狄浦斯回答：人。因为这个正确的回答，俄狄浦斯成为国王。但是，他对"斯芬克斯之谜"的解答是"表象"的，因为他"不知道什么是人、人性""我是谁"。俄狄浦斯既认识自己又没有完全认识自己的事实，导致其"杀父"和"娶母"悲剧事件发生。

心理的成熟需要人生"经历""苦难"和对命运"十字架"的无畏担当来催化。没有带着"德"做自己，没有心理承受地做极端自由的自己，不仅是无益的，反而是有害的，它往往会演变成制造死亡事件的"暴力"（杀父）和泯灭人性的"乱伦"（娶母）。"暴力"和"乱伦"，正是个体在现实社会中被斯芬克斯所战胜的心理不安全感情结——逃避"恐吓"和接受"诱惑"。这是个体人生痛苦的根源。俄狄浦斯经过多年的流浪式生活的赎罪，晚年以牺牲"肉眼"为代价换来的"慧眼",对自己的命运"不怨""不悔""不争",接纳发生的一切,心甘情愿地承受自己选择的结果,获得神灵的宽恕,践行存在主义精神,实现了精神世界的真实自由。

这些西方神话故事,提示追求"私欲"的自由是人的本性,带着"恶"做自己是要付出代价的。但是,这种代价的付出是人生成长的必然,只有经历痛苦的洗礼,激发自身英雄情结,战胜自己的"恶",赎罪的心灵才能升华,获得真正的自由。

东方追求的自由和做自己是带着"德",放下"私欲"地做自己。庄子可以做到,但普通大众,特别是青少年则难以做到如此深层次的自由。"道德至上""圣人""高标准的完美"是做人或者做自己的首要条件。既往有"情怀"的人,身处外在险恶环境,在"民族大义"和道德准绳中,部分正义者用"情怀"做自己想要的样子,牺牲小我,成全大我,实质是在做崇高的社会人;部分不能放下"私欲"者,就会选择"明哲保身""卖国求荣",满足了逃避"恐吓"和接受"诱惑"地做自己,背叛道德成为被唾弃的民族罪人。

"目标化"的人按照自己选择的目标,也是遵照社会道德和规则在做"不得不"的自己。因为"道德标准太高",为了追求自己的目标或私欲、避免被"不道德"裹挟,很多人都是戴着多层面具在做人做事,实质是在做"虚伪"的或"假性利他"的自己。历朝历代,人人自称是君子、在做君子,实质能够做到的少之又少。夸张点说:满街都是伪君子,或者是想做完美的自己而纠结不安的人。其实,老子指明了"道法自然"地做自己,庄子给出了追求相对自由和幸福的人生理念,孔子倡导做"君子"的前提是"做真诚的自己""爱自己"，六祖慧能指出了为成佛而妄念的徒劳，阳明心学的"致良知"做自己。这些东方文化的瑰宝，已经在指引大众敢于做"真善美"的自己，即"做真我"，做如实的我。

当今的青少年带着集体潜意识的"善"，基本私欲（物质）已经满足，追求自己选择的自由，将是向"善"的自由。在社会环境和家庭教育支持的条件下，在正确的生存理念引导下，"纠结"的一代完全能够做到"向善的"做自己，也应该被信任会做到"有德性""有良知"地做自己。在做自己为先的过程中，遭遇权威的压迫、恐惧、诱惑、挫折，也有利于自我的独立性成长。

对于今天的我们来说，人的"混沌未开""玄之又玄"之"道"有待进一步化解，德尔菲神庙前石碑上镌刻着的"认识你自己"几个大字仍然是一个"谜"，是横亘在当代人类面前的一个严峻课题。解开人面狮身的斯芬克斯"人"这个谜，个体需要不断做自己，不断战胜内心的私欲，战胜内在大母神恶的一面，同时，需要集体不断修正做人的准则，进化集体无意识文化，个体才能逐步实现做自己和做人的统一。

第五节

中国式有"良知"的"做自己为先"

一、如何做自己

做自己就是做"个我"，不受周围关系的影响，排除和隔离各种关系地做自己。

"个我"包括自己的独立身体和独立精神。做自己是自我意识的本能，目的是让自己活得自在、舒服、愉悦，取悦自己和保护自己，延长生命的长度，扩展生命的宽度、厚度。

没有前提或者"良知"底线地做"个我"，在满足身体欲望中，自然走向满足像动物本能式的各种生存的欲望，追求衣食住行等的不断满足，有了一件衣服，就会需要更多衣服，有了房子，就想要更大的房子，有了车子，就想要更奢华的车子。在人之初性本恶的理念引导下，在满足精神需求中，本能地追求过度放松、过度自由，就会走向天马行空的自我幻想和虚无，追求极端的自由体验，追求排他性或毁灭性的创造，独立于自己定义的梦想和虚拟世界。

这种模式的做自己拥有了独立的身体体验和精神世界，却失去了做自己的目的，毁坏了生命宽广的意义。

西方文化的"人之初性本恶"生存理念，容易导致做自己为先的社会认可现象，但是，这种做自己的"个我"，常常导致过度追求自由，反而失去自由；过度张扬，失去自我再成长；过度满足自我，导致物质依赖泛滥，伦理道德沦丧，伤害了自己和他人。因此，西方在主张做自己为先的同时，积极倡导信奉基督教，用"上帝"的力量控制人性的恶，用"赎罪"的理念减轻痛苦，推进个人成为对社会有价值的人。西方的清教徒，更是形成了东方文化的少"私欲"的精神，自控人性之恶，形成独具特色的"做自己"。

谈到"做自己为先"，大家通常会不自主地参照西方的个人主义，都会比较担心，产生新的困惑或者纠结。青少年们通过出国游学、网络媒体等感到西方个体独立性成长的自由，西方青少年的信心满满、敢于骄傲、自我赞赏、行事果断、心性张扬，甚至我行我素，是每个东方孩子既羡慕又嫉妒的样子。但东方青少年尝试做此类特立独行的行为，很快就会遭到学校、家长、同学的非议和不认可，就被周围人的心灵鸡汤、理性说教、道德尊重、轻蔑的眼神等扼杀在摇篮里。

这是因为西方文化认可和强调培养青少年自我保护和个体独立生存能力，崇尚个人英雄主义，流行放任自由、夸奖式教育；同时，强调中国荀子的观点，在成长中修正人性的恶，相信社会大学和法律的力量，可以制约人性的"私欲""恶"。西方文化环境本身鼓励"做自己"，就是专指做"个我"，不是做小我，更加不是做"大我"。大家都可以接受特立独行的人，不鼓励甚至反对依赖性的人格，强调每个人的相对独立性。因为东方文化鼓励的是"集体英雄主义""谦谦君子""顾大我，舍小我"，尽可能少做"个我"。在东方集体无意识文化环境中，按照西方的满足私欲"做自己"的标准，实行"做自己为先"，很容易被社会法规惩罚、社会道德排斥、社会风俗抵制，只能先放下做自己，去无奈地做人，更多是在做假我、做空心的人。

因为"做自己在先"不被接纳和被给予不良的评价，一些青少年开始采用封闭式方式病态地做自己，自娱自乐在游戏虚拟或卡通的世界，隔离亲人的情感沟通，拒绝接触社会和人际关系，做一个回避现实世界的面具人，任性索取享乐或啃老。他们自以为这就是做自己，却丢失了人的基本属性情感和社会性，没有获得做自己的愉悦性和保护性，是做"死之徒"的假我。按照"庄子"的逍遥游式，无私欲地做自己，当今的社会和家庭同样不被接纳，甚至招来众多的怀疑、嘲笑、讥讽。

案例 18

小云，男，13 岁，主诉"活着没有意思，不想上学 1 年"。1 年多前开始发现厌学情绪和躺平的行为。当时就医精神专科医院，检测为轻度抑郁，嘱咐放松学习，减少学习任务。一个月后检测为中度抑郁，给予足量抗抑郁药物治疗，并且根据孩子经常拒绝上学的状态，建议休学。服药三个月后，心理测评抑郁重度。在首次接诊时，小云是带着笑脸和我说话的，否认自己忧郁，只是觉得活着没有意思，活着没有意义。小云从小天资聪慧，阅读大量书籍，尤其是爱好历史，熟读上下五千年。父母发现孩子的优秀，不断地学习加码，家里电视机送人，不允许触碰智能手机。周末时间外语、小提琴、奥数、游泳等德智体美培训班样样不少，车上放着孩子爱看的各种书籍。小云的确在各种培训班表现优异，德智体美样样出色，在学校的成绩也是长期第一，简直就是理想化的"邻家"孩子。

在心理治疗谈论史记和历史时发现，小云知识丰富，深入浅出，向往张骞出使西域的人生意义。问他为什么有这样的感受，小云表示，张骞多勇敢、多有担当，敢于探索未知的疆域，敢于走世界上别人没有走过的路，感叹自己日日夜夜都在过被强加的生活，原本喜欢的历史，被家人否定，现在也不想再学了。总是需要争第一，总是在各种学习和被培训中，生活一点意思也没有。争取到第一没有喜悦，没有第一也不舒服。

可见，小小年纪，如此优秀，还如此纠结。为什么？因为没有做自己，没有真正为自己活，没有丝毫享乐的人生体验。

针对小云的情况，我建议家长给予全面松绑，取消所有培训，游戏随便玩，电视随便看。小云恢复了点生机和活力，但是，感觉打游戏只是麻痹自己的无聊和痛苦，仍然存在无意义体验。有一次，小云提出想实地看看张骞走过路线，去体验和享受西域的旅游风景，让他没有想到的是，在治疗师的引导下，父母欣然同意。为期一个月的旅游享乐和自由自驾游过程中，小云感受到父母的真爱，一家人体验到享乐的欢乐。在西域（甘肃、新疆）旅游的过程中，找到了想做自己，敢做自己的感受，找到了自己选择的人生意义。回来后，孩子忧郁明显好转，体验到做自己的能量，恢复了上学，药物也逐步停用。当然家长的教育观念完全改变，认可并且自愿执行"做自己在先"的教育理念，支持孩子学习"历史"，活在当下，顺其自然地向着此专业方向发展。

活在当下、不纠结是当今人们渴望的高能量生存状态。这是中国"禅宗"提出的生存理念，也是阳明心学提出的"临在当下"的理念。王阳明曾言："只存得此心常见在便是学。过去未来事，思之何益？徒放心耳。"意指：只要常存养此心，就能经常觉察到心的存在，这就是做学问。已经过去的事，和那些还没到来的事，想它有什么益处吗？这样胡思乱想，只能白白丢失清明的本心。

世界上其实没有那么多烦恼，烦恼本身也是菩提，你觉得现在烦恼多，其实是把过去或未来的事情挪到当下了，是没有跳出烦恼看到内在的机缘和智慧。《道德经》和存在主义都是主张直面世界的矛盾（荒诞），包括自己内化的大母神矛盾情结，临在当下的无意义的世界，找出自己赋予的人生意义，其实就是做自己，做能够活在当下的自己。

二、中国式的做自己为先

既然按照西方"做自己"模式、封闭自我的模式和"庄子"的无私欲模式都难以行通，能否实行东方文化的"做自己"？找到符合当下时代，中国文化的"做自己为先"模式，即做真我，是迫在眉睫之事。在此用一个临床治愈的案例阐述其中可行的模式。

案例 19

小岭，女，27岁，大学文化，职业经理。主诉"情绪反复波动，紧张、压抑、躁动、睡眠障碍7年加重半年"就诊。原生家庭父母从小陪伴长大，从懂事起，小岭就经常听到和看到父母争吵，甚至动手互打，为此感到不安。哥哥叛逆，经常被暴躁的爸爸打骂。小岭却学习优秀，从小被要求不要做出格的事情，需要谦虚、不骄傲、尊师长、不顶嘴，学习"做人为先"，在父母、老师面前是个听话懂事的孩子。小岭同时被妈妈从小操纵性溺爱，养成了在情感沟通上排斥控制性的情感。此外，小岭不敢和爸爸多讲话，厌烦和怕爸爸，即使妈妈用情感绑架自己，却从不表达自己的想法给爸爸。此段时间，小岭感觉自己都是在伪装乖巧，在为父母活，在为维持父母不要分离而活，感到好累。

大学期间，小岭感觉像离开了被限制的鸟笼，开始自由地飞翔，决定"做自己"，特别活跃，在学校多个俱乐部担任主要的表演、主持、组织工作，是学校的小名人，却因为张扬而招来周围同学的非议，特别是被宿舍的同学集体孤立。小岭感到不开心，懒得和室友碰面，就经常在宿舍外面熬夜，很晚回到宿舍就寝，放纵自己的作息生活规律，睡眠经常日夜颠倒，或彻夜不眠，继续做各种爱好的事。

7年前，小岭开始逐渐出现偶尔情绪激动、兴奋，时而情绪低落，兴趣下降，甚至不能很好完成学业考试，被诊断"抑郁症"，经过药物治疗，时有波动。6年前诊断被修改为"复发性情感障碍"，长期服用相关药物。

大学后期，小岭放弃了所有的俱乐部活动，申请换了宿舍，交了几个一般朋友，不再表现自己的爱好，成为一个沉默的人。小岭感觉在大学"做自己"很失败，很想继续做自己，却换来痛苦的心理疾病。

5年前大学毕业，小岭进入一个跨国国际公司，早期参加工作时感觉自己什么都不会，很无能，郁郁寡欢。不久认识了业务上的几位西方朋友，感受到被关心的体验，在朋友们的关心和鼓励下，工作开始得心应手，学习西方朋友做自己的方式。在工作中，她积极表达自己想法，主动和领导沟通，张扬自己的个性，想吃什么就吃什么，想要的业务就去好强地争取。当时，虽然被同事们背后议论，但是由于上司比较赏识，小岭继续工作，并且获得优异的业务成绩，3年就被提升做经理，分派到另外一个分公司工作。在分公司，小岭继续直白地做真实的自己，不和周围人产生深层次亲密关系，"封闭式做自己"，尽管和下属关系尚可，但很快就感受到同级别的经理都在孤立自己，上司也不热情，甚至不给她分配合理的业务。她感受到按照西方朋友的方式做自己太难了，像在大学时期"过度开放式做自己"一样处处碰壁。

在心理治疗过程中，小岭修复了内心的冲突和纠结，和解了父母之间不良的情感，半年后主动辞职，选择了自己喜欢的专业工作。在治疗师指导下，她开始阅读中国文化书籍，学习阳明"心学"的"心外无物"，向内寻求自我，领会"心即理"。从内心体验出发"先爱自己"，再凭着自己的"良知"做事。在做事期间，按照"知行合一"原则，尽可能深度认知、多维度多角度认知，保持行动的执行力，同时遵循中国文化不骄不躁，专注自己喜欢的方向，坚持自己做事的严谨风格。但是，她不再好胜好强，不在意他人的评价，而在意自己的内心感受，做自己能够做到的，敢于及时表达或拒绝不良情感。近一年，已经逐步停用药物，人际关系良好，敢于放下工作目标再目标的模式，做一个说走就走的背包旅行者，敢于接纳新的亲密关系，不纠结旅游的目的地，不奢望爱情的结果，坦然做自己，感受到"做自己为先，做人在后"的良好体验。

小岭总结自己有幸走过的四个成长阶段：为父母"做人"的压抑和纠结阶段——张扬做自己的自毁式失败阶段——封闭式做自己的孤独苦闷阶段——凭着"良知""德"性原则爱自己为先，尽可能知行合一地做自己的自在阶段。

王阳明心学[1]说："草有妨碍，理亦宜去，去之而已；偶未即去，亦不累心。若着了一分意思，即心体便有贻累，便有许多动气处。"意指杂草有害，当然要清理掉，但是如果偶尔没有清除干净，也不要放在心上，你越在意心里就会越乱，若盯着那一块未除的杂草，那心中就杂念丛生了。

没有人的一生是顺风顺水的，面对人生的"不得不""不如意""懊悔""怨恨"，一定要懂得放下，你越在意，心里就越乱，整个人反而被情绪控制。做自己的前提，需要不在意过去，放空自己的心，去除"私欲"，才能够由"心"即"理"。

阳明心学的核心是"心即理""致良知""知行合一"。心即理的意思是，王阳明认为，人对外物的认知是一种本能，心的本体就是"至善"。将这种本能发挥到极致就能够心如明镜，映照万物，此时的心便是天理。致良知的内涵是良知即天理，存在于人的本体中。人们只要推及良知于客观事物，则一切行为活动就自然合乎自己"心"中的理。他也将这种"致良知"的功夫叫作"致知格物"，以区别于朱熹提出的"格物致知"。知行合一，为阳明最重要的思想，是其心学之核心所在。知，就是理论；行，就是实践。把"知"和"行"统一起来，才能称得上"善"。王阳明认为，格物就是去心之不正，就是去私欲杂念，回归天心天性，就是穷理

---

[1] 冈田武彦.王阳明大传：知行合一的心学智慧[M].杨田，冯莹莹，袁斌，孙逢明，译.重庆：重庆出版社，2018.

（存天理），就是"至善"。

在王阳明那里，致知格物＝去私复理。这与朱熹的格物致知完全是两个解释。朱熹是说，只有探究事物才能得到真知。王阳明是说，致知就是"致良知"，良知、真知本就在心，格物只是除掉蒙了心的私欲，体现出天性天心之原意——真知。

中国文化心理，除了阳明心学，还有大量的瑰宝，值得我们在"做自己"中去应用。像老庄文化的"反者道之动""悖论思维""逍遥于自然"，强调在对立统一里，看到事物虽然有两面，但柔弱的一面是胜过刚强的一面的。这就需要我们不断地去学习、去修炼，"见小曰明、守柔曰强"，从事物小的变化中发现智慧，同时让自己成为坚守在柔弱的一面，却勇于做他人不敢之事的强者。就像庄子那样敢于做一个"贫穷"的自己，敢于做泥潭里摇着尾巴的"乌龟"，做个自在的"弱者"，方能体验生活的滋味，体验精神世界的逍遥。坚持"为学日益、为道日损"，主张个体要每日不断学习，累积知识，同时，不断剔除私欲和成见，知止其所不知，弃知生慧，最终就会"化鲲为鹏"，让心重新回到童真般玲珑通透的状态，无欲无求，心灵像天使般顺应自然地翱翔于人生。

"做自己为先"，首先需要认识这个世界和认识自己；其次要明了困难或烦琐的事都是可以从简单细小的事入手的；需要体验专注的力量，朝着"至善"的方向，要一直坚持到"量变转化为质变"的那一刻。在中国甚至今后人类发展中，个体学习"做自己为先"需要掌握三样法宝：一个是良知，一个是节俭，一个是"不争"。

"良知"是顺应天道而赋予的智慧，是"至善"的本性，是做自己的根基。节约和不争在良知的基础上，方可产生幸福的人生意义。没有节约和不争，良知也无法实现和体验。节俭包括节约物质和时间：节约物质是珍惜地球上的任何资源，也是自律和控制自我欲望的良方；节省时间是不荒废和虚度自己的年华，是充实自我，体验人生冷暖，活成高质量的自己。

"不争"不是退让，是主动不好强，不好胜，不居功自傲。"不争"更重要的是指勇于做不敢做的有"良知"的事，同时，做有益于自己的事、保护自己的事，像放弃名利、不畏强权、勇于选择、敢于承担。坚持做到"四个少"：少点欲望、少点评判、少荒废时间、少贪图功劳。

随着自己的眼界、见识、心胸、修为不断地变强，自己就能由于内在的充实，而不断地去扩张人生，从个人、家、国到天下，不断地提升境界，活出精彩无限。

中国老庄文化中以"德"为准绳的天人合一，儒家敢于"做真诚的自己"的中庸之道，遭遇了封建礼教的曲解，个体自我的发展因此而被束缚。例如，儒学经过汉儒（如董仲舒）和宋儒（如二程）等的加工后，就有浓厚的压抑个性的色彩。虽然在此期间，诞生了阳明心学，倡导有"良知"地"做自己为先"，甚至王阳明做到了"立言""立德""立身"，但心学不利于封建统治制度巩固，被官方不断地贬斥，很快淹没在中国文化之中。

中国的士大夫们只讲社会的"大我"或"无我"，明显压抑了个性的自我。因为"个我"长期被压制，个体逐步形成无意识的自制，个人"做自己为先"的意识逐渐丧失，把做自己和做人混为一谈。个人的自由和创造力被较大地压制，导致社会科技和经济发展的落后。在被西方列强打破闭关锁国的状态下，社会精英们和有血性的中华儿女带着"情怀"，激发出大无畏的英雄气概，发起新文化运动，推翻封建王朝，追求自己的人生意义。普通老百姓则专注如何保全香火，逐渐形成为"小我"而活，为自己的孩子和家人而活的自我意识。

同时，在中国人心中，自我修养的最高境界是天人合一。从道家的"天地与我并生，万物与我为一"，到佛家的"涅槃"，到儒家的以"诚"为本的中庸君子之道，追求的都是这种最高的自我修养境界。这些社会文化在倡导极高层次的自我修养，但是，这些境界与世界主流的西方文化相冲突，与现实生活世界明显脱节。

三、如何实现做真我为先

作为当代人，如何能够实现做自己为先？《中国文化心理学》[1]一书提出关于对当代中国人培育具有文化心理根基的健全自我的六个标准：

（1）健全我是兼顾个体利益和群体利益的"我"；

（2）健全我是融道德我、理智我、审美我与身体我于一体的"我"；

（3）健全我是刚柔相济的"我"；

（4）健全我是既有私德更有公德的"我"；

（5）健全我是既适度谦虚又充满自信的"我"；

（6）健全我是独立自主的"我"。

按照这六个标准"做自己"，是典型符合"中庸"之道地做自己，有了方向，有了目标，就值得当代的我们去敢于做真我。"中庸"之道是恰到好处地、精准地完成的意思。

---

[1] 汪凤炎，郑红.中国文化心理学［M］.广州：暨南大学出版社，2015.

在现实生活中，实现"中庸"存在极大的困难。作为"目标化"的一代按照这些标准，从现在开始降低"私欲"，有可能实现"做真我为先"。但是，作为"纠结"的一代，如此高标准的要求，导致他们望而生畏，尤其，是原本存在心理障碍，已经人生迷茫或失去自我的人，甚至因为追求"中庸"之道，更加纠结，反而无法"做真实的自己"。

在此领会心学的精髓，参照汪凤炎老师的标准，结合心理学和自己的生活、工作经验，给出一些见解和可以实操的"做真我"建议。

从前面的案例和所述，在当今东方的时代，做自己可以分为六个层次，由负能量地做"假我"，即（1）～（3），再到高能量地做"真我"为先，即（4）～（6）：

（1）**害人害己型做自己**：反社会行为、犯罪行为地做自己。长期缺乏爱，长期被虐待或精神压抑，导致主动意识逆反的毁灭心理，像虐待狂、残忍犯罪者等，主动伤害他人，再伤害自己，属于负能量做自己。这违背了做自己的初心——自由自在地体验人生和爱自己。

（2）**伤害自己型做自己**：长期被矛盾性的爱滋养和捆绑，内心的纠结导致痛苦，找不到正确的叛逆方向，按照满足自己本能的需求，选择我行我素做自己。表现为一意孤行，日夜颠倒、享乐私欲，不自律，不自控，张狂地做自己，或者封闭式、自虐式、虚拟式做自己，浪费了青春和时光，伤害自己，同时伤害周围的人（尤其牵挂自己的、爱自己的亲人），属于潜意识的反抗压迫和禁锢，无形中在伤害着对方，属于主动伤害自己，被动伤害他人类型地做自己。

（3）不损己为先型做自己：在"伤害自己型做自己"不断受到挫折后而幡然醒悟者，像案例19第三阶段的封闭式做自己；或者在遇到困难、危险，习惯不让自己太受伤害，明哲保身类型的人（像2008年汶川地震时，不管学生，自己先立即逃生的"范跑跑"老师）。不损己为先型表现不主动损伤自己，自私地爱着自己，或者封闭自己和外界的关系，避免被指责、评价等伤害，通常过度保护自己或表现自己，却同时彰显自己不被周围文化认可的行为，事后容易被周围的人或社会予以负面评价，产生被动地伤害自己类型做自己。

（4）先爱自己，不在意他人：能够基本做到前文"爱自己在先"的前11条爱自己。主动享受生活、欣赏美，保持身体健康和童心，做自己喜欢的事，敢于拒绝和索取爱，懂得人际关系的界限，不在意他人的评价，敢于做"不怨""不执"的人。在做自己为先的过程中，尽可能让双方都自在和舒服。做不到时，至少先保证自己的体验自在和舒服，保持爱自己在先，敢于接纳不良体验，不背负他人的不良情绪和体验，相信每个人应该承担自己应该承担的一切。像案例19的第四阶段就是属于此正能量阶段，主动做自己，体验被爱，不背负他人的体验。这也是值得心理疾病的来访者和普通大众学习的主要类型。

（5）做自己和做人的统一：做自己为先，是凭着"良心"做事。在中华文化培育的本能"良知"的基础上，即顺应天道而赋予的智慧，成为有"德性"的人。在爱自己为先，做自己想做的样子，过自己想要的生活，体验自身自在学习工作生活的同时，能够自然实现做社会有用的人、有价值的人，能够主动利他、锄强扶弱。在人生的长河中，不断地凭着中国文化"良知"做自己为先，积蓄不断的能量，同时，再一步一步为他人、为社会、为人类贡献自己的力量，实现做自己和做人的和谐统一。在做自己为先的过程中，能让双方都自在和舒服，甚至在集体危难中，勇于牺牲小我，成就大我，这属于高能量的做自己。

（6）**无我状态**：这是最高境界的做自己，把自己和世界融为一体。个我、小我、大我成为统一体，需要"如实见"自己，全盘接纳自我，需要超越"自我"，甚至"弃我"。无我属于大儒、成道、成佛，忘我的层次，存"良知"，无私欲，主动爱他人，大爱博爱，爱世界，就是爱自己，做真我，也是心理学追求的幸福最高层次。

当你抱有强烈不安全感体验，在做自己为先过程中还是存在很多困难。首先需要尽可能接纳情感、思维、社会、不良情结的不安全感，接纳和化解纠结。其次，坚持做自己为先的原则和目的：让自己舒服在先，不主动伤害自己和伤害他人，不偏离取悦自己和保护自己的初心，即至少符合第（4）层次的做自己。

做真我为先的还需要以下心理条件：

（1）**敢于肯定自己，关注自己内心**。

（2）**相信自己的良知存在**：相信自己不会在做自己时，做出极端违法之事。

（3）**不在意他人的评价**：在意好的评价会焦虑或嫉妒或骄傲，在意不良评价，会害怕、回避、自责、后悔、愤怒，尤其是在意负面评价会严重阻碍做自己为先。个体需要减少"恐""争""怨""避"的心态，减少"私欲"，强化"良知"，坚定"做自己为先"的信念。

（4）**不背负他人的情感和体验**：中国文化容易导致背负心，

容易为"小我"过度地活。放下小我，改变过度善良，每个人做相对独立的个我，其实，双方都会舒服。

（5）**按自己内心的体验做自己**：做自己喜欢的事，做自己想做事。每个人都有自己的优势人格和先天优势基因，在当今物质丰富的时代，按照上天给予的禀赋做自己是必然。

（6）**敢于选择**：依据内心的自我意识和意志，大胆地选择做自己的事或者方向。追求自由是人的本能，在被限制的状况下，敢于选择成为体验自由的必然途径。有选择，才有自由。有自由，才有做自己。

（7）**积极体验在先，目标在后**：体验其中的自在、愉悦，体验其中的困难和挫折，不气不馁。要知道做自己，为自己活不是为了某个结果，而是人生的一种积极体验。在体验中，自然就会集聚能量，体验到个我的存在。如果追求目标和结果，害怕失败或不良结果，那就是混淆了做自己和做人，是良知蒙上了灰尘，存"私欲"过度的样子。

（8）**敢于承担结果**：每个人都有自己选择的人生路，做自己为先，就需要不断地选择，有选择不仅有体验过程，肯定也会有结果。做自己尽可能不看结果，但是，当结果（尤其是不良结果）形成时，需要不否定自己，不内疚，不后悔，敢于直面结果，接纳结果，承担结果。只有这样，才能在不良结果中找到内在的价值，积蓄能量和资源，重新出发，再选择，继续做自己想要的样子。

（9）**专注的力量**：专注于自己选择的事，才能做到做自己为先。不专注和半途而废是虚假的做自己为先，是做自己的信念不足，也是被家庭和社会否定的最直接原因。有"情怀"、有"目标"的人至少在梦想实现、目标追求的过程中，是能够专注的。然而，这个世界存在太多的诱惑，也存在太多危险，这些矛盾都是影响专注的原因。中国心学倡导的"知行合一"意指良知、认知和行动的同步性、一致性，其实也是专注力的培养。不安全感的个体直接按照"行知合一"的原则动起来，哪怕只是做了自己想做的事情的5%，也要不断肯定自己——提升执行力在于启动立即做，在于"不弃"。

《庄子》中有这样一个老汉粘蝉故事：

有一次孔子带着弟子到楚国去，路上经过一个树林，在树林中有个驼背老人正在用竹竿粘知了。他粘知了非常轻松，就像在地上捡知了一样。孔子问："您的动作真是巧啊！有什么门道吗？"老人说："我确实有自己的办法，我经过五六个月的练习，在竿头累叠起两个丸子而不会坠落，这样失手的情况已经很少了；叠起三个丸子而不坠落，这样失手的情况十次也不会超过一次；叠起五个丸子而不坠落，就会像在地上拾取知了一样容易。我立定身子，犹如立着的断木桩，举竿的手臂就像枯木的树枝。虽然天大地大，万物品类繁多，但我一心专注于知了的翅膀，从不思前想后、左顾右盼，绝不因纷繁的万物而改变对蝉翼的注意，这样为什么不能成功呢！"最后孔子转过身来对弟子说："专心致志，本领就可以练到出神入化的地步。"

《庄子·徐无鬼》里记载的运斤成风的石匠也是苦练得来的，据说一个人的鼻子尖上落了一层薄薄的石灰泥，他能够猛烈地抡起斧子把它削掉；斧子动如风，鼻尖上的泥削净而鼻子却一点不伤。

中国古代故事《卖油翁》《纪昌学箭》等都描述了专注的力量和价值。借用这些故事，可以看到不纠结、专注就会有体验、有进步，做到自己想要的样子，自然得到做人的价值，就能够做到行行出状元。

倡导中国式有"良知"的做自己为先，就会产生自我的高能量，也有利于"纠结"的人培养专注能力，再次获得自我肯定，形成良性循环。《一万小时定律》[1]这本书论述了，一个人只要专注于一个爱好或一件工作或者某个行业一万个小时，就可成为此爱好方面的专家。按每天6小时专注地做来计算，大约6年就可以成为你自己想要的样子。个体做自己为先进入良性循环，自然产生不同的社会价值，顺其自然实现小我和大我的做人目标。

四、家庭、社会放开呵护的手

中国文化中蕴含着良知和善，几千年文化倡导良知和善，潜移默化成为中国人的集体无意识的主要本性。但是，人本能存在良知和善，同样存在"私欲"和恶，是符合"道"的存在，吻合不二法则的。现实生活，实用主义的盛行导致人们的私欲和恶时常出现。作为父母和社会的管理者，不得不担心"做自己为先"向"恶"的风险。

"目标化"一代的父母们，长期放下自己的个我，带着大母神的情结做着背负心的小我，内心的能量在岁月的流逝中过度流失，同时，期待孩子们能够成龙成凤，出人头地。"纠结"一代被

---

[1] 张笑颜.一万小时定律——专业主义改变一切［M］.北京：北京时代华文书局，2014.

限制了自由和做自己为先的本性，活得纠结和痛苦。"目标化"父母们这样生活，既没有做好真实的自己，享受晚年清福，也没有实现自己的小我或者大我，更加阻碍或者损害了青少年做自己为先的机遇。

所以，父母们应从当下开始，首先从孩子的角度体验被"目标化""大母神情感绑架"的痛苦和无奈，理解"大母神"的爱对当今青少年的不恰当，甚至是毒害。

其次，父母们应学习做自己为先，减少私欲，降低背负心的"大母神"，为自己的个我活。父母们多去专注自己喜爱的事情，跳跳舞，唱唱歌，读自己喜欢的书，做自己想做却一直没有时间做的事，多关注自己，多照镜子看看自己，改变自己的突出缺点，修复自己的亲密关系，积极体验人生，敢于改变"目标化"人生理念。身体力行到这些，父母们才能放手让孩子自由成长，摔跤吃苦。只要用心陪伴，有力承诺，在孩子有需要帮助和需要呵护时，及时表达理解和给予支持，那么父母们自然体验到人生的自在和幸福，展现出"做自己为先"的高能量，自然懂得了放手，懂得尊重孩子，敢于在孩子面前示弱，敢于相信孩子自己的选择，接纳和肯定孩子的一切，积极支持挫折中的孩子。生长在这样家庭的孩子，自然感受到父母的身教，感受到"做自己为先"的力量，勇敢、独立的个性及阳光、自信的安全感便会自然形成。

在中国文化无处不在的"良知"引导下，青春期的孩子们应学习重新换位体验"大母神"父母的用心良苦，甚至站在空中看自己、父母和两者间的互动关系。这样，青少年们可以理解自己的"大母神父母"，搁置他们给予的不良情感体验，像阿阇世王情结那样，放下过去和纠结，在爱自己的前提下，敢于选择，敢于做真我为先。

在临床实践中，当做父母的敢于改变自己，适度表达大母神积极面，少表达大母神负性面，学会做自己为先，保持耐心和陪伴，放手孩子成长，那么，家庭爱的流动自然形成，夫妻关系变得甜美，家庭氛围洋溢着安全和温馨，孩子自然能够和父母产生同理心、共情、共鸣体验，家中欢声笑语、幽默、赞赏自然呈现。家庭中每个人都成为独立的个体，能够做自己为先，成长为情感独立的自己，又保有中国文化的亲情和相互依恋。

社会集体的文化精神，就像一个大家庭的父母，同样需要学会放手。中国周易八卦、孙子兵法、老庄文化、禅学、佛学、墨家、儒家心学都持续传承着阴阳转换，道法自然，因势利导、因材施教、化鲲为鹏的文化，始终坚守"人之初性本善""致良知"的信念。在几千年的中国文化中，主流意识就倡导有良知地"做自己为先"，即做真我。在近四百年的历史发展中，中国文化过于强调儒家的礼教，错误地诠释道家哲学为"避世"哲学，断章取义地认为儒家哲学为"道德至上""做人在先"，封闭了阳明心学的传播，导致人性的自谦和隐忍变成了压抑和懦弱，个体的虚伪自尊过度，盛行讨好、面子、人情、内疚、后悔、嫉妒、懦弱、明哲保身等不良情结和社会风气。"做真我为先"被限制，反而激发了追求"小我"的私欲不断膨胀，既失去了做自己的个我（像庄子那样的逍遥），又失去的大我（像辛弃疾、文天祥那样的英雄气概）。

如果一个人做自己不能为先，自身英雄气概战胜不了自己的大母神，就会自由体验不足，内在负能量较多，私欲和恶自然膨胀，导致像阿阇世王的害人害己的行为，厌恶社会，轻视生命，走向"恶"的负能量，在做假我：熬夜自残、游戏成瘾、赌博酗酒、躺平啃老。不能做自己，人们的创造性受到压制，生活变得无趣，生存的意义变得无意义。做真我不能为先，成为"空心"的自我，成为"自虐"的自我，本能的"致良知"就会损害，实现大我的情怀成为空话和大话。

近十年，中国人的精神面貌焕然一新，敢于做自己在先者越来越多，中国的经济发展有目共睹。这些变化，来自中国文化的自信和开放，来自每个有"良知"的中国人自己。中国文化同样呈现百花齐放的现象，像韩流文化、日本动漫、西方嘻哈音乐、综艺文化、好莱坞影视、西方艺术美学都在中国不断上演。中国文化采取坚定文化自信，开放、包容和吸纳的姿态，在不断地融入世界各国新的文化，也修正着自身文化的不足。在此倡导继续弘扬中国文化的存在精神，倡导"人生自由""反者道之动""为学日益、为道日损""化鲲为鹏""明心见性"，凭着中国人自身"致良知"的本性，敢于做自己为先。

通过以上论述已经明确，按照做自己为先的策略，相信部分人能够做到自在、自由地做自己为先。但是，网络文化和西方文化的糟粕不断入侵，青少年们怀疑和抵触自己"大母神"父母的爱，备受自身内化的大母神情结折磨。部分受到心灵创伤来访者，不安全感突出者，他们的人格面具过多、虚假自尊过度、不良情结泛滥、纠结不断，尚需要接纳不安全感，且学习化解纠结，方可做到"做真我为先"。

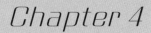

Chapter 4

第四章

如何从接纳到转化不安全感？

第一节
接纳的本质和境界

一、接纳的含义

不安全感是个体乃至人类的必然属性。不安全感是生的本能的动力源，也是失去生命意义，激发死的本能的黑暗原动力。人内心的不安全感不可能完全消除，那只能接纳。如何从心理学和中国哲学思想出发，学习接纳，学习接纳内心的不安全感，接纳自身的潜意识的阴影。

何为接纳？接的象形意味：具有站在高处的能力，纳入低于自身位置的对象。"纳"古汉语意指丝状物浸入水，吸收了水入内的意思，即水入心内。"接纳"在《辞海》中[1]指接受（个人或团体参加组织、参加活动等）；采纳。释义：1. 结交罗致；2. 接待，招待；3. 接受。出处《后汉书·岑彭传》[2]：光武深接纳之。

"接纳"的英文：accept 意指接受、同意、赞成；adopt，意为采取、采纳、收养；take in，意为吸收、领会、接受；admit（into），意为承认、认可、允许，包含了居高、纳入、融合的寓意。结合古今中外，接纳需要心理素质高于被接纳对象，需要用心

---

[1] 陈至立.辞海［M］.上海：上海辞书出版社，2022.

[2] 范晔.后汉书［M］.北京：中华书局，2012

融入，需要包容心和情感的良知。

接纳的初始目的是化解不良情绪。接纳指对当下的事物，心理生理不产生排斥，能够积极和平共处。能够让不舒服的情绪、不自主思维、不良的体验和舒服的、积极的、良好的情绪、思维、体验共存。接纳过程中，找到存在的合理性，两者在内心的冲突、对抗、纠结越来越少，形成共处模式，负性情绪越来越少。只留下最原始的冲突，但是两者相容、相合，能够共情，成为有机统一体。

二、接纳的本质

接纳的本质是不对抗。如何做到不对抗？

需要先接纳自己的不良情绪、情结、情感、思维等，同时，接纳一切不良事件，修身养性。接纳常常被误解为否认、隔离、逃避、躺平。否认本质是一种对抗，带来愤怒的情绪。

隔离是一种巧妙的回避，在做不到接纳时，可以暂时使用，是一种不得不的心态。逃避是自我退缩、回避的典型表现，是害怕、压抑不良体验的表现。躺平是一种麻痹自己的无奈表现，用享乐对抗当下的困难。

接纳的实质是不控制已经发生的不良情绪、情结、情感、思维、事件，不改变已经存在的，但并不意味着放弃自我的思维、隐忍内心的情结、拒绝不可改变的事实。接纳的前提，是需要对自己和被接纳对象有深度了解，需要能够觉察自身当下的身体知觉、情绪、情结、思维、行为，同时，需要有一颗仁慈的心、有良知的心。

三、接纳的内容

按照接纳的对象主客体划分，接纳分为两类：一类是接纳自身的全部一切，另一类是接纳自身之外的一切客观事物。

接纳自身包含接纳自己的原生家庭和不良情感、接纳不良思维、接纳纠结（思维、行为、体验），接纳潜意识的不良情结，最终做到接纳自己的全部"不安全感"。

接纳客观事物指身边发生的人、事、物，主要是接纳不良事件（他人或双方）：他人的责备、嫉妒、诬陷、轻蔑，现实发生的失败、错误、误会，财产的失去、生命的消亡、自然灾害。

当然，也需要平和的心接纳正性事件，即好事。没有接纳的心，好事也会变为坏事，乐极生悲、骄傲自满、自以为是同样不是接纳。

四、接纳自我的五个层次

接纳自我按照主客体认可性，可以分为以下五个层次。

（1）接纳自身被他人认可的部分，如自己的成功等；

（2）接纳被自己认可的部分。这是指接纳他人不知道的，自己认可的，被自己赋予意义的部分，如自己的获得的知识、优点、美貌；

（3）接纳被自己认可和被他人认可的部分，就是自己和他人分别认可的部分。

（4）接纳自己认可的，以及他人认可与不认可的。此层次需要在第三层次基础上，开始接纳他人不认可的自己的行为，如他人对自己的相貌、缺点的评价，甚至他人的批评、责备。

（5）接纳自己认可和不认可的，以及他人认可与不认可的。此层次需要增加接纳自己不认可的，如失败、诬陷、能力、自卑、情结，包括死亡。

五、接纳的七个境界

接纳的境界按照心理学的表里结构看，依次为：

（1）接纳自己的优点和好事；

（2）接纳自己的缺点（不完美）和坏事；

（3）接纳现实独一无二的自己（性格、身材、相貌），需要不否定自己，不断地肯定自我；

（4）接纳过去的自己全部的存在：无论坏事好事、成功失败、得与失都能够接纳；

（5）接纳内在的自我：需要增加自己的自省、觉察能力，才能接纳内在的情感、思维，接纳内心自己的小孩；

（6）接纳无意识的自我：需要解析自身的情结，直面无意识的不安全感；

（7）接纳孤独：需要能够接纳情感的分离，接纳死亡，做到情感独立，天人合一。

个体不安全感包括情感、思维、社会行为（纠结）、潜意识情结四个方面，同时受到集体不安全感和外界事物的影响。接下来，我们尝试从不安全感的四个方面来阐述学习接纳，其中，穿插讲述应对集体不安全感和外界事件的影响。

第二节
接纳自身一切不安全感情感

一、接纳不良情感

　　每个人都有自己的不良情绪，尤其是在亲密关系面前，人格面具常常会摘下，容易表现出不良的情绪。情绪是人类对外界事物短期的、一时的心理体验，喜怒哀乐都是情绪的常见表达形式。情感是大脑对客观世界的持久性情绪反应，是长期情绪的表达和体验，经历时间积淀所形成。情感常常影响当下的情绪体验，甚至影响未来情绪的表达。爱和恨就是情感的代表。

　　不良情感是来自意识可以感知的情绪结合自身无意识内容，形成的持久的基础不安全感特征。在化解自身不良情绪之前，首先需要感知和觉察到自身的不良情绪，及其背后潜在的无意识情结。其次，才可能做到接纳自身的不良情感。

　　合理的情绪调节管理策略，强调觉察自身情绪的能力，再经过训练冥想和自省，多数人可以体验到自己的情绪波动和表现。在此基础上，暂停情绪的泛滥，寻找情绪背后隐藏的不良情感。此时，接纳的心就会有了用武之地。不良情感非一朝一夕形成，是自身情感安全感的互补矛盾体的一面——没有不良的情感，也难以表达良好的安全感情感。不良情感不需要个体去否定，更不需要被消灭。不良情感需要的是个体的接纳和包容，需要的是安慰和理解，需要的是暴露和转化。

案例 20

　　小电，女，28 岁。反复惊恐发作 4 年，加重 1 年。小电从小生活在单亲妈妈家庭。离异时，妈妈誓死争取监护和养育小电的权利。小电小时候，爸爸给予她较多物质的爱。妈妈经济困难，脾气暴躁，自我自私特征明显。比如，放学时下大雨，妈妈责备："为什么不带伞！"雨中两人相互擦肩而过，妈妈又会责备："为什么自己淋雨回家，生病了又要花钱！"小时候，小电周末在家，常常一个人吃剩饭冷菜，因为妈妈总是在麻将桌上。在两人世界里，妈妈总是认为"我总是对的，没有错""你这里那里做得就是不够好"。尽管她从小有妈妈照顾生活起居，可是感受到的是被妈妈打骂和责备，害怕也厌恶自己的妈妈。

　　渐渐地，小电形成了追求完美的个性，总是担心自己出错。她内心总是有个"好强"的自己，想早点经济独立，离开自己的妈妈；有一个想要获得亲密关系"依赖"，需要被照顾的自己；还有一个不表达自己"委屈、愤怒"情结的自己，认为表达了也没有用，潜意识总是"回避"问题。

　　在 4 年前，小电开始谈恋爱，在恋爱中，感受到"依恋"对象不够关心自己，对自己爱理不理的样子，不能理解自己的内心，不能总是顺从自己。在一次过度熬夜疲劳工作之后，她头晕眼花，胸闷心悸，感觉自己可能快要呼吸窒息了。男朋友这时表现较为温暖，呼叫"120"急救车，全程陪伴，给她煮粥喂水，让她感受到被"照顾"的舒适体验。病情好转之后，男朋友又表现回原来的老实木讷、我行我素、不能贴心关怀的样子。很快，小电就会因为工作压力或者妈妈一个语气不好的电话，或者天气阴天的低气压，或者男朋友没有及时回应自己，出现头晕头昏、气紧胸闷、心慌心悸等症状，多次就诊医院急诊，排除了心脏器质性疾病和甲状腺疾病，确诊为"惊恐障碍"。

每一次惊恐发作期间，男朋友都会照顾自己，可以缓解发作。但是，发作次数多了，男朋友逐渐厌烦，小电感受不到被"照顾"的舒适，于是在惊恐发作1年后与之分手。小电回到妈妈身边共同生活，很快又再次发作，因为发作过于频繁，她不得不辞去工作，专心在家里养病。在家中，足量足疗程地服用抗焦虑的药物两年，惊恐发作的频率明显减少。

两年期间，妈妈对她的生活起居照料细微，说是"弥补小时候没有给到的爱"。两年后，小电再次重操旧业开始上班，但只要去上班，接任务有压力的条件下，或者和妈妈产生口角争吵，通常就会再次引起发作。为了根治惊恐障碍和停用药物，前来就诊。

小电表现外向健谈，思维敏捷，对惊恐障碍的认知较多，具有较积极的思维。自诉时常因为和妈妈之间的小问题，如今天是吃面还是吃米饭的问题，出现情绪失控。妈妈总是会讲一堆理由反驳她的选择，她会突然情绪激动，但很快觉得没必要生气，就压抑了自己的情绪，同意妈妈的选择，吃饭时就会感到委屈甚至伤心，于是闷闷不乐回到房间。妈妈如果此时不敲门闯入房间，她就会感受到妈妈不尊重自己，更加生气，再次不自觉压抑愤怒，突然出现"惊恐发作"。妈妈通常表现为很惊讶和慌张，怎么又发作了？我哪里又做错了？只能再次呼叫"120"送急救。

建立良好咨访关系之后，医生让小电认识到自己内心潜意识是需要"被照顾"的，又担心被指责"总是错"，就不自主推开或拒绝"照顾"。请妈妈学习示弱，学习肢体温暖的语言，多抚摸小电的背，在其惊恐发作时，多多拥抱她。请小电打开自己的心扉，接纳妈妈的照顾，充分感受"被爱"的体验。

经过一段时间，小电的惊恐发作明显缓解，大幅度减少了药物。但是，近期再次恋爱，因为双方价值观问题出现争执，小电的惊恐发作再次出现，并毅然决然地再次选择主动分手。

同小电共同分析发作经历，认识到，每次发作都存在压抑不自主产生的委屈不良情绪，担心伤害亲密关系，失去"被照顾"，压抑愤怒的情绪不能向外表达，自然向内攻击自己。在此期间，"依赖、好强、回避"三种情感不安全感特征轮番表现，产生委屈或后悔或封闭情感或自责（"总是我错了"）或他责（"总是你对"）等不良情绪和思维[1]。

二、三共原则接纳情感不安全感

认识到以上的不良情绪和情感，请小电尽可能在亲人面前表达自己的情绪，避免压抑。更重要的是，指导她开始练习觉察和捕捉自己的情绪，采用和平共处的心，和自己的情绪共存，不害怕、不

［1］　周伯荣.重建幸福力［M］.广州：花城出版社，2021.

推开、不拒绝、不反抗、不争斗，非常吻合《道德经》提出的"不争"理念。情绪就像烟云，来得快去得快或者来无影去无踪，如此这般，"共存"的接纳方式，足以解决不良情绪。

但是，有时情绪就像山涧浓雾迷恋忘返，久久缠绵，吹不散、挥不去。这时需要采用"共处"的接纳方式。看清楚，这些不良情绪就是自己的一部分，是每个人都可能存在的不良情绪而已。首先，需要耐心、等待、不着急的心态，就像赫尔曼·黑塞《悉达多》书中沙门习得的基本处世技能，以宽以待人的方式接纳自己的不良情绪；其次，有一个平等的姿态和自己的不良情绪对话，倾听"它"的哭诉、委屈、愤怒或者压抑的不良情绪，适当地表达对"它"的认可和自我安慰，像蝴蝶一样双手拍拍自己的胸部或者拥抱自己的双肩，告诉"它"没事的，待会儿"阳光"自然升起，浓雾自然就会消散。

在和自己的不良情绪共处期间，能够不断地"共情"自己的不良情绪，那就是更好地接纳。共情常常用于人际关系的交流和沟通中。共情的心理素质有利于人际关系的良好沟通，也是心理医生必备的心理治疗技能和素质。

共情有两类：

（1）情感共情，就是在情绪和情感体验表达共鸣，常常容易被带入过度，伤己而不助人。

（2）认知情感共情，包含两种含义：一是能够换位对方的情感来体验当下的一切，并表达出双方共同的情感；二是能够诱导对方表达出内在难以表达的情感体验和感受背后的感受，并与之共鸣。认知情感共情可以增加人际关系的情感亲密沟通，促进原生家庭不良情结的化解。

自我认知情感共情，就是自己的理性或者自性化的自己能够带着"真善美""致良知"的情感和自己内在不良的情绪共情。自我不良的情绪自然得到宣泄，得到疏解，得到知音。当自觉不良情绪来时，让它自然流淌，表达的情绪让自己本能感到舒适，运用"共处"让自己的情绪表达的"度"得以控制，应用"自我共情"让不安的情结感到被照顾，惊恐的发作可以在短时间内烟消云散。经过反复训练和体验，三个月后，小电停用所有药物，至今数年未再发作。她在"三共"——共存、共处、共情的自我滋养下，逐步做到了对不良情绪的不害怕、不委屈、不压抑，对不良的情结做到了不后悔、不愧疚、不自责、不责他，不安全感的情感"依赖、回避、好强"也自然得到修正，变得敢于表达依赖和索取爱，敢于表达情绪不回避，敢于共情而不争。

接纳自己的不安全感情感，就是自我和解的基础和根本。

三、中国文化的"不争"接纳情感不安全感

中国文化宝库《道德经》第七十九章已经给予了很好的指引和阐述。

> 和大怨，必有余怨；报怨以德，安可以为善？是以圣人执左契，而不责于人。有德司契，无德司彻。天道无亲，常与善人。

按照个体存在心理学角度释义：现实的人都是不完美的，在现实世界中，常常产生争斗、怨气等不良情绪，对自己抱有大的埋怨

或者怨恨，即使表面和解，内心还是积有余怨。自认为可以隐忍，以德报怨，就可以做到善待自己了？其实是自欺欺人。理想化的幸福的人，只有像执掌主动的左契（左契刻着负债人姓名，由债权人保存，代表债权的主动权一方，即甲方），而不自责和他责，才能做到对现实的自己的接纳和爱。有品德，拥有天道的人按照主动信任自己的契约理念，不与自己内心的不安全感争；无品德，不符合天道的人像追讨税款的司仪让自己累，也让他人生厌，最终自己都嫌弃自己。人的生存之天道是无偏心偏爱的，需要恒常地与人为善、与己为善。

接纳自己的全部不安全感情感，需要中国智慧的"不争""不执""不怨""不弃"和"不让（当仁不让）"，需要的不是解决问题的方法，而是超越自我情绪和情结的宽容心和接纳心。

自己内在的"不争"是指对待自己的不良情绪，不相互争斗、不互相对抗，同时，敢于直面自己内心害怕的、不愿意接受的。

"不执"是指对于不良的情感，不执着、不固化、不泛化到自己生活的其他事物中，如好强的情感无法缓解，就让它在职业上先展示自己的不良情感，而不持续泛化到亲密关系中。

"不怨"就是不后悔、不埋怨自己，即使感受到后悔，也要接纳自己的后悔情绪，不责备自己，让后悔情绪到此为止，学习"止损"负性情绪，让负能量不恶性循环。

"不弃"是指对拥有不良情感的自己不离不弃，接纳自己的一切不良情绪、情结、情感，认可自己的当下存在。

"不让"，不是退让或不退让，是直面困难的当仁不让，直面自己内心不安全感的勇气、直面责任和初心的信心，是敢于做"良知"的自己，勇于直面不良情感的自己。

第三节
接纳自己的思维不安全感

一、接纳思维不良模式

思维不安全感是以不良的思维模式呈现，包括绝对化思维、对立思维、完美思维、回避思维、假设灾难思维、反事实思维、夸大思维、否定思维、直线思维、矛盾思维、纠结思维、强迫思维（陀螺思维）、黑洞思维等。

在不良思维模式作用下，如悲观主义会使得情感不安全感被不断放大、泛化、持续化、固化。思维不良模式，属于潜意识作用下产生，存在典型的不自主思维特征，常常被个体忽略。表面看，悲观主义是不安全感思维的来源之一。实质上，悲观主义思潮传播时，为什么有的个体不会受其影响，而有的个体遇到任何未知的事物，都会悲观地假设不良的结果，并为此产生恐惧、消极的情绪反应。不良思维模式既受到社会悲观主义或极端个人主义的思潮影响，也受到遗传中集体无意识文化等影响，更主要取决于个体内在无意识和基础不安全感。

一个有着无意识"害怕""愧疚"情结的人，在现实生活中，常常不自主地产生"假设灾难思维""反事实思维""否定自我的思维"。如疫情防控期间，被临时封控的小区，就会有人不自主假设"小区被封控了，一定是有阳性病例了，阳性者是住在隔壁楼，我昨天和隔壁楼的李大爷打过招呼，很可能被感染了，我被感染了，就会影响家里的老人和孩子，老人们身体本身有基础病，感染了很危险，万一因此去世，我怎么对得起父母"。实际情况是，小区只是有一位密接阳性者，经过三天全员核酸检测，小区无任何风险，被解封了。然而此来访者，此后两个月每周买蔬菜一次，足不出户，再也不和邻居们聊天和打招呼，以防万一成为密接者。我们绝大多数人，都有潜意识"死的恐惧"，与祈求长寿的本能，所以，悲观主义极其容易传播和盛行。

通过认知心理治疗，改变不安全感思维模式，意识层面的不良情绪就会得到修正，甚至可以影响潜意识层面的情结和情感不安全感。

早在古希腊时代，奴隶出生的爱比克泰德，创建了斯多葛派哲学，他重心性实践，主张遵从自然，过一种自制的生活。《大师教你生活之道：爱比克泰德语录》[1]说，"我们登上并非我们所选择的舞台，演绎并非我们所选择的剧本""否定意志的自由，就无道德可言"，个人的自由意志决定演绎的人生体验。他的学生奥勒留国王，在《沉思录》[2]写到，"人的本性就是爱自己甚于一切""伤害、妨碍我们的并非事情的本身，也不是他人。事情的本身不会伤害或妨碍我们，给我们带来伤害的往往是我们对事情的态度和反应"，进一步强调个人的心态、意志力的方向决定了人生的体验。美国宾夕法尼亚大学的阿伦·贝克创立和推行的认知行为心理治疗就是来源于斯多葛派哲学思想。

［1］ 爱比克泰德.大师教你生活之道：爱比克泰德语录［M］.北京：中国书籍出版社，2007.

［2］ 马可·奥勒留.沉思录［M］.何怀宏，译.北京：中央编译出版社，2018.

二、捕捉自动思维

认知行为心理治疗的核心框架首先需要能够捕捉到不良模式的"自动思维"，然后修正"不良自动思维"为积极开放式思维。然而，临床实际操作发现，修正不良自动思维只是一时有效，或者在主动思考的短暂时间内有效，在实际生活中，又回到原来的样子。

认知行为心理治疗的不足，促使斯蒂芬·海斯创立了接纳与承诺疗法（Acceptance and Commitment Therapy，简称ACT），其治疗的核心理念是"接纳现实当下""接纳痛苦""接纳不良情绪"方可解离扭曲的认知，同时赋予接纳一切的价值，给予希望和承诺，进行行为表达。

近年来，认知疗法再次创新演化为认知加工疗法（Cognitive Processing Therapy，简称CPT）、辩证行为疗法（Dialectical Behavior Therapy，简称DBT），分别在认知不良自动思维基础上，强调了执行行为训练、反驳性思维、全盘接纳的理念（参见《重建幸福力》第四章）。

以上认知疗法涉及接纳不良情绪、不良事件、不良行为，未能真正涉及接纳不良思维模式、不良情结、不良集体文化。不良的思维模式本身难以捕捉，觉察到了"自动思维"，就需要修正它，为什么还要接纳"自动思维"？如何接纳？

自动思维是来自于潜意识和情感不安全感的情结，是属于自己本能外显的一部分。大海常常被寓意为潜意识，人的情感具有潜意识的特征，情感就像水，自动思维就像漂浮在水面的皮球，按下去，只要松手就会再浮上来。多种自动思维，就会让现实的个体出现忙乱的现象和挫败的体验，按下这个皮球，就会浮出另一个自动思维的皮球。一个个体发现自己的自动思维，就去压制、对抗、否定它，就是理想化的自己压制自己的本能外显、对抗内心另一个幼稚的自己、否定内在弱小的自己，变相成为自虐或者相互折磨，常常无效。

自动思维的压制是错误的，修正自动思维其实也很难。因为属于个体的一部分，需要首先接纳它，就让它在自身情感自然流动的水面上浮动和漂移。个体能够捕捉到一个自动思维，就像在水里捞到一个皮球，需要仔细地观察，甚至观赏它，如果觉得让它浮在水面有价值，比如在溺水的危机时，这个"灾难性"自动思维的皮球，也许可以救人一命。

现实中，带有悲观主义的人，几乎总是对的。俗话说：小心驶得万年船，就是带有"戒备心""以防万一"的悲观性自动思维，常常是有价值的。

个体如果在捕捉到的气球上，找到了泄气皮球的气阀口，可以根据自己的需求和内心的体验，选择是否释放气球内在的不良气体，修正或消灭此气球代表的自动思维。比如，"完美性思维"用在工作的某个细节，像加工零件的精准度上，体验是好的、舒适的，就保持这个自动思维的皮球。当这个"完美性思维"用于人际关系上，像人情世故的完美表达，让自己委屈，让他人愧疚，总是责备他人不完美，让大家感受到情感绑架的累时，就需要找到改变完美性的方法，如折扣评价法、情绪导向的体验法，修正自己"完美性思维"这样的气球。

自动思维如果太多，产生极其不良的情绪反应和冲动行为，就需要改变承载皮球的情感"水"的深度和广度，皮球自然就会被捕捉到，不良自动思维也容易被修正。

三、四个角度和四个时间维度看现在

接纳不良思维模式，就如同接纳不良情绪、情结、情感一样，需要不对抗、不否定、不埋怨的心，需要善待自己和爱自己的心。因为思维比较抽象，可以尝试把不良自动思维物化或具象化，采用"共存、共处、共情"的方式，接纳、承接、包容它。现实自我疗愈中，采用"同理心"换位思考，接纳自己的不良自动思维的皮球，转换自动思维为积极悲观思维，更好理解和操作。

同理心概念是人与人之间懂得换位思考，从对方的角度来看待问题，思对方所思，想对方所想，能够设身处地为他人着想的思路和态度。同理心包括三个要素：一是懂得抓住当事人的内心世界，能够有效地了解和体会到当事人的内心想法；二是懂得把自己的真实理解反馈给当事人，引导自己跟当事人产生共鸣的情绪；三是用换位思考的沟通方式，跟当事人促膝长谈，达成共识。

在接纳自己内在自动思维时，可以想象理想化（幸福）的自己和幼稚、执着、犹豫、弱小的自动思维的自己进行同理心沟通。这样就有居高临下的接纳可能，或者和平相处的可能。在临床实践中，参照中国哲学思想和中国文化，我总结了16种思维方式，其中包含8种换位思考的同理心方法。

8种思维包括：

用四个视角换位看当下的问题：

（1）个人自己；

（2）对方的；

（3）第三方具体的人物，如妈妈的；

（4）站在高处视角，包括心理医生、地球上、上帝或佛的视角。

从四个时间段的维度看现在的自己：

（5）过去的自己；

（6）现在的自己；

（7）未来的自己；

（8）假想临终前的自己。

以下分别用一些案例加以具体阐述：

案例 21

老科，男，58 岁，夫妻关系不和睦，多年伴有失眠、心悸、烦躁，想死一个月。来访者为疫情封控下，女儿通过网络平台进行的咨询案例。

老科和妻子从普通工人相识相爱，到一起做个体户的小本生意，到培养了三个孩子上大学，成家立业。两人目前属于空巢中老年生活，不需要工作和供楼还贷，经济无任何压力，平时老科买菜，妻子做家务，生活井井有条。他认为自己初中文化，把一家子支撑到如今的生活水平，孩子个个有出息，应该得到尊重，可实际生活中，总是感受到妻子的唠叨、埋怨、数落，为此经常不开心，想离婚又舍不得，毕竟一日夫妻百日恩的传统思想很牢固，也害怕一个人独居生活。在没有封控的日子，不开心时，可以到处走走，和邻居聊聊天，去孩子家里看看孙子，就化解了郁闷。此次小区和家里被封控后，因为很小的家庭鸡毛蒜皮之事，夫妻俩发生争吵，相互不予示弱，气得自己在家里团团转，想打开门出去散散心，又被妻子反对，说"出门就是违法行为"，烦躁的老科打开窗子就想跳楼，好在被妻子拦住。

在心理危机干预中，在平复老科情绪后，请他捕捉自己的自动思维："总是我的错""总是我不对"，并从四个视角和四个时间维度看夫妻争吵的事件和自动思维。

来访者的回复整理如下：

（1）从个人的角度看，不服气自己"总是错"；

（2）从妻子的角度看，老公怎么这么倔强，总是不听我的；

（3）从自己儿子的角度看，爸爸妈妈怎么又为点小事争吵了，做他们的儿子真难；

（4）站在高处看，a. 从理性加感性的心理医生角度看，两位不会情感表达和沟通，应该学习合理性沟通，老公需要被认可和呵护，老婆需要满足控制欲，两个人都没有学会接纳对方的情结，没有学会改变自己人性的缺点；b. 从地球上看，相当于齐物论的宇宙观，感觉妻子还是爱自己的，不应该为了小事，相互怄气，像两个孩子在过家家；c. 从佛祖的角度看，佛要求放下色相，但就是放不下，佛可能会说："这是你今生今世需要遭受的磨炼。"接受命运的安排吧！

再从四个时间维度看现在的自己：

（5）过去年轻的自己，没有想到会有今天这么好的物质经济条件，也没有想到孩子们都会那么有出息，应该珍惜自己努力得来的好生活；

（6）从现在看，的确经常太想要老婆的认可和尊重了，没有真正活在当下，没有爱好自己；

（7）从未来 10 年回头看，夫妻争争吵吵很正常，但是，的确应该改变自己的缺点，相互多关心多赞赏；

（8）从假如自己已经临终或有来生的角度看，生命很短暂，做了自己想做的，喜怒哀乐都有品尝，这辈子没有白活，现在开始学习接纳自己，改变自己，学习善待自己，学习善待妻子都还不晚。

老科夫妻俩经过这些思维模式的换位思考，加上接纳对方的缺点，接纳自身的思维不良模式，改变了部分思维方式，找到了两人之间的情感舒适体验。在疫情封控的后期，两人居家生活，足不出户，相互想着法子关心对方。按照老科的话，好像开始了第二次恋爱，找回了年轻时相亲相爱的爱情。

四、中国式"悖论思维"化解不安全感

在实际临床心理治疗工作中，中国文化的精髓——悖论思维，时常被应用。结合中国家喻户晓的寓言故事和哲学故事，可以起到事半功倍的心理治疗效果。在这里认知疗法只是治疗的基础铺垫，中国文化及中国文化心理蕴含着大量集体无意识的能量，同时包含叙事疗法、精神领悟疗法、情感体验疗法、个体—存在心理疗法等的整合模式。

中国悖论思维的 8 种分解式：

（1）非对立；

（2）非绝对；

（3）辩证思维；

（4）存在的认可；

（5）积极主动；

（6）相互转换思维；

（7）信任的思维；

（8）平和的得失心；

《塞翁失马焉知非福》的故事充分体现了这八种思维。这个故事说的是：有位擅长推测吉凶、掌握术数的人居住在靠近边塞的地方，他们家的马无缘无故跑到了胡人的住地。人们都前来安慰他。那老人说："这为何不会是一种福气？"过了几个月，那匹马带着胡人的良马回来了。人们都前来祝贺他们一家。那老人说："这说不定就是一种灾祸呢？"算卦人的家中有很多好马，他的儿子喜欢骑马，结果从马上掉下来摔得大腿骨折。人们都前来慰问他。那老人说："这为何不会是一种福气？"不久，胡人大举入侵边境一带，壮年男子都拿起弓箭去作战。靠近边境一带的人，绝大部分都死了。唯独这个儿子因为腿瘸的缘故免于征战，父子得以保全生命。

让来访者领悟中国悖论思维中的非对立思维、非绝对思维、相互转换的思维、辩证思维。《列子·汤问》书中《两小儿辩日》记述了孔子路遇两个孩子在争辩太阳远近的问题，而孔子不能做决断之事。说明了知识无穷、学无止境的道理，同时也赞扬了孔子实事求是、敢于承认自己学识不足的精神和古代人民敢于探求客观真理，并能独立思考、大胆质疑的精神。文中更多包含了辩证的思维对话，积极看待事物的矛盾，求同存异的思维。

这两个故事同时包含失马无论是好还是坏、是得还是失，同一个太阳无论是远还是近、是大还是小，都是一个存在，既然是存在就需要认可。每个存在的状态，都拥有存在的价值，需要我们主动积极的心态看待存在的一切。特别在有关外在事物是非判断方面，需要信任"大道"的存在，信任自己的"良知""善"，拥有平和的得失心。

《易经》《老子》等中国古典作品都有朴素的辩证法思想；柔能克刚弱之胜强、柔之胜刚、福祸相依、物极必反、乐极生悲等等，都是如此，这些代代相传的中国智慧箴言，作为中国人生活的一部分，已化为中国人的生活智慧和世界观。《孙子兵法·军争篇》说："军争之难者，以迂为直，以患为利。故迂其途，而诱之以利，后人发，先人至，此知迂直之计者也。"说的是，与敌人相争最难以把握的指挥艺术，是如何通过迂回曲折的途径达到近直的最佳效果，化不利为有利。这就是包含辩证的思维、变被动为主动的思维等积极主动思维。

"三思而后行"出自《论语·公冶长》，常常被理解为决定做一件事，特别是重大问题时，必须进行全方位的考虑，拿不准的话多，听听旁人的意见。这种理解给人一种优柔寡断、谨小慎微、反复思虑的类似"强迫思维"画面，实际上是断章取义。原句：

季文子三思而后行。子闻之，曰："再，斯可矣。"

完整的这句话的意思是凡事过于再三思考而后行动，未必是好事。过于胆小怕事、瞻前顾后，是不成熟、不负责的表现。因此，孔子提倡"再思考一次，就可以了"，只要不莽撞，不急于求成，凭着"德性""良知""君子之道"做事，再思即可。

通过以上同理心的换位思考、悖论思维分解式和不强迫性过度思维，可以解决常见的不良思维模式。但是，这种方法对于"纠结思维、陀螺思维、黑洞思维"这三种恶性思维效果通常不佳。纠结思维来自绝对化、对立化，以及假设灾难思维、反事实思维、矛盾思维的叠加，"纠结"是三种恶性不良思维模式形成的根本。

❦ 第四节 ❦

接纳和化解"纠结"

社会不安全感是个体在思维、情感、无意识的不安全感作用下，在社会关系中的行为体现。社会行为就是人与身边发生的人、事、物的关系。纠结是一个综合性的社会不安全感表现，同时是蕴含着潜意识的不良情结，包括纠结思维、纠结情感、纠结行为。

如果能够感知、解构、接纳、化解，就容易化解陀螺思维和黑洞思维，改变社会不安全感。

"纠结"，指难以解开或理清地缠绕着的结，寓意左也不是右也不是，相当矛盾。在中国远古时代，绳"结"开始起源于"打结"记事，先是在绳子上打结，用各种不同颜色的绳子，表示各种不同的牲口、食物，用绳子打的结代表每个数目。可见"结"的原始价值不菲。纠结的英文：entanglement 缠绕，kinkily 对抗、冲突，be obsessed to 痴迷，headlock 固定、执着。从以上中英文解字分析，"结"是生活自然的有价值产物，也是矛盾对抗的代表。"纠结"同时具有动名词和动词的含义，寓意重复打结、缠绕简单事物为复杂事物、执着地对抗再对抗，包含了思维、行为和情绪状态的重复矛盾。

纠结个体存在理性思维和感性情感的矛盾，本能直觉和认知感觉的矛盾，意识层面有无意识和意识的矛盾，时间上有过去和未来的矛盾。也就是说，每个人内在都有矛盾冲突，都存在各种结。由此产生多种形式的心理冲突，如欲望和恐惧、本能和自我认知、过去和当下、理性与感性、理想和现实、主体与客体、个人意识与无意识、个人无意识与集体无意识、思维和行动等。

多数人存在以上这些结或者冲突，有的人可以忽略或接纳，或者自解或顺其自然。高能量的人，可能只是一瞬间内心矛盾，或者在意识层面根本就不会感受到"结"而犹豫、焦虑。部分人有了焦虑，会用行动和内心体验去面对事物，把焦虑转化为有益的焦虑，变化为自我和社会认可的结果。比如，一个人在考试前焦虑过度，通过系统复习学习的知识，降低对自己过度目标化的要求，增加了自我认可的体验，过度焦虑变为适度焦虑，积极备战考试，通常有利于考出自己的水平，甚至超水平发挥，获得自己认可的好成绩。

在每个人的生活中，矛盾的"结"和适度的焦虑是普遍性的，同时，它们存在积极的价值，是有利于个体在社会评价系统中生存的。

低能量的人，则因为多种原因，把有价值的结不断缠绕或者执着于某个结，在现实中或者抽象思维中不断打结，形成难以解开的结上结，同时回避原有的困难和初心，兼有自责或他责。如案例21，来访者忘了初心"相亲相爱"，纠结"为什么总是我的错"，导致无意义的焦虑或者过度焦虑。当这些纠结思维不断增加，加上偏执、完美个性和后悔性自责，就会形成强迫机制的思维（参看案例4），像陀螺一样不断自我旋转，恶性循环。如果个体再施加反复自责，陀螺思维就会不断地旋转，耗尽机体内在的大量能量，大脑就像被宇宙天体黑洞吸收了能量一样，形成黑洞思维，个体变得空洞和痛苦。

纠结思维是内心冲突和纠结不解，并且外显于思维的体现，也是大多数心理疾病的思维本源。因为纠结，交感神经紧张性增加，个体睡眠质量自然下降，焦虑情绪和行为油然而生，激发惊恐发作。纠结长期不解，就会如鲠在喉，出现抑郁的"梅核"和情绪低落、没有兴趣、没有动力等综合征，整日郁郁寡欢。纠结思维叠加错误的缓解焦虑的行为方式和自责，强迫思维和行为就会产生，最终形成强迫症。长期受强迫症的折磨，极易耗尽所有的精力，走向黑暗的痛苦和毁灭（见图2）。

个体"结"恶化为"纠结"的内在原因有哪些？如幼小的不安全感、创伤经历、自我思维模式、被外界的信念冲击、思维的速度远远快于行为、自身的强迫人格等。根据个体—存在心理学和中国文化心理归纳了以下9种原因，其中不安全感是纠结的基础，渗透在其他8种原因中。本节将分别予以阐述和给予解决的初始策略。

一、纠结原因：不安全感的本能，缺被爱的体验

本书第一章谈到不安全感是人天生存在的本能特性之一。被爱的体验，可以增加基础安全感，减少本能的不安全感。当一个人从小缺乏爱，就会变得害怕、敏感、多疑、信任感低，同时，潜意识想要得到依赖和被呵护感，遇到问题或者困难容易焦虑再焦虑，产生纠结。

在疫情防控期间，因为疫情防控或者封控，导致很多人感受不到可预测性和不可控性，就会激发原本存在的不安全感。如案例21的老科，表面看似夫妻关系的不良和封控不能出门散心导致的焦虑、惊恐发作，然而追问原生家庭成长历史，可知他排行老幺，

有4个姐姐，3岁丧母。爸爸长期在外上班，挣钱养活全家。父爱母爱均缺乏，但是，父亲那种吃苦勤劳的生活精神深深地感染了他。老科记忆中就没有父母爱的体验，只记得小时候几位姐姐轮流照顾他的生活起居，他还经常被二姐责罚和打骂。为此，初中还没有毕业，他就外出打工，免得受自己姐姐的欺负。在社会工作和生活中，遇到事情，他总是需要反复思考和推敲，做最坏的打算，制定以防万一的措施，心里才会踏实，避免犯错后被人指责。长此以往，他逐渐形成假设灾难性思维、喜欢纠结、偏好焦虑的性格。而妻子正好是大大咧咧的性格，性格直爽。年轻时期，两个人性格互补，就爱上了对方。没有想到，结婚后妻子做事粗心大意，还喜欢指责人，让他常常憋屈和愤怒。在婚姻中，老科曾经怀疑自己的妻子情感不忠，为此同样造成夫妻情感伤害，事实证明那是其多疑和过度敏感所致。

可见，内心潜意识的不安全感极易导致纠结产生，需要请来访者认知和看清自己的不安全感，敢于直面自己的不良情结，敢于发挥自己的安全感和优势人格，同时，需要配偶给予充分的认可，给予肢体语言的爱抚和言语的温暖，才能弥补深层次缺爱的体验，降低不安全感。

如果来访者还是未成年儿童青少年，内心的安全感尚未建立，缺爱的体验导致的敏感、脆弱、多疑会更加频繁。临床常常见到一些青少年因为自己原来的一个好朋友不理睬自己，或者一两位同学背后说自己的不良个性或者被人错误理解或被老师不合理批评，就会产生极强的烦恼、不愉快，甚至做出异常的行为，如害怕上学、害怕社交、拒绝学习、自伤自残，很快走向孤僻、压抑、纠结，成为临床诊断的失眠症、焦虑症或抑郁症。家长、老师常常难以理解，孩子怎么就那么脆弱，像是一个玻璃心的人。原因主要是父母把自身成长的经验，或者自己未完成的期待，强加给了孩子，同时，忽略了时代的不同。当今的孩子对于精神食粮的需求、对于自我本能的自由和创造的体验明显增加，但是，缺乏物质享受的体验又难以忍受。他们的自我意识发展远远早于既往同龄的父母，更加需要早期给予因材施教，给予足够的人格尊重，以及自我自由选择的体验。家长应放手让孩子独立承担自己的选择结果，引导其真正地做自己。

二、纠结原因：悲观主义

个体对生命意义的理解和诠释，影响着纠结的产生。按照悲观主义哲学家叔本华所说："生命是一团欲望，欲望不满足则痛苦，满足则无聊。人生就在痛苦和无聊之间摇摆。""人生是无意义的"这种理念自然激发个体的无奈和回避心理，同时，现实生活要求追求生存物质和社会价值，两者在内心的冲突，极易导致个体的纠结和难以改变的痛苦。

很多人把人生的"价值"和"意义"混淆了。价值是他人或社会评价，或者自己认可的社会评价。意义是自己内在赋予的生存体验和自我认可。叔本华拥有足够的财富，不为物质生存担忧，同时，他的悲观主义导致他压抑自己的一些本能欲望，如吃穿用度朴素，做一位禁欲主义者，终生未娶。叔本华提倡体验哲学、艺术和美学，以此赋予自己人生的意义，对抗"人生的无意义"。普罗大众没有哲学大师的聪慧，没有控制欲望的魄力，也没有足够财富的安全感，因而难以体验到如此艺术的人生意义。

人之初性本善是中国文化思想的根本。人之初性本恶，是荀子在吸收到外域文明后提出的，意思是人只有接纳和正确引导自身的私欲，才能控制渴望生存和恐惧死亡的本能欲望。荀子认为人的私欲不需要盲目地克制，同时，欲望需要符合社会规范的道义和礼义，才能真正做到"人之善"，实质还是强调和支持老庄、孟子提出"向善"精神。

安全感同样是人无意识的本能之一，向往和发展自身的安全感，包括勇敢、独立、平和的情感人格，追求真善美的生命意义和个体的自然、自性的体验，是人的初心。但是，在现实生命过程中，个体总是被现实的残酷击打，或被爱的情感绑架，或失去自己的自由和自然生存体验，无法真实地做自己，总是不可避免地存在不安全感。这些与向着安全感发展的趋势，与探索生命的意义相互冲突。

音乐剧《我的遗愿清单》探讨了沉重的死亡话题——"如何面对死亡""我该如何过我这一生？"作品刻画了两位主角，一位肢体健全，可是因为原生家庭的创伤和缺乏爱，人生迷茫，生存麻木和颓废，纠结自身的生存价值，感受不到生命的意义，反复地纠结和堕落，导致强烈的自杀冲动。另一个从小就乖巧听话，学习成绩优异，内心需求和目标很多，向往获得畅游世界、社会价值、事业成就、爱情的美好、爱他人，但在青春韶华的年纪，突发身体健康危机，身患不治之症，坐在轮椅上，人生追求满满，却都难以实现，就算是身体濒临崩溃，还在纠结如何去实现内心的 100 个遗愿。一个求生欲强烈而濒临死亡，一个厌世求死却身体健康。两个人内心都有自己的遗憾和诉求，都有各自的纠结和无奈。一个是纠结自己缺失的亲情和情感体验，另一个是纠结自己的人生价值和遗愿如何实现。在死亡面前，心灵得到救赎。身患骨癌的优秀青年终于意识到自己过度付出，纠结于追求所谓的"自我实现"，其实是内心的虚荣，是追求外在的认可和社会认可的价值，自己内心的100个遗愿才是人生的意义表达。身体健康帅气的小伙，在生命的生的本能，在陪伴好友追求"真善美"的100个遗愿中，原本内心拥有的死的欲望消失了，纠结的情结被打开，敢于接纳自己的人生，选择做自己，开始爱自己，探索自己生命的意义。

个体能否学习荀子的思想，变悲观主义为积极悲观主义？积极悲观主义，用"三个山顶洞人"故事较易理解。一位乐观的山顶洞人面对老虎的威胁，在洞口放了一个火炬抵挡老虎，自恃武艺高强，呼呼大睡，结果夜里刮风下雨，火炬灭了，老虎闯进山洞，把仓促应战的乐观派给吃了。第二位悲观的山顶洞人，非常害怕，假想着各种灾难，慌张地把火炬点满了洞口抵挡老虎，吓得彻夜不眠，到第二天夜里，火炬用完了，老虎闯进来时，他已经没有任何战斗力，被活活吓死。第三位同样具有悲观思维，担心害怕，但谨慎计划火炬的合理使用，彻夜不眠时，采取积极应对策略，在山洞里外分别挖了两个大坑，做陷阱。当火炬被风雨熄灭后，老虎闯进时掉入陷阱，他不仅消除了危险，还收获了老虎肉。

积极悲观主义就是接纳自己的害怕和悲观假设，采取积极应对措施，防止灾难。

即使人生是矛盾的、荒诞的、无意义的，你能否自己接纳矛盾和纠结，接纳和体验自己的欲望，笑对荒诞的人生，积极赋予自己人生的意义，不停留在被他人或社会评价的价值体系中？只要你的欲望不违反社会当下的道德底线，不违背人性的真我，不严重伤害他人的生活，你自己选择的人生，就是你认可的人生意义。这样，无意义的世界里的纠结和痛苦就会消散，活着本身就是意义——这样朴素的道理就自然能够体会。

三、纠结原因：人类特有的自我意识

纠结思维包含了矛盾思维 + 回避困难 + 绝对思维。作为人类，独立的自我意识在社会生活中，因为意识存在不断加工的性质，不断地满足内在思维的欲求，而演化为理想化的意识、创造性意识、自我认知的意识。在安全感影响下，产生勇敢勇气、细心细致、自信自尊、敢想敢做、勇于创新、独立自主、自省自悟、自觉自性的积极阳光人格。在不安全感影响下，容易产生悲观主义，则极易产生纠结。

（1）理想化意识：总是通过思维，想形成理想的思维形式、方法、内容。在不安全感基础上，总是设定超出自己现实能力的目标，即使勉强实现一个目标，马上就想得到更大的目标，由此不满意结果，敌对或嫉妒周围的人，日常生活变化为完美型思维、强迫性思维。

（2）创造性意识：在原有事物和思维的基础上，思考可以创新的途径、方法、逻辑、内容。在不安全感被激发的现实中，不满意自己的现实，想不断地创作作品来缓解自己内心的不安和焦虑，希望得到他人的认可或情感关注，幻想一切而又不自信，一旦达不到就会产生焦虑和自责，害怕被嘲笑，虚假的自尊突出，时间长了，就会产生忧郁。这种意识存在不被认可的假设再假设思维、臆测灾难、臆想美好的破灭等特征。

（3）自我认知意识：对自我的分析、认识，形成自我感知、认知、自我反省、自我升华，存在明显的矛盾性特征，总是想找到不左不右、精准而恰到好处的中庸，容易成为思想家、哲学家。在不安全感的影响下，容易过度关注负面的事件，谨慎对待每一件事情，过度关注自己的缺点，导致过度反省、过度背负、过度内疚，担心得罪任何人，同时多疑、敏感，总是想在思维上控制一切，行为上出现讨好、委屈、后悔、愧疚等表现。

在这三种思维的作用下，思维的速度、广度、内容都会远远快于、广于、多于实际的行为和现实的生活世界。这一特征，造成思维和行为的不协调、脱节的矛盾，在不安全感条件下，极易产生纠结思维和拖延行为。阿兰·布拉克尼耶在《你好，焦虑分子！》[1]一书中按照社会表现的不同，把焦虑症分为好胜型、创造型和自省型三种类型，便对应于理想化意识、创造性意识、自我认知意识这三种意识特征。

好胜型焦虑和创造型焦虑都渴望被认可，但是，两者存在区别。好胜型焦虑存在较多社会不安全感，以缺乏父爱为主，第一章案例4双重强迫症的来访者就是缺乏父爱。而创造型焦虑偏向情感不安全感较多，缺乏母爱明显。著名作家海明威，原生家庭母亲过于强势，不仅打骂孩子，甚至逼得丈夫自杀，最后只剩下缺爱的海明威。在创作中，海明威不断得到社会认可和名声，当他创作了《老人与海》之后，名气达到顶峰，自己经过努力，感觉再也无法创作更加满意的艺术作品，开始不断焦虑和纠结，加上爱情婚姻等亲密关系受挫，最终走向自毁。

自省型焦虑在中国人群最为常见。因为中国文化注重家庭、亲

---

[1] 阿兰·布拉克尼耶.你好，焦虑分子！[M].欧瑜，译.上海：生活·读书·新知三联书店生活书店出版，2016.

情，大母神文化和礼义仁智信的道德标准，使多数人内心认可为别人而活的价值观，注重面子和人情，害怕自己失礼失德。个体在遇到危机和事情时，容易因采用不安全感的自我认知思维，而后悔、多疑、敏感、过度背负、过度反省。

案例22

一位女性中年来访者，曾因为前期家里一时短缺退热药物，而恐慌和害怕。当网络传言新冠病毒XBB毒株将要来临，会导致腹泻不止，来访者立即疯狂购买网络推荐的各种"止泻"药物几十盒。有一种她自认为最有效的止泻药物没有买到，就出现心慌、心悸。来访者担心自己腹泻不止，会弄脏自己新买的床垫。那床垫比较贵，弄脏了洗也洗不干净，丢也舍不得丢。她假想如果全家都感染腹泻了，家里会变得很脏，自己平时就有洁癖，不知到时候怎么活！她甚至假想，没有买到最有效的止泻药物，会不会因为体液丢失太多，电解质紊乱而休克，导致死亡。死亡可怕，且如果自己死了，孩子怎么办？为了孩子，无论如何都要想办法买到此药，可是，又担心老公责骂自己过度紧张和敏感，想要隐藏自己购买的预备药物，为此焦虑和纠结不安。

这个来访者的纠结，来自她不断地假设思维、完美要求，创造性不断地臆测和灾难性假设，自己强加不良的后果，不断地激发自己本能的不安全感，同时，过度背负孩子的危险，在意老公的批评，还在平衡自己内心和反省自己行为不要过度。在这里，三种焦虑类型和对应的理想化、创造性、自我认知三种意识都出现了，突出的是自省型焦虑和纠结思维。经临床中诱导，来访者通过接纳自己的焦虑和纠结，分析自己的三种意识特征，修正控制欲、完美性，减少灾难性假设，减少过度后悔、过度背负和过度平衡，化解了纠结，转化为一位不仅自身有安全感，还给予周围人安全感的人。

因为人类特有的自我意识，思维总是跑得很快，因而我们须学习捕捉自己越来越多、越来越远的思维，把它回归到现实的社会活动中，专注现实的事物和行动。王阳明心学提倡"知行合一"，非常适合当今纠结的人们。龙场悟道就是在静坐、冥想中，想通了一直困扰在王阳明内心的纠结："何为理""天理何在"，最终感悟到"心即是理"的真谛。

大众敢于深度认知自身的困惑，用自己的良知和心灵的感知去体验生活，自然可以放下"执念"，化解纠结。但身在纠结之中时间较久的个体，已经品味了太多痛苦，思维已经极端矛盾性，形成纠结思维、陀螺思维、黑洞思维，行为总是处于拖延、懒散、强迫状态，则可以尝试《重建幸福力》书中提出的"行知合一"——先搁置纠结，尽可能行动起来，做自己能够做的或者喜欢做的一切事情。哪怕只是做点家务、走走路、跑跑步，哪怕只是做了自己想到的或计划的 5%，只要肯定自己，就会逐步产生行动后的体验和认知，有了新的认知，再推到新的行动，最终解决纠结，告别思维的巨人、行动的矮子。

四、纠结原因：目标化的人生

在追求物质存活的时代，在以人生价值为生存导向的时代，马斯洛的五层次需求论自然被大家认可，甚至一直沿用至今。按照马斯洛需求论生活，就会产生目标化的人生价值观，追名逐利和海盗文化的价值观便成为多数人的人生意义。在当今物质丰富的时代，个人存在自我意识强大的年代，个体由此产生四种不良的人生模式：焦虑型、抑郁型、躺平型、享乐型（详见第一章）。目标化的人生来自于人理想化的意识。因为人特有的理想化意识，结合内在的好强人格，不自觉地产生追求目标再目标的思维和行为，内在隐藏着大量的纠结。一个小升初的学生，成绩优异，却说"自己学习好累""同学们都特别卷"。问起他如何看待未来的，回答："你从小必须努力学习，小学必须战胜大多数同学，升入初中名校，在名校必须继续努力，才能进入重点班，升入重点高中，重点高中同样需要继续努力才能考上好大学，上了名牌大学，毕业后才能容易找到稳定的工作，有了稳定的工作还要继续努力，升职称或升官发财！"

一个孩子在小学就开始了一个又一个的学习目标，划定了自己几十年的人生目标，就算实现了所有早期设立的目标，人生的乐趣何在？人生的韵味何在？人生的意义何在？

听到这样的回答，我体验到的是孩子的厌学情绪、内心想获得认可、完美的要求、无奈的人生叹息、人生的无趣、内心的冲突和纠结。一旦受到一点点挫折，这样纠结的孩子自然会产生人生的被限制、无意义之感。

人生的意义才是个体生存的精神灯塔。没有奇点的人生、可预见的人生，人生的体验自然无聊，生存动力自然不足，目标化的人生也根本不可能实现。现实中，大部分中老年人并没有达到马斯洛的五个层次都满足的目标。因为理想化的意识，个体的各种欲望促使不自觉地追求满足，满足了，很快就会有更多的欲望，就像巴尔扎克文学笔下的葛朗台，吝啬钱财，不断地储蓄金币，有了足够多的金币，为了满足储蓄欲望，即使饿死自己或病死自己，也要继续满足拥有很多金币的欲望，无休无止。

其实，个体自主、自由选择的体验，才是人生意义。目标化人生所追求的外在人生价值不等于内在的人生意义。自我控制理想化的意识，在积极的自我认知和创造性意识的作用下，人生的价值才会服务于人生意义。如果没有适当的自我认知意识、积极的创新意识协调个体自我意识，那么在不安全感促动下的理想化就会过度目标化，容易促成不幸的人生。即使在安全感促动下的理想化，勇敢勇气也容易变为过于莽撞的无谓牺牲。

修正马斯洛的五个层次需求论为七个层次的幸福体验论，实质是希望每个人学习积极体验人生[1]。改变被动的目标化人生，在于敢于先主动体验每天的学习和生活，选择自己的人生道路，敢于叛逆父母或者权威，在此前提下，确定一个小目标，去积极地、专注实施。比如，父母给你确定了学习目标必须全班前十。作为青少年，你可以叛逆地把此"被动目标"放在一边，选择喜欢学习的知识或者运动进行体验，学会自学，创造自己独有的某个知识领域的学习方法，学会自己接纳权威（父母）不认可而坚持自己认可的。专注中，自然可找到自在的体验，展示积极的精神。在感受到生活学习积极的状态下，再主动找一个权威和自己都相对认可的小目标，为之付出努力。带着"不争"的精神，就会积极体验，心态好，不安全感不容易被激发，拖延少，纠结不易产生，时间效率就会提升，小目标自然实现。一个又一个小目标的积累，就会叛逆成

［1］　周伯荣.重建幸福力［M］.广州：花城出版社，2021.

功，成为你自己。

五、纠结原因：追求自由的本能

自由是一个哲学中的概念，意即可以自我支配，凭借意志而行动。动物具有追求生理性自由和生存环境自由的本能。动物成为森林之王或者族群霸主，它的生理性自由如繁衍等即可以获得较多满足，生存的空间和拥有的物质资源就会更多，活动自由度更大。人类原始社会、奴隶社会、封建社会追求生理性自由和环境的自由如同动物世界一样，遵循森林法则、弱肉强食。随着人类文明的发展，尽管森林法则仍然时刻存在着，但因为人具有特殊的自我意识，产生了更多的自由分类和体验。

按照个体生存的角度分类，人类的自由除了生理性自由和生存环境的自由这两种动物本能的基本自由，还包括人类特有的，更高级别的自由，包括认知的自由、心理性欲水平上的自由、人际关系自由、体验存在的自由[1]。

个体生理性自由和生存环境的自由，其实就是大众俗称的身体自由和财富自由，包括衣食住行、睡眠、性欲、物质欲、自由活动空间的满足，区别于动物的是，在获得这些基本自由过程中，需要符合人性的伦理和社会规则，否则最终容易失去这两种自由。像一些贪腐的官员，违背法律和良知行事，利用职权侵占他人的利益或者国家的利益，最终自然会受到社会法律或者私人的报复，落得锒铛入狱，被剥夺一切社会自由。人获得或失去这两种基本自由，同

---

[1] 科克·施奈德.存在整合心理治疗 [M].徐放，方红，译.合肥：安徽人民出版社，2015.

时受到其他高级别自由的影响。如人生观的认知不同，为了致富，一个是绞尽脑汁地坑蒙拐骗、巧取豪夺，获得的基本自由很快失去而归零；另一个是勤劳勇敢、自律节俭、刻苦钻研、睿智进取，获得的基本自由很难失去，更重要的是同时获得了更高级的自由。

1. 认知自由

认知就是凭借知识储备、见解、经验等，对事物形成相应的解读，并做出判断或选择。认知自由是能够透过现象看本质，摆脱外物的杂质干扰，以多元化的角度对事物形成客观全面的解读，独立地做出理性恰当的判断或选择，并对自己的选择负责。

认知自由受到个体拥有的知识储备、思维逻辑、换位思考能力和理性思维原则的限制，敢于突破原有思维模式、改变不良思维模式，合理地积极重构思维可以体验到认知自由。在获得认知自由的过程中，人类特有的自我认知意识、创造性意识起到最大的作用。只有通过反复的知识储备、思维逻辑推理、体验执行结果，再自我认知，创造新的认知，才能更好地拥有认知自由。像中国古人，认知"结"的记事价值及用"结"记事的有限性，创新用不同颜色的"绳子的结"解决问题，再认识到事物不断增多，必须突破用"结"记事的框架，认知到不同的外界事物都有其自身的"形象"特征，画出的形象特征就可以代表此物，在不断认知和创造下，促成中华古代象形文字的诞生，最终突破以"结"记事的局限。认知可以改变不自由的环境为自由环境。在疫情封控期间，具有积极认知和创新意识的人，即使在封控期间，可以在家里较为狭小的空间，自由地情感互动，自由地阅读平时没有时间读的书，自由地聊聊没有时间聊的话题，自由地写写平时没有来得及写出的思想。

2. 心理性欲水平上的自由（简称心性自由）

心理专业指对个体过去的性欲—攻击经历做出和解，并加以整合，意味着自我的逐渐强大；在最小化惩罚和内疚感觉（超我的压制）的同时，将本能满足（性欲—攻击的表达）最大化的能力。这里的"性欲"指个体"自然表达本能欲望""本真""自在"的意思，俗称放飞自我，敢于表达和接纳自己一切的情感，相当于本章第一节"接纳不安全感的情感"，并且表达自己内在的各种本能欲望和情结。如前面谈到的电影《嫉妒》，在没有认知自由的条件下，嫉妒情结不断爆发，不自主伤害着身边被嫉妒的对象，女主角的心理性欲包括被男人呵护的爱、爱自己女儿、真诚交友、自身性生活欲望等都无法获得满足，更加谈不上放飞自我的自由。在心理医生的帮助下，在女儿拒绝和她亲密的感受下，女主角的认知得到发展，获得部分认知的自由，创造自己新的生活方式，游泳锻炼，象征洗脱自己的过去，专注当下的生活和爱的体验，自由地表达出自己的嫉妒，表达对老年朋友逝去的怀念，表达自己对男朋友的爱，甚至敢于接受男朋友的爱。此电影表明，嫉妒的本能情结，能够在个体认知自由的基础上，同时在心理心性层面把内在体验和情感表达出来。

在集体主义至上的文化背景下，中国文化提倡个性本能水平的控制，提倡伦理道德的至上，仁义礼智信的绝对权威，放飞自我的人生观或者人生意义，较少得到提倡和赞同。而当今社会，受西方主流文化追求个人自由、做自己的理念影响，青少年内心既受到仁义礼智信的道德规范限制，又想放飞自己的心性欲望。曾有青年想做自己喜欢的绘画师或兽医，但感受到这违背父母的意愿，被父母情感绑架或者PUA，如果选择了兽医或绘画，父母表达了失望，他就会感受到内疚、自责，压抑着愤怒；如果没有选择绘画或者兽医，不情愿地选择了外贸商务专业，自己学习就没有动力，就会后悔和懊恼。无论何种选择，两个对立的情感不断冲突，心性的自由难以获得，放飞自我的理想或者欲望成为梦想，为此产生纠结，最终导致焦虑症，甚至抑郁症。

3. 人际关系自由（简称人际自由）

心理学家阿德勒说："人的烦恼皆源于人际关系。"人际关系包括一般社会关系、好朋友关系、亲密关系等。如果人际关系紊乱，我们在社会、文化、生活中便会体验不到自由。

人际关系自由意指生活的情感依恋和分离的自由度，是平衡人际关系的努力和独立性的体验。心理治疗的目标实质是各种关系的和解，包括与原生家庭父母和解、与难以宽恕的他人和解、与内心自责或内疚的自己和解。人际关系的自由体现在个体的和解能力，还有情感表达、情感依恋、情感分离的能力，涉及自我认知意识，需要自知、自尊、自信。

在人际关系平衡处理中，纵向关系（上下级）导向操纵与控制，而横向关系的本质则是平等与尊重，可适当地戴人格面具，敢于表达真我，表现不卑不亢、不骄不躁。

人际关系的自由需要遵循爱自己在先、爱他人在后的原则。一个连爱自己都没有爱好的人，难以真正爱他人，即使给予，也是极容易使对方背负愧疚和自责的不良情结。爱他人是能够让双方都感受到舒服的爱。

中国文化传统强调集体利益和利他在先，崇尚牺牲小我，成全大我的精神，像"先天下之忧而忧，后天下之乐而乐"等名句均是此精神的写照。这些精神用于大是大非、国家民族利益层面，是非常值得赞赏和推崇的。但用于人际关系中，个体自由将会受到极大的损害。

在当今社会，一些家长或者老师过于强调谦让、忍让在人际关系的利他精神，常常导致一些青少年过于忍让、退缩、委屈自己，成为校园被欺凌的对象，完全失去了人际关系的自由。帮助孩子自我认知到人际关系需要以"和"为贵，但前提是不能牺牲自己的尊严和人格。在人际关系中，敢于看人说人话，看鬼说鬼话，敢于"兵来将挡，水来土掩"，敢于索取帮助，表达自己的痛苦，敢于不回避，直视校园欺凌者，团结可以团结的力量，暴露对方的不良行径，激发老师共情。相信正义不会迟到，正义是站在追求自由的人身边。

创造性意识，导致人具有与动物不一样的自由需求：认知自由。自我认知意识，导致个体认知自己和社会、自身内在的关系。追求自我摆脱家庭、社会、情感、制度、自然的限制，形成人际关系自由。

4. 经验性（存在）自由

经验是个体经历体验产生的，存在先于本质，存在是动态的，世界万物均符合存在"道"。经验的存在的自由：意指个体存在的意识和潜意识的自由，包含了当下即时性的自由，动态变化的存在的自由，情感体验的自由，融合于宇宙的自由。

萨特提出存在分为自在的存在和自为的存在。自由也是一种存在，是动态变化的，自由同样包含"自在的存在"和"自为的存在"。

"自在的自由"是指自由原本就是个体本能拥有的存在，是人的类动物性的基本自由，是不以人的意志为转移的。"自为的自由"是指个体通过认知、思维、行为创造原本不存在的自由体验，通过认知再认知，获得认知自由，通过放开心性，放下得失心和对错心，获得心理性的欲望自由，通过经验人与人的关系，相信他人、相信自己，爱自己、爱他人，获得人际的自由。

自由和创造是个体幸福的根本性特征。人的自由和创造属性都是来自人的创造性意识，附以自我认知和理想化意识交互作用形成。存在自由就包含了低级别的各种自由，它等同于荣格提出的自性化，等同于老庄文化的"天人合一"、心学—禅学的"无我"，是全身心的自由，是外在意识、前意识、无意识的整合自由，也是本我、自我、超我融合的自由，高层次的忘我的幸福体验。

在不安全感影响下，理想化意识导致追求自由的无止境，容易出现绝对性自由的错误理念。现实就像哲学家萨特所说"人真正的不自由就是人永远无法摆脱执着于自由"。

中国文化强调"天人合一""人法地，地法天，天法道，道法自然"，意指人们依据于大地而生活劳作，繁衍生息；大地依上天而寒暑交替，化育万物；上天依大道而运行变化，排列时序；大道则依自然之性，顺其自然而成其所以然。人是融于天地之间的精华，须顺应自然大道生存，这里的自然涵盖了自由、自在、自性的生活。中国农耕文明和整体式思维表明人追求自由是必然的，但是，受到土地限制，还要遵循天道，才能成为"理想化的圣人"；强调个体的自由必须符合人伦道德，符合社会和集体的利益，自由是有条件的，明确反对个体绝对的自由主义。

西方的海洋文化和二元分析式思维，表明个体自由是神圣不可侵犯的，强调个人意志和选择的自由。苏格兰哲学家亚当·斯密是经济学的鼻祖，市场经济的创造者。他在《国富论》中提出私有财产不可侵犯性，个人的经济自由会激发每个个体的潜在动力，个人利益的满足自然带动社会的发展，形成积极的社会价值。

近两百多年来，西方资本主义经济的发展，促进了人类科技、经济、生活水平的极大提高，强化了个人利益至上的理念，逐渐延伸出个人自由理解的误区：个体追求绝对自由，个人主义、享乐主义、独身主义的意识形态盛行。

人是社会的人，绝对自由是不可能存在的，存在的自由总是被控制、被限制的。现实中，一些孩子总是活在他人的期待中，在意他人的眼光，在意社会的评价，被控制感自然产生；换个视角，家长总是把期待强加给孩子，担心不良结果的发生。在期待和被期待中，纠结情结很容易激发，自由的体验被破坏。

在正确地理解自由，自由选择以突破既定自我，承担自我选择后的责任，体现自己，成为自己的过程中，自律常成为获得自由的必要条件。自律既有动物性本能的自律如生物钟睡眠、性活动的节制，更有人类自我认知和创造的规律活动。自律、自由融于一体，方能成就个体的幸福。

个体通过自律的生活、运动，才能获得身体健康的自由；通过自律的学习，知识积累，才能获得认知的自由；通过自律的修身养性，放下面子和得失心，才能获得心理心性的自由和人际关系的自由。

自律和自由就如同太极那般阴阳组合的球体：过度自律，就会压制自由的空间，甚至失去自由的体验，导致追求自由的渴望；过度自由，就会减少原有的自律，甚至毁坏本能的自律，导致个体生存的危机。

自律过度的人为了健康，常常过度运动，损伤自己关节或者忽略自己的伴侣，跑步运动变成坐轮椅，亲密的情感变成生疏的感受，导致原本存在的身体自由、心性自由、人际自由、经验性自由受到损害。

反之，一位为了追求绝对自由的人，随着自由的体验不断地膨胀，随心所欲的行为不断发生，自律的行为被不断破坏，就会出现睡眠不节律、吃喝不节制、讲话不礼貌、偏执任性、损人利己的特征，最终受到社会法律的惩罚或自然法则的限制，出现亏空身体，失去身体的自由；不自知不自省，失去认知的自由；放纵欲望膨胀到失去人性，谈何心性自由；个人中心意识过强，人际自由也会失去。

没有自律限制的自由，终将失去原本获得的自由。没有自由陪伴的自律，终将失去生命存在的意义。

六、纠结原因：道德、死亡（权威）的限制

道德是世界文化和伦理学的精髓，死亡是人类不可避免的归途。从生存的自由度看，道德、死亡都是个体自由的限制体和对立面，同时，它们都是权威的代表。个体在追求人生自由、自我赋予的人生意义过程中，常常和道德、死亡、各种权威产生冲突，在不断摩擦和平衡中，产生纠结。

道德的规范和行为礼仪是中国文化的主要内容。中国人道德的标签化或者过度化较为普遍，导致个体实现成功叛逆和突破限制的本能常常难以及时表达。

权威在社会生活中无处不在，权威不仅仅是人，可以是社会设立的，也可以是个人不得不接受的，权威包括父母、老师、领导、规则、成绩、道德、法律、疾病、死亡等。因为权威的存在和限制，人就会有"存在之焦虑"。在生存中，人总是权衡利弊、得失、追求完美，担心自己不被认可或不被需求。

在心理疾病中，更常见的权威是自己在成长中内化的权威。个体在原生家庭被一位追求完美的妈妈不断地要求和期待，当内化了妈妈权威的要求，孩子在长大时，内心理想化的自己就会成为现实中自己的权威。在自己内化权威的作用下，现实的自己成为被动接受规则或者要求的人，内心自然产生纠结，常常体验不到学习的快乐、生活的乐趣、工作的意义。

个体选择突破权威的限制，成功叛逆而成为自己，是解决此冲突和纠结的唯一途径。在突破行动之前，通常需要个体接纳现实的权威给予的限制或者挫折，接纳自己内化的权威。在接纳的基础上，创新自己新的人生意义，创造自己的活法，才能拥有敢于选择的能力，敢于承担结果的勇气，只要不违背"良知"，就可以做自己认可的人。

案例 23

心洁，女，39岁，公务员，主诉反复洗手多年不能自拔，加重5月。心洁的原生家庭经济困难，自己排行老二，有一个姐姐、一个妹妹、一个弟弟。爸爸妈妈忙于挣钱养家，和孩子互动较少，偶尔回家，还会责骂三姐妹没有把家料理好，尤其姐姐总是被爸爸打骂或者责罚，姐妹们都不喜欢爸爸。爸爸同时告诉心洁，你姐姐妹妹为了你能够安心上学，只能早点外出工作，给你挣学费钱，将来你一定要报答她们。心洁从小学习优异，顺利升学了重点初中和高中，最终考上了大学，成为公务员，有了稳定的收入，做了部门的小负责人。从小在学习中，她便接受和认可做人"知恩图报""羞耻心""谦让心"的道德观，认为这是不能违反的道德底线。工作后，她感受到姐妹们因为学历低，打工挣钱很辛苦，认为小时候自己占用了姐妹们学习的经费和时间，内疚、愧疚之情不断地出现。

心洁认为自己的生活物质条件较姐妹们优越很多，应该努力工作，帮助姐妹们。于是她努力工作，支撑原生家庭的妹妹、弟弟上学、读书，却忽略了自己的个人情感需求，不敢接纳亲密关系的发展，担心配偶不愿意承担照顾自己姐妹、弟弟的沉重负担。

强迫洗手开始于相亲。对方接纳心洁年龄较大，但要求进行人工受孕，必须要有自己的孩子。心洁感到压力很大，且养孩子就无法关照自己的姐妹，愧疚之心再次出现，只好委婉地拒绝对方。然而拒绝后又后悔，担心以后自己孤身一人。心洁感到自己不结婚，为原生家庭姐妹付出努力是值得的，同时，又想获得情感的依赖。

现在，姐妹们都成家立业了，自己却得了严重的强迫症，难以正常工作，不仅没有照顾姐妹，反而需要她们照顾，心洁更加愧疚，潜意识不断地恶化了自己的纠结思维和行为。她的强迫性洗手恶化为强迫性怕脏，怕任何可能存在的脏。每天洗手几十次，严重时，洗手几个小时不能终止。心洁不敢随便在家里走动，认为自己会把不干净区域的"脏"带到了干净区域，变换自己位置时，都要洗一两次手，才进入干净区域，如果不小心忘了洗手，就需要把衣柜的衣服全部洗一遍。

这种看似"强迫洗手"的怕脏背后，却有复杂化的纠结路径，深层次的强迫机制在于，怕违反内化的道德"知恩图报"的权威，一旦自己有了违反此道德的想法和行为，就会自责，感到有罪过，潜意识认为这是一种"脏"，需要"洗"脱。但是，拒绝了新的亲密关系和内心渴望的依赖，又会后悔，后悔同时会再次激发愧疚和自责，如此强迫循环着"愧疚和洗脱"的心理，外化为"强迫性洗手"。

案例 23 是道德权威产生纠结心理的放大版。大众可能认为自己不会傻到如此怕权威和愧疚过度，但在生活中，大多数人常有权威相关的纠结。在当今社会，权威机制的存在，自然造成个体会激烈反抗，以卵击石，碰个头破血流。在疫情防控期间，有人为了自己的生意，不服从封控管理法规，携带病毒偷偷走动，被发现就会被拘留看管所，失去自由后就会极其愤怒。在表达强烈愤怒前，个体自然感到委屈，面对权威都有敬畏和害怕心理，只能压抑愤怒，在反复纠结作用下，出现爆发性愤怒。

要么，害怕或过度尊重权威，唯命是从，麻木自己的"良知"，封闭自己独立的自我认知意识，把纠结埋藏在潜意识，用过度行为掩盖自己的纠结。

要么，回避权威，躺平做人，多一事不如少一事，认为自己能量不足，选择顺从权威但不绝对服从的心态，用"躺平"的方式对抗内心的矛盾和纠结。"躺平"也会出现失眠症状，这是纠结的表现。

要么，害怕权威和内心需求之间的矛盾，不断地纠结，最终出现案例 22 那样的失去理智的恐慌买药行为和案例 23 这样复杂化的双重强迫。

权威带来的纠结如何化解？关键在于看清自己和权威之间的矛盾和情感联结。在清晰化和权威之间的关系之后，尝试接纳权威，即共存的体验，先保持不对抗、不退避。然后，尝试和权威共处，换位思考，促进相互的理解，拉近和权威之间的高低距离。如果经过努力，距离权威还是太远，就暂时搁置矛盾，看清自己的实力和能量，不必思虑过度，只做当下可以改变的事情，至少先学会爱自己。如果你和权威拉近了距离，那就尝试合理表达和沟通，倾诉自己的困惑或者体验，与权威产生同理心和共情，让权威与你达成一致性沟通模式，共同执行协商好的事情，直面各自的不安全感和共同的困难。个体和权威一起做到相互不怨、不争、不执、不避、不弃，自然可战胜一切不和谐的困难。

权威从主客体角度，同样分为两类：一类是外在的形形色色的权威，如道德、上司、法律等；另一类是内化在自己理想化意识中的理想化的自己，如内化的大母神情结。理想化的自己经常给予现实的自己更多的权威性限制，导致现实的自己和本能的自己都感受到压抑或失去自由。像案例 23，被自己内化的理想化道德标准所束缚和绑架，本能想挣脱，想爱自己，但现实的自己不敢选择，总是后悔，导致内心的冲突不断升级，内化的权威导致的纠结不断地增加，最终成为强迫思维和强迫行为，甚至已经有黑洞思维，产生了痛苦，想了却自己的生命。

在三年疫情防控期间，全球焦虑症等各种心理疾病病例数明显增高，是因为新冠病毒具有较高的致死性和传播性，死亡作为权威在不断地控制和限制大众的心理。在与新冠病毒这个死神权威共存时，自然产生对抗、压抑、害怕、回避、躺平、矛盾，直至纠结等一系列心理不良情结、思维、行为表现。从正能量角度看，这为人类提供了一次直视自身不安全感的机遇，亦是一次突破权威的锻炼机会。

人在权威、困难、死亡面前，本能地会出现回避。短暂的搁置、回避难以避免。在回避中，找到自己的初心和良知。中国文化的"不弃""不让"精神值得发挥。不放弃人生的成长目标，敢于直面自己内在的不安全感，敢于做本真的自己。面对权威或困难，敢于选择，发挥自己的聪明才智，想办法，创造机遇，当仁不让地承担自己应该承担的一切。

七、纠结原因：思维的矛盾性

思维的不良模式导致纠结思维，思维的矛盾性是纠结思维的基础。矛盾是"道""存在"的本质规律。

思维存在矛盾性同样是"思维"的特征之一。思维的矛盾性分为有益于人生存的和无益于人生存的矛盾思维。因为拥有思维矛盾性，才会产生怀疑。比如，当已知分子可以分解为多个原子，有正极和负极，就会思考原子内部是否可以分为矛盾性的结构。一位研究物理的科学家，因此发现了电子和原子核，电子围绕原子核运动。如果没有思维的矛盾性，就会停留在原子是最小粒子的认知层面。通过有益的矛盾思维，对事物分析，思考向左还是向右，可以深入思考和分析事物的矛盾性、矛盾双方各自的特征，获得新的认知和统一的认知。西方文明的二分法分析思维、逻辑思维，应用在科学研究、实际工作中，利于解析问题，这些思维都是包含着思维的矛盾性。

在不安全感心理背景下，思维的矛盾性会不断地泛化。在完美思维、灾难性思维作用下，在思维的速度远远快于行动的作用下，矛盾思维常与现实脱离和谐关系，形成虚假的关系，成为纠结的起源。中国文化的悖论思维在文化传承中，被多数人遗忘在角落。像案例23早期焦虑期间，始终存在"知恩图报"的绝对道德标准化和好好爱自己的矛盾性，可采用中国悖论思维逐步解开心结：

（1）通过辩证思维，分析自己是否存在"不知恩图报"或者恩将仇报。

（2）感恩姐妹和自己成家立业是完全对立的事情吗？是否为非对立事件？

（3）自己生病，被动地需要姐妹照顾，产生愧疚。能否变为积极主动地爱自己，理解爱自己就是报恩姐妹，更好地解决愧疚？

（4）自己的存在是否真的优越于姐妹的存在？如何认可双方均为独立的个体，是自在、自然的存在？

（5）能否像《两小儿辩日》里孔子那样敢于承认自己的错误和无知，即"过度牺牲自己是错误的报恩"？

（6）愧疚情结来自自己追求"面子工程"，希望得到姐妹的认可。放下寻求他人认可的得失心，感受已经存在的姐妹的认可。采用中国老庄文化精髓的"不执"的心理修养，学习不执着于"滴水之恩，当涌泉相报"这类绝对道德观，改变自己的偏执个性。

通过以上中国文化心理解析，来访者学习和应用了相关思维和行为表达，体验到真诚相待、平等互助、礼尚往来在姐妹情感互动中的舒适感。此案例使用中国文化心理结合存在心理疗法，使得来访者较快认知自我不安全感的情感特征、思维特征、情结特征，并且通过悖论思维和老庄文化改变来访者的思维矛盾性，助其构建了自我新的生命意义，逐步解开了深层次的"愧疚"情结，化解了纠结思维和行为。案例23来访者心结的双重强迫症在三个月治疗中逐步消失，半年左右即停用药物，较强迫症指南要求的足量足疗程药物治疗周期大幅缩短。

八、纠结原因：内心的完美性或者内化的理想化

完美按照要求的对象分为以下三类：

（1）要求自己为主的自我完美型，即完美型人格，容易自责和重复思维、行为，是产生强迫症的主要类型；

（2）要求他人为主的他人完美型，即自恋型人格，极少自知自省，在情感沟通中，表现为责备和不断要求他人改变，总是他人错误；

（3）全方位要求的完美型，对人对己都是严格要求，喜欢鸡蛋里挑骨头，在事业中，就是一位一丝不苟、认真勤勉、严格严肃的领导者。在生活情感中，属于超理性者，就是一位自律过度、控制欲强的家庭权威，不喜欢浪漫，让人想保持距离。此类型容易造成他人的纠结，导致周围人的自卑、害怕或者回避。

完美型人格也称为强迫型人格，是内化的理想化自己的外显人格特征。完美型人格要求自己凡事都要做到最好、最完美，对事情严格要求，不懂变通，表现为对自己或者他人要求的目标过高，常因不达到目标产生自责和纠结。前述的强迫症案例4、案例23等均体现了完美型人格造成强迫思维和行为的痛苦。

按照《重建幸福力》书中介绍的"折扣评价法"练习，多数

人的完美性可以得到修正。个体因为不自主地树立高目标，目标总是远远超过实际水平，完成目标的概率较低，需要学习降低目标；因为自我评价苛刻，需要应用折扣评价法，学习赞赏自己和肯定自己；因为不能接纳不完美或者自定义的失败，需要改变"完美性"的定义，学习接纳不完美——不完美是常态，不完美才是人生的"自然完美"。

自恋型人格的人从小身不由己地为发生的一切负责任，积极主动地获得掌控权。其原生家庭通常父母没有给予较好的照顾，反而需要孩子作为小父母来管控或者承担照顾父母的责任。自恋是个体的现实自我和内在理想化的自我没有分化，处于共生状态，认为自己是理想化的、完美的，忽略自身的不足，就是为了防御内心非常负面的不安全感和自卑情结。

自恋者常常把他人当作自己的一部分，加以完美要求和控制，制造他人的压迫感、被控制感、纠结。自恋型人格的人，需要有保持心的强者赞赏他，需要被他控制时的不卑不亢，需要给予他共处、共情体验，需要自恋者受挫后感悟，需要给予较高包容性的爱，来唤醒他内在的自省，使其直面自己内在的自卑。自恋只不过是保护自己自卑的外壳，在不同原生家庭和文化环境中表现不同。极端自大型自恋者，在西方文化环境，过早地被迫承担责任，通常表现为以自我为中心、偏执任性，难以出现纠结，是造成他人纠结的外因之一。矛盾性自恋，也称为忧郁型自恋。此类型在东方文化环境，原生家庭矛盾型爱的情感中形成，极易产生讨好—委屈—后悔情结，然后导致纠结和愤怒。

志树，男，32岁，公务员，未婚。主诉"发作性愤怒"一年就诊。原生家庭为争吵型，一方面母亲溺爱，一方面父亲暴躁、打骂、酗酒，对家庭不负责任。志树从小学习成绩优异，多才多艺，妈妈给予充分的溺爱和严厉的要求，他一方面尽可能做一个乖巧的，符合妈妈要求的孩子，一方面过早成熟，开始承担家里父亲应该承担的体力劳动等责任，长大了为了保护妈妈，直接与爸爸互殴，同时出现早恋的叛逆行为。此后，志树反复恋爱多次，恋爱中总是能够找到女朋友的缺点，控制女朋友的行为，提出自认为非常合理的完美要求，可一旦女朋友提出他的问题，他就受不了，感觉自尊被伤害。最终在六次恋爱中，他主动宣告感情结束五次。

　　在最近两年的恋爱中，志树付出了真情给予女朋友，女朋友也欣赏他，但近一年余志树再次不自主完美要求女朋友的行为举止，认为女朋友屡教不改，女友于是提出分手。自恋的他感到明明是女朋友的问题，居然和自己提出分手，让自己失恋，为此感到气愤，可自己的确喜欢对方，于是再次讨好，请求复合，恢复亲密关系不久，感到自己委屈，再次提出一些完美要求，对方不予理睬，再次压抑愤怒，反复多次，最终导致有一次愤怒爆发，伸手打了女朋友，对方再次提出分手。分手后志树就后悔不已，再次讨好请求复合，对方直接将其拉黑，断言再无可能。志树感受到自尊心碎了一地，间有放纵酗酒，开始整日郁郁寡欢。

忧郁型自恋，一方面以自我为中心，自恋自己的才华和能力，认可自己已经是理想化的自我；另一方面，又在伪装自尊，有一颗敏感、易碎的玻璃心。之所以害怕承认、接受自己的不完美，是因为在自卑感扭曲下看到的自己一无是处，自恋者通过表现自我，责备他人而掩盖自己的自卑。一旦不被认可，伪装的自恋外壳破碎，忧郁型自恋者就会走向抑郁。中国文化过早地教育孩子建立理想化的自己。近几年，家长则较多采用赞赏式西方教育理念，较易导致孩子纠结后出现忧郁型自恋。

在当今知识分子家庭，表现为全方位要求的完美型或超理性者（如老师家庭）较为多见。如果超理性家长只是身教，常常不会导致孩子的纠结，在配偶情感配合下，容易培养出优秀人格的孩子。如果超理性的家长，不断通过言语教育、心灵鸡汤，自夸自恋自己的自律和合理性，总是感觉自己对，生活在一起的家人就会感到缺乏情感互动，感到生活的乏味。如第一章案例5的父亲就是此种超理性个体的写照。

完美性或理想化导致的纠结，关键需要降低完美性和好强的攻击性人格，可以中国文化提出的"不争"精神，尝试放下过度好胜好强，放下得失心，采用不争反而有所得的心态面对事物。研究显示，按照开车的驾驶规则行驶，不急不躁，持续走一条车道，到达目的地所用的时间，与左突右插，风风火火开车的人相比几乎不存在差异，而前者还明显降低了交通事故的发生率。

"不争"不等于放弃或者退让，而是不好强，同时能够顺其自然、当仁不让。

另外，完美性蕴含着怨恨或怨气。中国文化提出的"不怨"精神同样值得和来访者沟通。"不怨"提倡的无怨无悔，不是懦弱和回避，大度、宽容是中华文化的美德。宽恕他人，尤其是原生家庭，就是宽恕自己，给自己的生活留有自由的心灵空间。通过同理心和换位思维，体验每个原生家庭的不完美和每个父母的不容易，感受父母曾经给予的一点一滴的爱。哪怕父母仅仅给予了基因和血液，给予你作为高等智慧生物的机会，你也应该感恩，至少不必总是抱怨。

心理学的魔咒就是，越是怨恨谁，你就越会成为你怨恨的人的样子。因为怨恨就会导致潜意识始终不能放下对方的人格不良特征，这些不良的人格特征自然成为你潜意识里的阴影人格。

接纳不完美：理解没有一个人是完美的，世界是美与不完美组成的，深度认知"天下皆知美之为美，斯恶已"。接纳自己的缺点，接纳他人的缺点，接纳人际关系的不完美，接纳社会的不完美，接纳世界的不完美。不接纳不完美，将难以形成双方舒服的关系。偏执地追求完美，迷失在"执念"中，纠结于完美，定将干扰"美"的体验。"不执"的精神需要经常感受，才不易陷入纠结。

九、纠结原因：集体无意识的影响

集体无意识的不安全感，就如同奔涌的洪流，对身在其中的个体产生不可避免的影响。中国文化的传承就是集体无意识的载体。中国文化要求遵循"大道"，做理想化的圣人，同时，现实生活讲究人情世故，要面子地做人。这种生存模式，是现实的自我和理想化的自我分离式存在，集体无意识中就蕴含着矛盾和纠结。近几十年，随着经济的发展和西方文化意识的涌入，东方原有的文化受到冲击，生活在其中的人自然难免产生焦虑和纠结且有着东西方文化背景的个体，更加容易在生活中感受到纠结。

案例 25

程众，男，28 岁，主诉"莫名的心慌、惊恐、纠结和痛苦，总是想自杀 1 年"就诊。程众原生家庭有东西方文化背景：父亲为华裔后代，从小居住在澳大利亚，经历着西方文化，母亲从小居住在中国，接受经典儒家文化，26 岁移民澳大利亚结婚。程众在家排行第一，有一个妹妹。他出生后 3 年，妈妈就移民澳大利亚，每年节假日飞回来，很少见面。程众由外婆、外公和小姨抚养，情感上较为依恋小姨和外婆。在广州读小学，成绩优异，性格活泼，较为调皮。从小读《三字经》《弟子规》《论语》，儒家的尊长爱幼、孝敬父母的精神深入其内心。初一开始，程众移居澳大利亚，寄宿在学校，就一直生活在澳大利亚直至完成大学学业。母亲早期居家，周末给予他较多的生活照料。爸爸具有典型西方唯我独尊的文化，妈妈喜欢诉说，较啰唆，夫妻经常争吵。初中时期，妈妈总是溺爱程众，同时经常数落他的不是，并且转告爸爸，而爸爸就会不问青红皂白，劈头盖脸地殴打和谩骂。

在澳大利亚的生活，让程众感受到家庭的不和谐、不安全感和情感的痛苦。18 岁那年，他因为谈恋爱的问题，不听爸爸的要求，就被粗暴的爸爸赶出家门。此时的程众在多年的澳大利亚西方文化生活中，已经养成了独立自主的性格，于是开始了独自求学的道路，自己贷款上大学，自己打工养活自己，自己和女朋友还清贷款。其间，妈妈和爸爸因为生活理念和感情不和而离异，程众也和女朋友因为价值观不合分手。妈妈多次请求他回家居住，每次回去一段时间，妈妈便几乎奉献所有的精力和情感来照顾和他妹妹，同时也不断地要求他按照她的意愿做事。程众不予理睬，妈妈就会情感绑架和唠叨他不孝顺。来访者感受到和母亲在一起的情感折磨，为了逃避母亲的情感纠结，回到中国创业。

在程众内心总是有一种想拒绝和逃离母亲的感受，有一种知道母亲爱自己，但自己却不能尊敬她和孝顺她，甚至还有很多怨恨。

程众在中国创业初较为成功，认识了一位新的女友。在恋爱的1年里，他给予全身心的爱，讨好她、献殷勤，后期，不自主地像妈妈一样情感绑架对方、控制对方，让女朋友感受到窒息而逃避。1年前，女朋友要求分手，程众后悔自己的行为，但女朋友原谅之后，他又再次重复讨好—绑架—后悔的循环。在半年前，他时常在女友面前爆发性愤怒，女朋友毅然决然地提出了分手。来访者在近1年，因为疫情的封控，他的事业同样受到打击，情绪再次出现低落。

在情感上，程众一方面受西方文化影响，需要独立做自己，不在意他人的感受和评价，另一方面，他又受东方文化无意识影响，责怪自己不孝顺，不尊重长辈；一方面怨恨自己的父母，另一方面又成为父母令人讨厌的样子。在这些文化无意识冲突，以及原生家庭的个体无意识的情感冲突下，程众内心矛盾层层叠加，形成不自主的纠结。在纠结中，后悔不断，愤怒情绪无处发泄，以致出现躯体不适的反应和惊恐发作。西方文化造就独立自主的生存观，形成自恋和责他；东方文化造就道德上完美要求的自己，形成自卑和自责，程众在"纠结"中，形成典型忧郁型自恋。

案例 25 的程众因为原生家庭东西方文化冲突造就的不安全感不断地发生，自身内心东西方文化集体无意识冲突，使得愧疚、后悔、纠结、抑郁、惊恐、恶性愤怒反复循环呈现（见图 2）。在"目标化"的母亲"大母神"操控下，"纠结"的他只能逃离，却逃不出亲密关系"纠结"的不良模式。在心理治疗中，他学会了化解"后悔—恶性愤怒"等一系列情结，融通了自己东西方文化的冲突，解除了纠结。

不要面子，做自己：中国文化集体无意识中做人的道德标准很高，人情味很重，很在意他人的评价，活在他人的期待中。在现实生活中，常常在意父母的评价、老师的评价、同学的议论、学习的成绩，举手投足放不开，内向内敛，不善于表达者居多，感受到被较多地控制和限制，少了自由的体验，容易产生纠结。父母们容易把自己未能完成的目标和愿望，强加给孩子，而孩子们接受了西方文化，总是期待自己的父母改变。你期待他人改变，他人的行为却不由你做主，且会不自觉地反抗期待，双方形成不可控感。

《道德经》第十三章所说："宠辱若惊，贵大患若身"，意指太在意宠爱和羞辱，太看重肉体性命，是做人最大的灾祸。此句告诉我们不要"死要面子活受罪"，而要看淡生死，敢于做本真的自己。

孔子《论语·卫灵公》说："己所不欲，勿施于人"，意指自己不喜欢的，不要强加给他人。借此中国名言告诉父母们，倘若自己不喜欢学习读书，整日刷手机看电视，怎么能够强加"爱学习"给孩子呢?! 作为孩子，你若实在一时难以超越或者叛逆成功权威（父母），需要敢于给予自己一点小期待、一点小希望，坚持走自己的路，只要不违法乱纪，是按照自己"良知"成长的路，必定可以体验人生的风光。

肯定当下的自己：接纳自己的过去，接纳独一无二的自己，接纳自己的一切，接纳周围的一切。坚持内在文化自信，在自己的过去和当下发生的一切，皆有存在的价值和意义，想办法找到它。要学会中国文化的核心精神"不怨""不悔"，尽可能不责怪他，尤其是不否定自己。学习放下得失心，静心多角度、多维度看待当下的自己。

每天练习肯定自己，记录自己当天发生的 3 ～ 15 件事，在其中找到自己所认可的具体表现或收获的价值。

在不违反道德底线的前提下，事事本无好坏之分，只是人为赋予的得失心评判。事事若有伯仲之分，淡去一个即可，敢于及时"止损"，停止"纠结"的负性能量消耗。在人生的成长中按照以上策略，即可不断收获知识、酸楚、惊喜、挫折、快乐、情感、安全、成绩、理想。

纠结者可以应用"反者道之动"的动态转换思维，觉察自身不良思维、情绪、欲望、行为，应用"不二法门"的中道精神，化一切对立为非对立，整合内心的对立思维或事物，成为新的生命和事物。纠结是耗能模式，本身蕴含着巨大的能量和过度善良，一旦解开纠结，"纠结"的人们将会迸发出无限的社会创造力和真善美的人性魅力。社会、家庭等外在的因素需要较长时间去改变，青少年自身敢于直视自身的纠结原因，敢于改变自身的不良生存模式，才是当下解开纠结的金钥匙。

从个体自身的角度出发，按照以上 9 个维度，给予化解"纠结"的简易操作策略如下表：

做真我，你可以

表3　纠结的常见模式和9个解决策略

纠结模式	解决策略
不安全感，来自缺乏爱	学习爱自己，敢于索取爱
悲观主义：假设或放大灾难结果，建立了虚假关系，制造真实的恐慌、害怕	积极悲观主义应对
思维的巨人，行动的矮子	拉回思维到当下；做不到心学"知行合一"，就"行知合一"，敢于迈出一小步
过于目标化人生	积极体验在先，主动选择小目标在后："不争"的精神
寻求极端自由	适度自律：体验自在、自然，探索自性化
害怕权威或回避困难	接纳存在的，不回避，敢于直面权威：当仁不让精神
思维矛盾和后悔情结	应用中国"悖论思维"：敢于选择，不看重结果，坚持"不怨""不悔"的精神
完美性对自己或者他人：自责、责他，难以形成双方舒服的关系体验	接纳一切不完美："不执"的精神，想办法肯定自己，赞赏他人
活在他人（集体文化）期待中或把期待强加给他人：被控制或不可控，要面子	入乡随俗，放下控制；不要面子，做自己。适当活在自己的小期盼或者小希望中

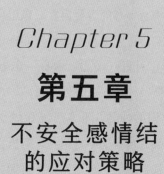

Chapter 5

第五章

不安全感情结的应对策略

　　潜意识不安全感包括个体和集体不安全感，都是依赖个体的"情结"显现。化解纠结，有利于接纳各种情结，第四章第四节已经表述，不在此赘述。如何接纳第一章第四节的害怕、讨好、委屈、骄傲、怀疑、嫉妒、后悔、愧疚、愤怒、自虐、懒散、拖延、背负等各种情结，将是本章的主要内容。以上各种情结，相互间存在密切的关联和影响，按照关系密切性和心理负能量的传导方向分别描述接纳—害怕、讨好—委屈、愧疚—奉献、后悔—愤怒—自虐、懒散—拖延、怀疑—信任、骄傲—嫉妒。

　　情结属于潜意识的外显，不像思维和情绪，通过训练可以捕捉。个人若能够觉察到自身的不良情结，解析自己不良情结产生的来龙去脉，敢于直视自己的不良情结，不逃避、不自责，就可以基本接纳自己的情结。

第一节

化解害怕的策略

　　害怕按对象可分为本能的与死相关的恐惧和后天羞耻心的社恐，按照主体可分为个体害怕和群体恐慌。

　　对个体害怕而言，应对策略如下：

　　1. 接纳已经发生的害怕：不对抗、不自责、不羞愧自己的害怕；像案例 23 在不断练习接纳焦虑和害怕的体验后，害怕感自然降低。

　　2. 深度认知：认知自己害怕的来源，直面自己内在的欲望和得失心；如案例 23 自身小时候没有得到异性别父爱的保护，求生的本能外显较强，同时有担心孩子安危的背负心，与腹泻不止的羞耻心，强化了害怕。

　　3. 修正思维：捕捉假设灾难思维、反事实思维、夸大思维，给予多角度、多维度重新思考，修正为积极开放式思维和悖论思维。

　　4. 脱敏：反复按照害怕对象，分级设定具体事物，根据害怕程度，由低到高逐步主动接触，进行脱敏行为治疗。

　　5. 放下虚伪的自尊，做自己。

　　6. 看到死亡的意义，直面死亡。

　　对群体恐慌而言，就如同面对洪水，需要顺势利导，给予宣泄的途径，平复大众的心，化解大家的纠结，建立相互信任，不主张强力阻拦。在疫情封控期间，大家因为害怕一旦小区被封就没有机会买到蔬菜，于是因恐慌而抢购蔬菜。在政府及时宣传蔬菜良性供应，落实送菜到小区每户门前的条件下，大家害怕的心理得到缓解。在封控期间，有些执法人员不顾群体的恐惧心理，采用强硬的围堵拦截方法，导致群体恐慌性更加泛滥，出现冲击水马和隔离护栏，甚至打骂执法人员的攻击行为。

身在群体恐慌中的个体，需要保持充分的理性，不急不躁，尽可能远离洪流的中心。如果你有足够能力和能量，可以做唤醒大家的敲钟人，平复群体内心恐慌的清醒剂。

相信紧急物资和必需品本是政府管控，不必加入哄抢的洪流；相信自己的家人，相信"人之初，性本善"，按照中国心学的"良知"做自己，树立正确的生命价值观，害怕的心自然远离。

第二节
讨好—委屈应对策略

讨好是想获得他人认可，委屈是感受到自己的弱小，不敢暴露。两者通过压抑、后悔、害怕的情结传导，产生不断的讨好，不断的委屈表现（见图2）。中国文化来自农耕文明，农耕文明导致的村落式定居生活，使得生活在其中的人们，情感联结互动较多，"人情"味较浓，相互的道德行为评价较多，潜意识在意自己在他人或社会的形象。中国一句俗话"唾沫星子能够淹死人"，转化为现在的"人言可畏""网络语言暴力"。在此文化环境中，加之严父慈母教育，社会不安全感较高，太在意他人的意见和评价，讨好型人格较为多见。同时，委屈自己变相为忍让、隐忍、讨好。

应对讨好—委屈策略如下：

1. 学习接纳自我，尤其是自己的自卑、缺点；

2. 肯定自我当下的一切；

3. 敢于示弱，积极表达内在委屈的情绪；

4. 学习拒绝他人不合理的要求；

5. 发挥自己的优势特征，相信天生我材必有用；

6. 降低自己的敏感性，理性看待他人的评价；

7. 学习先爱自己，再利他；

8. 给自己成长的希望。

通过以上策略，案例8学会了肯定自己的才华，接纳自己的当下，学会了合理拒绝，学习了先爱自己，直起了腰板做人。

第三节
愧疚—背负应对策略

根据愧疚—背负情结来自过度奉献、过度背责任、过度保护他人的人，放大了自己救世主这种普适性情结。修正愧疚—背负的策略如下：

1. 分清人际的边界：属于自己的责任和属于他人自身的义务、责任需要分开；

2. 确立自身的家庭或者人际关系角色，不要把自己当作救世主；

3. 责任占比的三分法，降低责任：30% 责任归自己、30% 责任归对方、30% 责任归社会环境、运气或者第三方，最多自己负责 50% 的责任；

4. 相信愧疚的对方：相信对方的胸怀大度、宽恕的能力；

5. 降低自己理想化的道德标准：接纳不完美的自己和事件；

6. 接纳现实，不自责，对事不对人，在事件中找到有用的价值；

7. 看清自己背负后面的私欲；

8. 相信被背负者的实际承担能力和成长能力；

9. 减少控制欲：放飞被控制者的手脚，敢于放权；

10. 做自己喜欢做的事：转移关注性。

第四节

后悔的应对策略

后悔是压抑了愧疚或直接愤怒，对自己的冲动行为导致的结果产生不满意，再给予自责性向内否定自己，是向内的愤怒。中国文化"要面子，又要里子"的特征，既要自己行为得到他人的赞赏，符合自己定义的目标，又要真实地表达内在真我。这种一等一的做人准则，需要极高的心理素质、内在涵养，属于理想化的人，属于人成长的方向，我们不应该被它禁锢。若生活在现实的我们如此要求自己，容易导致追求做人的社会行为完美化，极易产生后悔和纠结。

应对后悔的策略如下：

1. 接纳发生的事件；

2. 不愧疚，不背负：参照上一页所述 10 条，减少"羞耻之心"或"恻隐之心"；

3. 修正"反事实思维"：中国的悖论思维中的整体性思维、辩证思维、积极思维等；

4. 倾诉自己的不自主思维和不良情绪；

5. 暴露自己的不足和示弱；

6. 直面后悔的事件和对象；

7. 长跑慢跑运动＋冥想放松训练；

8. 化解纠结：暴露阻止闯入的思维、行知合一等（参见化解纠结章节）；

9. 理解个人生命的意义和直面死亡。

◎ 第五节 ◎

化解愤怒的策略

勇者的愤怒属于正能量的愤怒，值得提倡。直接愤怒属于内在本能的反应，是真实的自己的表述，虽然属于负能量，只要掌握适度，是无大碍的。

过于宣扬儒家文化"隐忍""退让""以德报怨"的高尚精神，实质是对儒家文化的断章取义，是对中国文化精髓"不争"的错误理解。"以德报怨"出自《论语宪问》："或曰：'以德报怨，何如？'子曰：'何以报德？以直报怨，以德报德。'"此句释义为：有人说："用善行回报恶行，怎么样？"孔子说："用什么回报善行？用公正无私回报恶行，用善行回报善行。"可见，孔子说"以直报怨"是主张对待"仇恨""委屈""冤屈"，应该直接给予正直、公正，不带贪嗔痴的心态，刚正不阿地回击，是极力反对"以德报怨"的。

隐忍的实质是隐而待发，是主动蓄积力量，不是隐而不发。"不争"是勇于做正直的、他人不敢做的事情，更加不是压抑和退让。

落入误区的"隐忍""退让"文化导致现代社会较为抵触"愤怒"的情绪表达，表现为"勇者的愤怒"几乎消失，如路见不平、拔刀相助的精神极其少见，倒是袖手旁观、谨防碰瓷讹诈、多一事不如少一事成为多数人的心理。在扫黑除恶之前，黑势力之所以能够横行，和过于隐忍、自身怯懦，缺乏"勇者的愤怒、直接愤怒"，以及旁观者效应存在一定的关系。自发的一致对外和同仇敌忾的团结精神，来自"愤怒"敢于表达的精神。

在社会活动中的愤怒没有直接表达，通常就会转移到家庭亲密关系之中。中国家庭容易出现争吵和愤怒，出现对孩子的过度指责和批评，实质是成人父母在社会经历中过于压抑自己的情绪有关。

应对愤怒的策略如下：

1. 倡导"勇者的愤怒"文化，这是利他的奉献精神；

2. 鼓励或至少不反对直接愤怒的社会文化；

3. 正确理解中国文化精髓，改变隐忍、旁观者心理：提倡敢于做本真的自己；

4. 压抑的个性需要修正：压抑愤怒是沟通的极大负能量，鼓励压抑者表达直接愤怒、多倾诉。

5. 学会尽可能不后悔：参看后悔应对策略；

6. 转化愤怒的能量到自己喜欢的事情上；

7. 学习宽恕：宽恕自己怨恨的人、不接纳的人，尤其是自己的父母，因为怨恨是最大的恶，怨恨父母，最终就是怨恨自己。

恶性愤怒属于极其不良的情结，伤害自己和他人。化解恶性愤怒需要采用"后悔—纠结—愤怒"三者的全部应对策略，方能最终解决（见图2）。

第六节
自虐的应对策略

自虐属于成瘾性特征的疾病行为。解决途径较为复杂，除了药物的帮助，需要调动社会资源协助。心理学应对策略有：

1. 原生家庭的接纳和宽恕：增加体验原生家庭爱的能力，因为没有一个家庭是完美的，没有一个中国母亲是不爱孩子的；

2. 原生家庭爱的方式的改变：多给予肯定、赞赏；

3. 原生家庭给予自由空间、时间和自由选择；

4. 原生家庭父母尽可能接受治疗，看清自身的不安全感，学会改变自己，学习表达爱的情感；

5. 把愤怒向外表达，不要向内表达后悔、愧疚和自责，参照愧疚、愤怒化解策略；

6. 鼓励未表达的叛逆行为，诱导叛逆成功；

7. 认知自虐的成瘾路径；

8. 暴露自己的成瘾行为，并且阻止它；

9. 学习爱自己（参照第三章）。

第七节
改变懒惰—拖延的方法

懒惰的深层次情结就是需要被爱，是担心被抛弃的弃婴情结。当给予足够的照顾和耐心，满足了他的依赖之心，懒惰的人就有可能变成较为有能量的主动行动者。应对策略有：

1. 补偿性给予懒惰者愿意接受的爱——照顾型的爱；

2. 被爱的体验能力的培养；

3. 给予耐心再耐心；

4. 陪伴式做家务、运动；

5. 信任：全方位相信懒惰者；

6. 不给他施压：多赞赏、多鼓励、少控制；

7. 间断主动地给予独处的时间、空间和选择的自由。

拖延包含懒惰，是叠加了好强又回避，同时有依赖的特征，是纠结的典范，属于针对"时间"的强迫症。拖延症也需要照顾，具体策略包括前文所述应对自虐、懒惰、纠结的方法，如拖延症者更加需要亲人或者权威的表扬和赞赏，需要陪伴中的行动。同时，拖延症者更加需要认识自身的虚假自尊、过度追求完美、偏执性地不接纳自己的不完美，以及回避需要解决的任务、好强心的作祟等。

对拖延症者，更加主张把"知行合一"反过来做，即"行知合一"，就是在小行动或者条块化自我管理的行动中，感知自己的身体，再强化自我认可，减少需要被关注和被认可，自己感知事件的意义。

　　《斩断拖延症》一书也介绍了具体方法，大体分为三步：一是从认知上透视拖延，从思维上杜绝拖延；二是从情绪上建立对不愉快任务的忍耐力。PURRRRS 法，这几个字母分别对应暂停（pause）、遏制冲动（use）、反思（reflect）、推理（reason）、做出选择（respond）、回顾与修正（review and revise）及巩固练习（stabilize）；三是从行动上克服拖延，要克服决策拖延并排除分心行为。

第八节

减少怀疑，增加信任的策略

信任是人与人关系建立的基础和纽带。这里借用中国经典故事"管鲍之交"，探讨信任。

春秋时鲍叔牙和管仲是好朋友，二人相知很深。他们曾经合伙做生意，一样地出资出力。分利的时候，管仲总要多拿一些。别人都为鲍叔牙鸣不平，鲍叔牙却说，管仲不是贪财，只是他家里穷呀。管仲几次帮鲍叔牙办事都没办好，三次做官都被撤职。别人说管仲没有才干，鲍叔牙又出来替管仲说话："这绝不是管仲没有才干，只是他没有碰上施展才能的机会而已。"更有甚者，管仲曾三次被拉去当兵参加战争而三次逃跑，人们讥笑地说他贪生怕死。鲍叔牙再次直言："管仲不是贪生怕死之辈，他家里有老母亲需要奉养啊！"后来，鲍叔牙当了齐国公子小白的谋士，管仲为齐国另一个公子纠效力。两位公子在回国继承王位的争夺战中，管仲曾驱车拦截小白，引弓射箭，正中小白的腰带。小白弯腰装死，骗过管仲，日夜驱车抢先赶回国内，继承了王位，称为齐桓公。公子纠失败被杀，管仲也成了阶下囚。齐桓公登位后，要拜鲍叔牙为相，并欲杀管仲报一箭之仇。鲍叔牙坚辞相国之位，并指出管仲之才远胜于己，力劝齐桓公不计前嫌，用管仲为相。齐桓公于是重用管仲，果然如鲍叔牙所言，管仲的才华逐渐施展出来，终使齐桓公成为春秋五霸之一。

从这个故事看到，鲍叔牙和齐桓公不仅识才重义，更主要的是宽容大度，充分信任。人与人相互信任，才能产生团结互助的力量。管仲没有辜负鲍叔牙和齐桓公的信任，也用行为表达自己对他们的信任。他辅佐桓公九合诸侯，礼让天下开法家先驱，著有《管子》这部人类最早的系统管理学著作。

怀疑者通常敏感、不自信、想得到保护。怀疑包括对自己的怀疑，更主要是对他人的不信任。解决怀疑的人格情结，就是建立信任。具体策略如下：

1. 建立自信，接纳自己的不足，从小事开始，不断地肯定自己；

2. 敢于暴露自己的怀疑：沟通本身可以减少猜测，建立互信；

3. 自我得失心的降低：中国文化在关系学的核心是"以和为贵"，"以和"不是虚假的"面子"和退让，是需要宽容心、辞让心才能做到放下"得失""怕吃亏"的心，进而"以和为贵"；

4. 补偿父爱或者母爱：父母的爱给予被爱的体验，提高安全感。父爱提高社会人际安全感，增加人与人之间信任度；母爱提高情感安全感，避免嫉妒和情感猜测。

5. 自己爱自己：学习自己保护自己。

第九节

缓解骄傲—嫉妒（自恋）的策略

骄傲和嫉妒都包含着自恋，骄傲包含自大的自恋，嫉妒带有矛盾型自恋。

个体通常完全不认可自己存在自恋、骄傲或嫉妒，那么，如何让个体接纳自己的骄傲过度、自大、自恋？骄傲和嫉妒情结者的自我救赎相当困难，需要人生反复碰壁后，在有爱心者的指点下，方可能被救赎。自大型自恋向来都是心咨询师的职业难题，需要心理咨询师自身不卑不亢地接纳自恋来访者，帮助他逐步觉察、自省，提高认知水平的自由和人际关系水平的自由。接纳嫉妒的策略需要减少怀疑，增加信任，提高认知水平的自由和心理性欲水平的自由（详见接纳纠结的心性自由节段）。

集体的骄傲早期可以呵护身在其中的个体，但同时也会影响个体的自由意志活动。长时间生活在集体骄傲（自大）中的个体容易感到压抑，容易产生个体叛逆行为。多个个体不同形式的叛逆行为，导致个体之间摩擦和争斗增加，形成难以控制和修正的灾难。

过度的集体自大，导致内在的个体自我意识薄弱，本能的自由被控制，存在情感麻木，人性的"良知"沦丧。在错误引导下，会导致群体形成乌合之众效应，造成巨大毁灭性灾难。第二次世界大战，表面看是以希特勒为代表的自恋人格个体发动，实质上就是日耳曼民族的自大过于膨胀，在希特勒的煽动下，嫉妒英联邦的统治地位，嫉妒犹太人的聪明才智和财富，排斥全世界其他民族的存在，妄图镇压其他民族和国家，称霸全球。最终，全世界付出超过一亿人口的死亡代价，通过毁灭"纳粹—自恋狂"的方式，才平息了此场灾难。身在集体自大的个体同样身不由己，要么同流合污，要么做个麻木的人，要么以卵击石，牺牲自己。

中国文化对于集体的骄傲和个体的骄傲均给予了非常实用的策略和智慧。

《道德经》第六十章"治大国，若烹小鲜"，意指治理大国应该像烧菜一样难，应该像烧菜一样精心，要掌握火候；同时，像煮小鱼一样，不能多加搅动，多搅则易烂，比喻治大国应当少人为干扰，尽可能做到无为。第八十章则说："小国寡民。使有什伯之器而不用；使民重死而不远徙。虽有舟舆，无所乘之，虽有甲兵，无所陈之。使民复结绳而用之。甘其食，美其服，安其居，乐其俗。邻国相望，鸡犬之声相闻，民至老死，不相往来。"结合第六十一章"大国者下流，天下之交，天下之牝""小帮者以下大帮，则取大邦"中大国小国关系的论述，《道德经》或可解读为"大国应该'为下'，有包容心、谦下之心，而不应该自傲。小国应该侍奉大国，不与相争，使得自己国民享乐生活、安居乐业。"

从个体存在心理学看，如果把"大国大帮"看作集体或者大我，"小国小帮"看作个体或者小我，那么《道德经》六十章以后的内容，就是在谈如何应对"集体骄傲"的策略，如何安放小我，实现"大我"这个理想化的幸福的自己。应对集体骄傲自大，需要小心、谨慎，不要翻来覆去地干扰，尽可能顺其自然，要诱导集体走向谦虚、谦让、怀柔的"为下"精神世界，让集体意识到自大"为上"的危险。作为个体，则需要顺应集体，在集体骄傲面前，降低自己的姿态，回归自然的"结绳"而用的朴素生活，安居乐业。

集体和个体都不能有过多的欲望，集体欲望过度就是骄傲，就想控制越来越多的人。个体欲望过度就会导致周围人的委屈和反感。"为上"是虚假的勇敢，是骄傲自大。"勇于敢则杀，勇于不敢则活。"出自《道德经》的第七十三章，意指好强地做"私欲"事，或过度骄傲就会惹来危险和杀身之祸，勇于做不敢面对的事情，减少"私欲"，才是真正的勇敢，就可以长久生存。骄傲情结的集体或者个体"为下"，就是敢于直面自己内在外在的一切，放下姿态做自己，"不争""不执"的精神是修正骄傲的精髓。

东西方文化各有所长。当代的中国文化必须敢于弘扬自身的文明和优异人格魅力，也需要吸纳西方文化精髓加以融合，据此接纳和修正自身不良情结，使我们每一个人成长。

在当今互联网时代，东西方的文化和意识的交流在不断相互渗透和融合。西方人在自信的基础上，少了骄傲，多了谦虚；东方人在谦虚的基础上，多了骄傲，多了自信。如何在人类的进化中，做到个人谦让和民族骄傲的适度统一，是人类今后不断需要探索和思考的命题。

附录

青少年心理问题
的内忧外患

　　传统做人为先的价值观在人性私欲和不安全感的作用下，加之西方丛林法则、海盗文化的冲击，青少年既被要求实现目标化人生的"奋斗"，又无法做自己或 "躺平"，面对巨大的"纠结"，容易认为"人生无意义"。

　　青少年心理问题日益突出，个体心理障碍的发生原因复杂，其深层次原因存在个体化的差异。《附录》尝试从外在的社会—家庭角度，与内在的个人心理弹性角度，分析集体无意识、个体无意识和可以实际干预的元素。

社会和家庭原因

此类属于青少年（广义：11～25岁）发病的外在原因。

近几十年东方文化孕育的青少年的发病率翻倍式地增长，主要原因不是东方的孩子太脆弱、太任性、太敏感，而是东方社会文化的发展，没有适应当今青少年们内心无意识的需求，而这也是家庭情感结构的混乱和父母们没有找到解决各种社会—家庭内在矛盾冲突的原因。其中，东西方文化的冲突、经济高速的发展、物质极大的丰富、新"空心病"泛滥等根本性的社会因素，常常被忽略。以下归纳了9条外在的原因：

一、东西方文化的冲突激发了青少年不安全感

大母神文化、愚儒文化和西方海盗文化、自由主义文化的冲突，集体无意识导致心理疾病的根本性原因。参见本书第一章。

二、学习与情感隔离

人区别于动物的本质特性，就是善于创造和追求自由。人类的幸福也来自解决"创造—挫折"的矛盾和"自由—限制"的矛盾。化解这两种根本性的矛盾，人们依靠的就是学习。为什么青少

年们现在丧失了"学习与舒适情感的关系"，好像遗忘了爱学习的本能？

东方的文化原本精髓在于"道法自然""顺其自然"的成长自我，教育理念强调的是引导、启发的教育模式，是诱导和呵护"爱学习"的本能自然萌发。30年前，在西方文化错误的传播中，不要输在起跑线上成为学习的新标杆，早教之风愈演愈烈。父母们以为孩子学习越早越好，知识越多越好，而忘记了老祖宗早已经给予的警示性成语揠苗助长。

引导孩子"爱学习"是教育的核心理念。"爱"是人的本能，同时蕴含着"自由"。相信孩子的自我学习和自我成长能力，才可能放手"揠苗助长"式教育。

父母自身的"爱学习"精神和行为才是教育成功的保障。若父母"爱学习""爱知识"，而非"急功近利""追名逐利"，自然会培养出"爱学习"的青少年。

三、物质极大丰富导致抗压能力降低

在物质匮乏的冷兵器时代，人们为了生命的生存，强身健体，习武护身成为常态。唐朝大诗人李白舞文弄墨，却同样是位剑客。因为常常面对威胁生命的事件，当遭遇挫折或者危险时，个体的应激能力和抗压力均较高。在改革开放之前，中国的物质较为匮乏，父母们整日劳作，才能勉强应付一家人的衣食，贫穷和温饱问题普遍存在。人在基本物质缺乏时期，精神专注于如何获取生存物质，极少因纠结生命意义而不断焦虑和抑郁。

青少年在物质极大丰富的满足感中，感受不到生存的威胁，在遭遇挫折或否定时，其抗压力和逆商常常较为脆弱。生命体在过于温暖和饱胀的状态下，容易身体慵懒、得过且过、不思进取，应激能力明显下降。青少年加上自身敏感的心理，极易在物质丰富的条件下，成为精神的俘虏或精神的矮子。

四、精神食粮更加重要

孩子们出生就被丰富的物质和大母神的爱包围，吃穿住行样样都能够满足，因而较早开始追求精神世界的生存体验，自然走向体验生活、学习的模式。但家长和学校却还是在按照目标化教育或者管教的模式，两者产生极大的冲突和矛盾。目标化和攀比性导致孩子在学习上的幸福体验很快被磨灭。

青少年对精神食粮的需求，不是局限在对知识的需求。因为知识电子化的普及，青少年在小学期间就拥有了大量的文化知识，更加渴望亲密情感和社会人际关系的爱的食粮。青少年在精神上渴望父母的陪伴和父母用心的高质量的爱。然而由于经济发展，父母们经常和孩子们处于分离状态，城市乡村留守儿童大量存在。父母们通常按照自己童年体验物质的快乐，以为给予物质性的满足就是给孩子最好的爱，其实，孩子们难以体验到那是真正的爱。

青少年通过互联网接受了大量西方文化和爱的幻想，其渴望的母爱是倾听、倾诉、抱持、宽容、赞赏、鼓励、共存、共处、共情，再也难以接受"虎妈"式、批评式教育；其渴望的父爱是陪伴玩耍、相互打闹、互为朋友、体验社交的交流，反感或拒绝的是讲大道理、不以身作则、打骂责罚性教育。

青少年对于社会给予的爱，同样具有较高的需求。从中国文化学习中，他们从小就理想化社会的礼义仁智信，但常常在现实社会和学校生活中，感受到违背人性、虚情假意、校园欺凌、老师偏心等不可思议的事件，体验到的不是理想化的爱，而是放大版的伤害。这也导致青少年的精神敏感和脆弱，无论在家里还是在学校，言语的责骂、肢体的体罚常常造成孩子心灵的创伤，引发极端不良事件。

五、社会生存理念的自相矛盾

多数父母遇事常要目标化，并且不断地强加目标给青少年。而青少年需要的是精神体验式人生，体验被父母不断破坏，便常常表现出新"空心病"，或者带着"空心"的躯壳沉浸在自暴自弃的各种成瘾之中，或者麻痹自己情感，或者生活在虚拟世界中，而不能自拔。

青少年的生存理念五花八门，区别于父母们的为家人活或背负式人生理念，孩子们反向选择为自己活，以自我为中心地活着，成为当今的主流意识。很多青少年在青春期没有叛逆成功，就在人生生存理念和婚恋形式方面叛逆父母的传统生存理念，不恋、独生、不婚、不育的生存理念开始兴起。

六、社会竞争内卷严重：忽略了青少年人格的成长

内卷是指非理性的内部竞争或"被自愿"竞争，个体"收益努力比"下降的现象。它的出现，其实根植于"目标化"生存理念和东西方文化的冲突。在物质较为丰富和知识储备丰富的双重作用

下，如果想获得更多的"目标化"名权利，只有通过"内卷"才能战胜竞争对手。它看起来是"丛林法则"的体现，胜者为王的"单赢"效果，其实非也，内卷是"双输"的两败俱伤结局。

内卷违背东方文化的精髓"道法自然""以柔胜强""不二法则""双赢发展"等理念，是错误理解和应用了西方的"海盗文化"或"丛林法则"。它使人失去爱自己、爱他人的能力，丢失"真我"，不断做"假我"，盲目地追逐名权利。

成人也许还会控制自己的部分欲望，做到适可而止的内卷，但青少年在社会内卷的竞争中，常常被逼迫到极度焦虑、痛苦不堪、放弃生命的状态。内卷很像社会洪流中一个大大的漩涡。成人心智成熟，同时具有戴人格面具的能力，也许在社会洪流中可以绕过漩涡，或者在漩涡中奋力搏击获取利益。然而青少年带着追求完美的心、拖着羸弱的身躯、背着仁义道德，在内卷的漩涡里拼尽全力也达不到自己想要的目标。即使达到目标，因为内卷机制而又有了新的目标。很多青少年就这样被越卷越深，最终被卷入漩涡中心无法自拔，要不精疲力尽被漩涡吞没，要不放弃搏击而躺平，随着漩涡而沉沦。

七、虚拟世界的存在：心理障碍的双刃剑

沉迷于手机游戏或者电脑团战游戏、动漫世界、二次元世界、网络交友平台互动、视频观看、穿越或言情小说、网络赌博的青少年大有人在。虚拟的世界成为孩子们心灵互动的平台和聊以慰藉的港湾，同时也引发依赖虚拟世界的生活，成瘾于虚拟世界，主动远离现实世界，甚至社会交流绝缘化。

青少年沉浸于虚拟世界的原因有：

1. 互联网的信息量大，奇点和诱人的设计，容易吸引孩子们；

2. 真实世界缺乏陪伴，互联网的虚拟社交就可以弥补青少年的空虚；

3. 真实世界得不到认可，游戏中常常可以获得奖赏和认可；

4. 真实世界没有完美的亲密关系或友谊长存，虚拟的动漫人物或者二次元文化则可以完美化地"实现"；真实世界满足不了的贪心和不甘，在网络赌博世界得以短暂地满足，而不能自拔；

5. 在现实生活的困难中，常常经历了心灵创伤，感受到无助感和无力感；

6. 在困难中，过于自卑或者自恋，羞于请求帮助，或者自己的呼喊没有得到理解和共情，产生了压抑、愤懑、自责、内疚的情结，继而沉迷于虚拟世界，寻找短暂的快乐。

青少年沉迷于虚拟世界，在表达自己平时不敢于表达的情绪、思想、行为的同时，也容易突破道德和良知的底线，被激发出人性的恶或者被恶人欺凌、欺骗、网暴，再次经受二次心理创伤。

家长和老师首先要看到虚拟世界的积极价值——如果没有虚拟世界作为孩子心理危机的缓冲带，孩子们的极端行为会难以自控；虚拟的世界同样自然培养出爱写小说的小作家、爱剪辑视频的高手、成长为游戏玩家或竞技选手等社会职业化的青少年。只有在肯定了虚拟世界价值的前提下，父母们才能清晰地厘清孩子们沉迷的内在和外在的各种原因，才能有爱心、耐心、信心帮助青少年走出沉迷虚拟世界的不良行为和心瘾。

八、代沟的影响：孩子过度反向防御

父母和孩子两代人在生存理念、情感体验、思维模式、社会行为模式和潜意识的情结方面均存在差异性。

1. 生存理念：父母是目标化人生，"不要输在起跑线上"的价值观，使得孩子的个性和天性的发展较早被限制。被目标化和被期待的人生，导致青少年失去了自由和创造性。而青少年想做独立自由的自己，想体验学习的乐趣、体验人生的美好、人际关系的和谐，想积极体验人生，做自己想要成为的样子。

2. 情感体验：父母是努力工作获得物质财富，以为给予孩子充分的生活物质条件或者各种学习资源，就是给予了孩子爱；以为不断地严厉管教就是爱孩子，不断地表扬孩子的成绩就是爱孩子。而青少年希望有父母亲密的陪伴，有懂自己的父母，有能够倾听或者倾诉的长者，有抱持心和共情力的父母。

3. 思维模式：父母东方的悖论思维模式，常常让孩子体验到的是前后矛盾、表里不一、虚情假意、左右逢源，认为不值得或者不敢信任。青少年受西方文化影响，对立思维、二分法思维、绝对思维占主导。独生子女或者被溺爱的青少年，思维多是以自我中心的模式，换位思考和转换思维较少，不自主的负性思维、灾难性思维和强迫思维较多。

4. 社会行为模式：父母表现成熟稳重、三思而后行、居高临下、权威姿态较多，同时出现应付式社交、利益式社交、大母神行为。青少年反向防御，表现欺凌冲动、急躁、争强好胜、我行我素等攻击性行为，同时沉迷于虚拟世界、社交恐惧、社会行为退缩、啃老等回避性行为。

5.集体无意识文化和情结的差异：父母们内在是东方礼义仁智信的文化，同时吸收了西方的敢于创新、敢于尝试、敢于竞争的精神。派生出积极的勤劳、勇敢、包容、爱家庭、有责任的积极精神，同时大母神文化导致顺从、讨好、委屈、愤懑、压抑、后悔、背负心、控制欲、贪婪心等不良情结。青少年内心的主流文化是西方的自由、民主、公平、自我中心、个人主义的文化。派生出敢于做自己、温暖、过度善良的美好品格，同时易表现叛逆、自傲、嫉妒、完美、拖延、纠结的不良情结。

九、成人自身的成长不足：代际创伤

当今高离婚率其实是夫妻双方成长不足的表现。其原因包括社会的"阴盛阳衰"和个人自由主义等多种因素。但是，这也印证了两点个体的心理现象：双方的人格都未能够成长到为人妻、为人夫的状态，都处于比较自我或自卑的幼稚心理模式；个体追求个人自由，"做自己"的独立精神满满，但缺乏敢于直面亲密关系的勇气，无法接纳不一样的和不完美的配偶。这些不足很多源自上一代的情感代际创伤。

生活中，父母们过于关注家庭中的孩子，像大母神一样事事为孩子着想，忘记了家庭幸福的核心关系是夫妻关系。夫妻关系和谐和经常有爱的互动，才是孩子们安全感获取的首要资源。幸福的原生家庭是青少年人格健康成长的安全港湾。

成年人在原生家庭遭遇的创伤，如果没有修复，就会不自主地把自己的创伤、期待和不良情感强加在孩子身上，传递着一代又一代的创伤。

王艳，女，38 岁，育二孩，女儿 13 岁，儿子 9 岁。王艳在原生家庭排行第二，有一个哥哥，一个弟弟。为了生育弟弟，家里把王艳隐姓埋名寄养在奶奶爷爷家里。奶奶没有耐心，总是抱怨媳妇和儿子不孝，责备王艳的各种行为和成绩，她为此感受到痛苦和不安。上学后，王艳回到父母身边，却因为家里经济困难和重男轻女，在初中时，辍学在家里帮助妈妈做农活，供养哥哥、弟弟上学，同时，她时常还被打骂。王艳隐藏着被遗弃、被忽略、被控制的创伤。婚后，老公体贴而睿智，他们共同创造了不错的事业，幸福满满。但是，在女儿出生后，王艳整日关注女儿，生怕女儿受到一点点委屈，买最贵的婴儿车，把最好的一切给女儿。按王艳先生说的话，简直"溺爱到了女儿的头发丝"。在儿子出生后，却不太予以理睬，多数交给保姆打理，对待女儿和儿子如同镜子的正反面。在女儿小学后期，给予极高的成绩期待，报"一对一"的补习班，而对儿子的学习不管不问，甚至冷嘲热讽。从王艳行为分析得出，她把自己的童年不幸投射到女儿身上，把自己未能获得的爱和梦想强加在女儿身上；把父母重男轻女的创伤，转化为重女轻男，实质是把对父母的恨，对哥哥弟弟的恨、投射到儿子身上，儿子无故地成为仇恨的替罪羊。

　　青少年在代际创伤的影响下，自卑和叛逆相互冲突，极易强化不安全感和纠结，形成焦虑症、抑郁症、强迫症等自我否定类的心理障碍。

　　在东西方文化的交融下，人生获得一定成就的父母，容易产生自恋人格。少数人形成"自大型自恋或一贯性自恋"，在家中常常表现为自以为是、唯我独尊、同理心少、共情力低，始终不愿自我反省或者自我忏悔。多数父母属于"好面子自恋或矛盾性自恋"，表现为好面子、自尊心强，给予孩子心灵鸡汤、讲大道理、假性利他，常常表面认可，实质固执己见，不接纳青少年或者他人的不足，不接纳自身的不足。父母对于不满和愤怒，常常自我伪装或者压抑，最终以愤懑或者恶性愤怒表达，而羞于认知自我或觉察自我。

人的生存意义的金标准，就是"不断成长心智"。外在的伟大成就，如果不能转化为自身内在的安全感，精神健康和安全感就没办法获得。很多成人专注于如何追求名权利和呵护自己的家庭，忘记了个我人格的成长，内心始终有个巨婴。在人生中，尤其是在陪伴青少年成长的过程中，如果能够重新认知自我，觉察身体、情绪、思维、社会行为、情结的不安全感，就会顺其自然地修正不良人格，获得心智的成长。

青少年自身的内在原因

青少年自身内在的 9 个原因，是父母或老师帮助青少年心理建设的着手点，具体内容如下：

一、压力管理不足

青少年在人际关系、学业困难、内卷竞争中，自然感受到很多压力。压力是青少年生活学习的常态，是一把双刃剑，既可以磨炼青少年的意志力，提高其挫折商，也会激发内在的各种不安全感，导致焦虑、忧虑、恐惧等各种心理问题。

二、人生的意义理解错误

被目标化的人生导致青少年把社会、父母给予的人生价值错以为是个人的人生意义。"人生意义"的迷茫或者"空洞"，导致"空心病"样的抑郁障碍。人生的意义是每个个体自己赋予或自由选择的。青少年缺乏敢于选择的勇气，担心选择后的结果或目标难以实现。

三、生存的信念不足：未"立志"

在东西方文化冲突中，青少年生存的价值观容易混乱，较难产生生存的信念。他们既不接受像父母亲那样追求"物质"保障的信念，也难以获取西方文化"宗教"的信仰。社会的分工、物质的丰富，可以选择生存的模式很多，少年"立志"或建立"人生的信念"存在太多的干扰。

四、情绪管理能力混乱

在社会和家庭的不良文化和压力的影响下，情绪障碍或者情绪波动必然伴随出现。压力和情绪呈现倒"∩"形抛物线的相关性。管理情绪的同时，可以缓解压力。青少年性格呈现血气方刚和怯懦退缩两个极端性特征较多，须引导青少年"接纳"自己已经发生的情绪：把情绪和现实当下的自我分开，减少不良情绪的延续；"转化"不良情绪为积极价值或内在能量。

五、负性思维模式

青少年在"目标化"和内卷竞争社会模式下，在遭遇困难时，经常不自主地出现绝对思维、对立思维、非黑即白，容易放大不良的事件，假设未来的灾难，自我矛盾假设，最终形成矛盾思维、纠结思维，甚至强迫性穷思竭虑思维，就像黑洞一样，把大脑所有的能量都内耗殆尽，表现为记忆力下降、头晕头昏、全身易疲劳、精力不集中等神经衰弱症状，可能发展为焦虑症、抑郁症、社交恐惧、强迫症、双相情感障碍等。

六、向内修正自我的能力不足：人际关系紧张

阳明心学提到"心外无理，心外无物"，向内看自己，就是打开了心灵的窗户。不断地向内自我修正才能获得人生的意义。青少年因为不安全感的本能，以及向外求知的习惯，多数人都是向外打开自身的感知，容易自我中心意识、回避问题、纠缠问题，突出表现为家庭和社会人际关系处理不足。

七、行动力和执行力低：拖延、逃避、沉沦

行为在动机作用下产生，是在情绪提供内动力，思维提供指引的状况下发动的。青少年在心理障碍或心理疾病严重的状况下，常常日夜颠倒，行为混乱。其情绪激动时，表现冲动、激越、易激惹、躁狂；情绪低落时，表现消极的行为懒散、逃避、拖延，甚至沉沦到自暴自弃、自残、自杀。在学习管理情绪和修正不良思维模式的状况下，青少年常常行动力和执行力不足。引导青少年行动起来、把自身的优势人格发挥出来，把想要做的立即执行起来，需要老师和家长给予爱心、耐心、信任心。

八、完美主义：过度目标化

在社会过度竞争的模式下，在教育考核指标的唯成绩论、父母"目标化"人生观影响下，青少年在幼时，就追求凡事一丝不苟：在小学生时，就被迫要求双百分，甚至语数英门门满分，差一分，可能成绩排名就是全部第10名，因为前面有9个100分同学。孩

子们从小就被这样培养和训练，完美性的要求不知不觉内化为青少年的人格。

在完美主义人格的作用下，设定的目标通常高于实际的结果，于是总自责、愧疚、后悔，极少有机会赞赏、认可自己。当青少年经过努力学习终于达到了目标，家长和老师就会给予更高的要求和期望，自己也会产生更加高的目标，目标再目标，周而复始。青少年设立了更高的目标，一旦出现明显倒退，就会难以接受失败的结果，自哀自怨，羞愧难当。曾经一位完美人格的高中生说："似乎人生的努力和目标永远没有尽头""活着就是只有努力学习吗？"

九、纠结情结

人存在理性思维和感性情感的矛盾，本能直觉和认知感觉的矛盾，意识层面有无意识和意识的矛盾，时间上则有过去和未来的矛盾，也就是说，每个人内在都有矛盾冲突，都存在各种结。由此产生以下多种形式的心理冲突：

（1）欲望和恐惧；

（2）本能和自我认知；

（3）过去和当下；

（4）理性与感性；

（5）理想和现实；

（6）主体与客体；

（7）个人意识与无意识；

（8）个人无意识与集体无意识；

（9）思维和行动等。

◦ 后 记 ◦

近20年，个体的恐慌、焦虑、压抑、麻木、冲动不断地呈现，集体无意识的不安全感上升到了巅峰，乌合之众心理的洪流裹挟着大众，让大多数人都无法真实地做自己为先。心理脆弱的个体，尤其是青少年，在如此环境中，心理疾病更加频发或恶化。身为临床心理治疗师，我感触颇深，在尽一己之力帮助有缘的来访者成长的同时，感受到时间的有限性和服务对象的有限性，希望把多年心理工作中的体验，应用中国文化心理，结合《重建幸福力》书中的原创理念，化解来访者的各种不安全感，进一步倡导和落地"做自己、爱自己，积极体验人生在先"的生存理念。

不安全感首先来自个人潜意识和集体潜意识文化，其次来自个体"生命意义"的感悟，因此，本书阐述了"生命本就有意义"，介绍了存在主义，创新性发掘中国文化内涵的存在主义精神，探讨中国文化不仅包含"存在"精神，更加具有中国特色的"道法自然"的"存在"，以及如何具有"良知"地实现"存在"。由此激发我的创新感悟：

（1）从东西方文化差异，解读东西方人心理结构的差异，创新性剖析大母神情结对东方人的情感、思维、社会性、不良情结产生的影响。

（2）当今青少年，甚至"目标化"一代，对儒家文化的误解较多，且接纳和理解老庄文化精髓的太少，能够应用《六祖坛经》《阳明心学》于生活中的很少，不敢于做自己为先。

（3）当今时代"做自己为先"的生存理念被错误诠释，成为洪水猛兽。其实，做自己为先是人本性的必然，是社会发展的必然。积极倡导"做自己为先，做人在后"，不仅不会影响做有价值的人，且有利于个体自我的全方位成长，化解"生命无意义""不安全感"与"纠结"，实现"做真我"。

（4）根据中国大母神文化心理的特征，把中国人近百年的时代，按照三十年一代人，分别划分为"有情怀""目标化""纠结"特色的三代人。纠结就是自我内在的大母神情结的撕扯，原本就是心理疾病产生的主要情结或综合征，每一代人的内心其实都有纠结。

青少年强，国自强。临床的实践也印证了，如果诱导来访者接纳各种不安全感，可以较快缓解心理障碍；如果能够化解纠结等不良情结，心理疾病基本消失；如果能够引导来访者实现有"良知"地"做自己为先，做人在后"，做到"做真我"，心理疾病不仅痊愈，生命的意义将被重塑，自我超越也成为可能。20世纪90年代出生的拥有纠结特征的孩子们，已经长大成人，多数人通过不断地战胜心魔，成为勇敢、自由、独立的新青年。

当然，2020年左右出生的孩子们，已经出现了新的心理群体迹象，呈现出过于任性、自我中心、我行我素、过度自由的特征。现在年轻一代的父母较为娇宠孩子，过于放纵孩子的不良行为。因为，被目标化的"纠结"一代（特别是独生子女们）已经为人父母，他们感受到当今青少年群体的心理疾病高发，不想重复自己父母们的不良教育模式。在此，也希望父母们尽可能地赞赏孩子们的优秀品格，鼓励孩子们挑战困难，放手他们经历挫折，做有良知的、有德性的自己，成为中国"自由""自性化"的一代。

希望此书，给予社会大众敢于"做自己为先"的勇气、自我成长的路径，给予有心理问题、心理障碍的读者自我救赎的理念和策略；同时，给予心理工作者坚守中国文化自信，坚守"致良知"，坚持中国文化心理实际临床应用，促进人们最终化鲲为鹏，体验自在、自然、幸福，成为自性化的自己。

最后，感谢来访者给予我的灵感，感谢心理医生这个职业给予我的责任和机遇，感谢顾作义先生给予中国文化创新的见解和评述，感谢汪斌超、马毅同学茶余饭后给予的感悟，感谢女儿、夫人对初稿提出的建议，感谢编辑林宋瑜、林菁和杨柳青给予的巧妙编排和辛勤劳动。

周伯荣

说明：书中案例涉及的私人信息和案例特征均为数个来访者资料加工而成为一个案例，以利说明观点，勿轻易对号。